Alfred Urlaub

Verbrennungsmotoren

Band 1
Grundlagen

Mit 110 Abbildungen

Springer-Verlag Berlin Heidelberg NewYork
London Paris Tokyo 1987

Prof. Dr.-Ing. Alfred Urlaub
Institut für Verbrennungskraftmaschinen
und Flugtriebwerke
Technische Universität Braunschweig

CIP-Kurztitelaufnahme der Deutschen Bibliothek

Urlaub, Alfred·
Verbrennungsmotoren/Alfred Urlaub.
Berlin, Heidelberg; NewYork; London; Paris; Tokyo· Springer
(Hochschultext)
Bd.1. Grundlagen. – 1987.
ISBN-13: 978-3-540-18318-1   e-ISBN-13: 978-3-642-83216-1
DOI: 10.1007/ 978-3-642-83216-1

2068/3020-543210

Hochschultext

Vorwort

In der vorliegenden Schrift hat der Verfasser die einführenden Kapitel der von ihm an der Technischen Universität Braunschweig abgehaltenen Vorlesungen über das Fachgebiet der Verbrennungskraftmaschinen zur Ergänzung der kurz gefaßten Vorlesungsumdrucke in vollständiger Form ausgearbeitet. Sie soll also in erster Linie dem Studenten eine weitere Lernhilfe bieten.

Da nicht alle Hörer den ganzen Vorlesungszyklus belegen und vielleicht auch andere Interessenten sich nur über die thermodynamischen und verfahrenstechnischen Grundlagen der Motorentechnik informieren möchten, wurde aus Kostengründen davon abgesehen, den Stoff aller Vorlesungen in einem Buch zusammenzufassen. Es ist vielmehr geplant, die vertiefende Motorverfahrenstheorie und die Motorbauteilgestaltung und -berechnung in zwei Folgebänden zu behandeln, so daß alle Teilbereiche ausführlich genug dargestellt werden können.

Der Verfasser möchte an dieser Stelle der Motorenindustrie seinen Dank aussprechen für die Bereitstellung von Motorschnittzeichnungen, die dem Leser dieses Grundlagenbuches auch schon einen guten Überblick geben über den konstruktiven Aufbau moderner Verbrennungsmotoren.

Herrn *H.-W. Quast* sei gedankt für die sorgfältige Ausarbeitung des Bildmaterials.

Sickte, im Sommer 1987   *Alfred Urlaub*

Inhaltsverzeichnis

1 Einführung

1.1 Historische Entwicklung

Der Kolbenverbrennungsmotor ist heute und wohl auch noch auf lange Sicht die wichtigste Wärmekraftmaschine. Er überdeckt einen Leistungsbereich von etwa 100 Watt beim kleinsten Modellbaumotor bis hin zu 45000 Kilowatt beim großen Schiffsmotor. Kennzeichnend für die Verbrennungskraftmaschine (Kolbenmotor mit intermittierender und Gasturbine mit kontinuierlicher Prozeßführung) ist die Tatsache, daß die in einem Kraftstoff vorhandene chemische Energie innerhalb des Arbeitsraums freigesetzt und ein Teil der thermischen Energie der Verbrennungsgase unmittelbar in mechanische Arbeit umgewandelt wird. Im Gegensatz dazu stehen die Wärmekraftmaschinen mit äußerer Verbrennung (Dampfmaschine bzw. Dampfturbine, Heißgasmotor), bei denen die thermische Energie der Verbrennungsgase dem Arbeitsmedium über einen Wärmetauscher zugeführt wird.

Wenn man einmal von den vergeblichen Versuchen absieht, die schon im Jahre 1673 von *Huygens* und wenig später von *Papin* unternommen wurden, eine mit Schießpulver betriebene Kraftmaschine zu realisieren und wenn man auch die in der Praxis erfolglosen Bemühungen z.B. von *De Rivaz* (1807), von *Brown* (1823) und von *Johnston* (1841), der Dampfmaschine (*Watt*, 1769) einen mit innerer Verbrennung arbeitenden Motor als Konkurrenten gegenüberzustellen, unberücksichtigt läßt, dann kann man den Entwicklungsbeginn des Kolbenverbrennungsmotors auf das Jahr 1860 datieren. Seit dieser Zeit war nämlich ein von *Lenoir* gebauter Gasmotor auf dem Markt, der in seiner Triebwerkskonstruktion den Dampfmaschinen nachempfunden war. Bild 1.1 zeigt eine schematische Darstellung und Bild 1.2 das Druck-Volumen-Diagramm dieses Motors. Der Kolben saugte etwa in der ersten Hälfte seiner Hubbewegung ein Leuchtgas-Luftgemisch an, das nach Abschluß der Einlaßschieber durch einen elektrischen Funken entzündet und verbrannt wurde, seine Expansionsarbeit auf den beidseitig wirkenden Kolben übertrug und bei geöffnetem Auslaßschieber durch den rücklaufenden Kolben als Abgas aus dem Motor entfernt wurde. Bei Leistungen in der Größenordnung von 1 bis 2 kW war der effektive Wir-

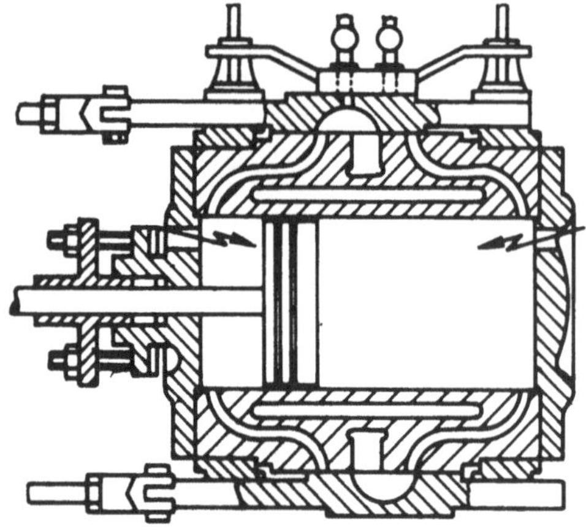

Bild 1.1. *Lenoir*-Gasmotor

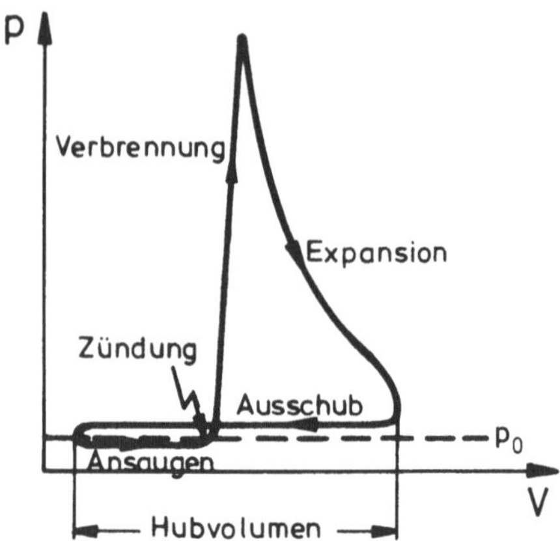

Bild 1.2. p-V-Diagramm des *Lenoir*-Gasmotors

kungsgrad dieser Motoren, bedingt durch die schon bei Umgebungstemperatur einsetzende Verbrennung und durch das geringe Expansionsverhältnis, mit etwa 4% noch sehr bescheiden.

Einen wesentlich besseren effektiven Wirkungsgrad von etwa 10% erzielte *Otto* mit seinem atmosphärischen Freikolben-Gasmotor (1867), Bilder 1.3 u.1.4. (Die Verbrennung begann hier wie beim Motor von *Lenoir* bei atmosphärischem Druck der Zylinderladung.) Da er aufgrund seiner Vorversuche die unmittelbare Einwirkung der hohen Verbrennungsdrücke auf einen Kurbelmechanismus nicht zu beherrschen glaubte, nahm er die Gravitation zur Hilfe. Der in einem stehenden Zylinder laufende und mit einer Zahnstange versehene Kolben wurde von seiner unteren Totpunktlage aus zunächst durch die im Schwungrad gespeicherte Energie etwas angehoben, wobei er durch den von einem Schieber freigegebenen Einlaßschlitz das Gas-Luftgemisch ansaugte, das dann mittels einer ständig brennenden Gasflamme, die ebenfalls schiebergesteuert in den Zylinder eindringen konnte, entzündet wurde. Der Verbrennungsdruck schleuderte den Kolben, dessen Zahnstange durch einen Freilauf von dem Schwungrad entkoppelt war, bis zur Aufzehrung der Expansionsarbeit nach oben. Anschließend bewegte sich der nun über seine Zahnstange mit dem Schwungrad verbundene Kolben durch die Schwerkraft und anfänglich noch unterstützt durch den im Zylinder entstandenen Unterdruck abwärts, wobei durch den mit einer Rückschlagklappe versehenen Auslaßkanal die Abgase ins Freie gelangten. Der im Vergleich zum Lenoirmotor bessere Wirkungsgrad dieses ersten Ottomotors war nur auf sein größeres Expansionsverhältnis zurückzuführen. Beiden Motoren, die als Zweitakter arbeiteten (zwei Kolbenhübe für ein Arbeitsspiel), fehlte aber noch die für den Energieumsetzungsgrad so bedeutsame Vorverdichtung der Ladung.

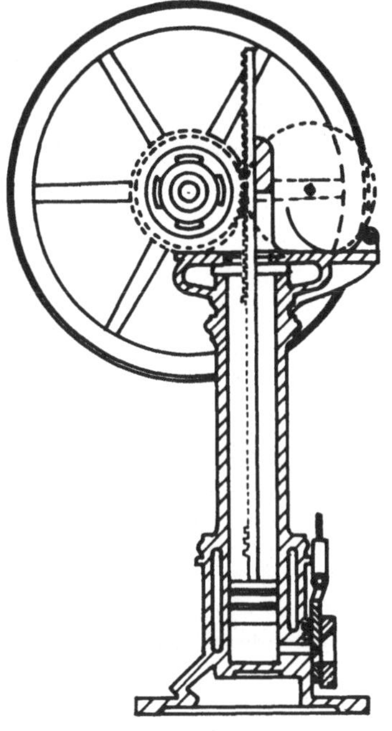

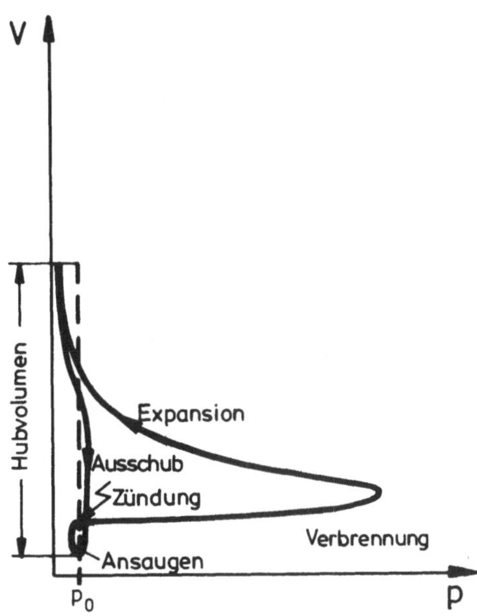

Bild 1.3. *Otto*-Freikolbengasmotor

Bild 1.4. p-V-Diagramm des *Otto*-Freikolbengasmotors

Die positive Wirkung einer Vorverdichtung kann sehr anschaulich in einem Temperatur-Entropie-Diagramm dargestellt werden, Bild 1.5. Ausgehend vom Punkt 1 (Umgebungszustand $T_0 = T_1$; $p_0 = p_1$) möge der Ladung bei konstantem Volumen bis zum Punkt 2 hin eine Wärmemenge zugeführt werden, die im T-S-Diagramm der Fläche a-1-2-b-a entspricht. Anschließend soll das Gas isentrop auf den Ausgangsdruck (Punkt 3) expandieren. Die für die mechanische Arbeit nicht verwertbare Abgasenergie entspricht dann der Fläche a-1-3-b-a. Eine Vorverdichtung der Ladung z.B. von 1 nach 1' bewirkt nun, daß bei gleich großer Wärmezufuhr (a-1-2-b-a = a-1'-2'-c-a) die nach der Expansion zum Punkt 3' hin noch abzuführende Wärmemenge (Fläche a-1-3'-c-a) deutlich kleiner und damit die Arbeitsausbeute größer wird als im ersten Fall.

Dieses Prinzip der Vorverdichtung wurde 1876 von *Otto* mit seinem "Neuen Ottomotor" eingeführt. Gemäß Bild 1.6 arbeitete der Motor mit folgendem Prozeßablauf:

1-2: Ansaugen einer Gas-Luftmischung,
2-3: Vorverdichtung der Ladung,
3-4: Fremdzündung und Verbrennung (mit Expansion) der Ladung,

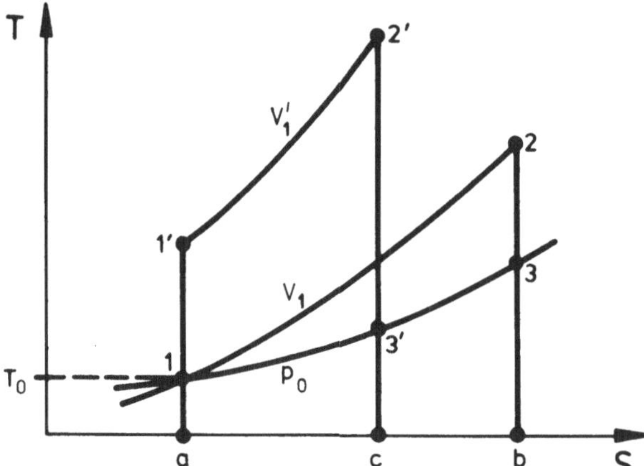

Bild 1.5. Einfluß der Vorverdichtung auf den Wirkungsgrad

4-5: Expansion der Verbrennungsgase,
5-1: Restentspannung und Ausschub der Abgase.

Es war also ein Viertaktverfahren (vier Kolbenhübe für ein Arbeitsspiel), das von *Beau de Rochas* schon 1862 in einer Patentschrift beschrieben, von ihm jedoch nicht verwertet wurde. Durch die Vorveröffentlichung verfiel aber später *Otto*'s Hauptpatentanspruch, wodurch zweifellos die dann weltweit einsetzende, rasche Weiterentwicklung dieser Kraftmaschine gefördert wurde. Bereits im Jahre 1886 liefen die ersten Automobile mit Benzinmotoren, die zur gleichen Zeit, aber unabhängig voneinander, von *Benz* und von *Daimler/Maybach* entwickelt wurden. Um an dieser Stelle schon einmal die seit jener Zeit enormen Fortschritte im Automobilmotorenbau zu beleuchten, sei kurz erwähnt, daß die ersten Fahrzeugbenzinmotoren ein Leistungsgewicht von etwa 100 kg/kW aufwiesen, wogegen die heutigen Werte bei 1 bis 2 kg/kW liegen.

Am Schluß dieses kleinen historischen Überblicks muß nun noch der erstmals im Jahre 1897 funktionsfähige und nach den Ideen von *Diesel* gebaute Motor besprochen werden. Auch hier soll die Funktionsweise anhand eines p-V-Diagrammes erläutert werden, Bild 1.7:

1-2: Ansaugen der Verbrennungsluft,
2-3: Kompression der Verbrennungsluft,
3-4: Einbringung des Kraftstoffs, Selbstentzündung des Kraftstoffs und Verbrennung (mit Expansion) der Zylinderladung,
4-5: Expansion der Verbrennungsgase,
5-1: Restentspannung und Ausschub der Abgase.

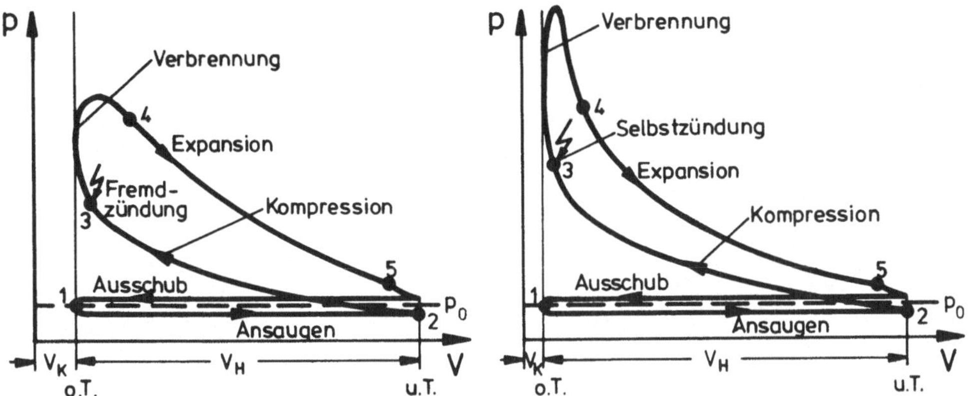

Bild 1.6. p-V-Diagramm des 4-Takt-Ottomotors

Bild 1.7. p-V-Diagramm des 4-Takt-Dieselmotors

Auch dieser erste Dieselmotor arbeitete also im Viertaktverfahren. Sein wirkungsgradmäßiger Vorteil gegenüber dem Ottomotor - ein Punkt, der später noch genauer zu erörtern ist - resultierte u.a. aus dem erheblich größeren Verdichtungsverhältnis, das einerseits so hoch gewählt werden konnte, weil ja keine Gefahr der vorzeitigen Entzündung eines bereits vorhandenen Brenngasgemisches bestand, das andererseits aber auch hoch genug sein mußte, um den kurz vor Kompressionsende in den Zylinder eingebrachten Kraftstoff sicher zur Selbstzündung zu bringen. (Bei den ersten Dieselmotoren wurde der Kraftstoff mittels Druckluft, die von einem Kompressor erzeugt wurde, in den Zylinder eingeblasen. Das Prinzip der heute verwendeten Kraftstoffeinspritzanlagen konnte sich erst seit etwa 1930 durchsetzen.) Der Dieselmotor, der bereits bei seinem ersten störungsfreien Probelauf einen effektiven Wirkungsgrad von 30% erreichte, ist seit dieser Zeit bis auf den heutigen Tag die Wärmekraftmaschine mit der besten Energieausnutzung.

1.2 Arbeitsverfahren

Die Motoren werden heute einmal nach dem Verbrennungsverfahren in Otto-und Dieselmotoren unterteilt. (Es sei hier nur nebenbei erwähnt, daß es auch sogenannte Hybridmotoren gibt, bei denen Verfahrensmerkmale des Ottomotors, z.B. die Fremdzündung, mit solchen des Dieselmotors, z.B. mit der dieselmotorischen Kraftstoffeinspritzung und Lastregelung kombiniert werden.)

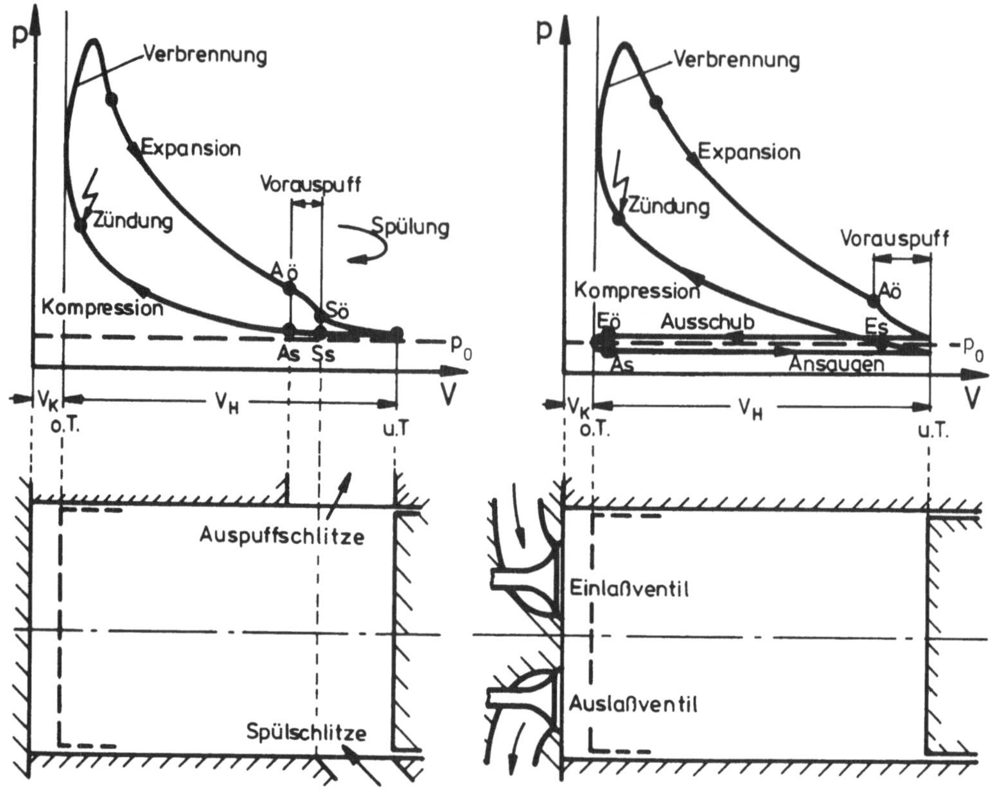

Bild 1.8. Zweitaktverfahren   Bild 1.9. Viertaktverfahren

Wie oben schon angesprochen, wird weiterhin nach dem Arbeitsverfahren, das heißt nach
der Anzahl der Kolbenhübe (Takte) pro Arbeitszyklus unterschieden zwischen Zweitakt-
und Viertaktmotor. In den Bildern 1.8 u.1.9 sind noch einmal die Arbeitsabläufe für beide
Verfahren dargestellt, wobei folgende Abkürzungen eingeführt wurden:

V_H	= Zylinderhubraum,		As	= Auslaß schließt,
V_K	= Kompressionsraum,		Eö	= Einlaß öffnet,
o.T.	= oberer Totpunkt,		Es	= Einlaß schließt,
u.T.	= unterer Totpunkt,		Sö	= Spülschlitz öffnet,
Aö	= Auslaß öffnet,		Ss	= Spülschlitz schließt.

Zu Bild 1.8, Zweitaktverfahren:

1. Takt (u.T.-o.T.):
Eintritt der durch eine Spülpumpe verdichteten Frischgase durch die Spülschlitze und Ent-
fernung der Abgase durch die Auslaßöffnung, ab Ss weiterer Gasaustritt durch die noch

geöffneten Auslaßschlitze (Vermeidung dieses Nachausströmens siehe später), ab As Kompression und kurz vor o.T. Beginn der Verbrennung.

2. Takt (o.T.-u.T.):
Verbrennung und Expansion, ab Aö Vorauspuff, ab Sö Beginn der neuen Spülung.

Zu Bild 1.9, Viertaktverfahren:

1. Takt (o.T.-u.T.):
Bei geöffnetem Einlaßventil Ansaugen der Frischladung.

2. Takt (u.T.-o.T.):
Schließen des Einlaßventils und Kompression, kurz vor o.T. Beginn der Verbrennung.

3. Takt (o.T.-u.T.):
Verbrennung, Expansion und ab Aö Vorauspuff.

4. Takt (u.T.-o.T.):
Ausschub der Abgase.

2 Kreisprozesse

2.1 Idealprozesse

Wie aus der Thermodynamik bekannt, wird bei vorgegebenen Prozeßgrenzen der beste Wirkungsgrad dann erreicht, wenn man den Kreisprozeß entlang dieser Grenzen führt und ihn durch zwei Isentropen schließt. Von der Natur ist uns die Umgebungstemperatur T_0 als untere Temperaturgrenze vorgegeben. (Die Umgebungszustandswerte werden hier immer durch den Index 0 gekennzeichnet.) Wird als weitere Grenze eine Höchsttemperatur T_{max} vorgeschrieben, dann gelangt man zu dem in Bild 2.1 dargestellten

Carnot-Prozeß
mit folgenden Zustandsänderungen:

1-2: Isentrope Kompression,
2-3: Isotherme Expansion (Wärmezufuhr),
3-4: Isentrope Expansion,
4-1: Isotherme Kompression (Wärmeabfuhr).

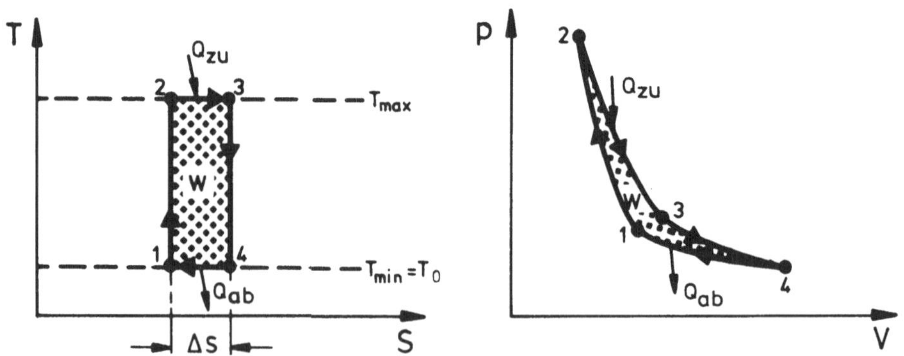

Bild 2.1. *Carnot*-Prozeß im T-S- und p-V-Diagramm

Mit den Bezeichnungen

$Q_{zu;ab}$ = zu- bzw. abgeführte Wärmemenge,
W = Nutzarbeit

gilt allgemein für den thermischen Wirkungsgrad

$$\eta_{th} = \frac{W}{Q_{zu}} = \frac{Q_{zu} - Q_{ab}}{Q_{zu}} = 1 - \frac{Q_{ab}}{Q_{zu}} \ . \tag{2.1}$$

Beim *Carnot*-Prozeß ist nun

$$Q_{zu} = T_{max} \, \Delta S \ ; \quad Q_{ab} = T_{min} \, \Delta S \ .$$

Für den thermischen Wirkungsgrad erhält man also

$$\eta_{th \ Carnot} = 1 - \frac{T_{min}}{T_{max}} \ . \tag{2.2}$$

Dieser Kreisprozeß ist aber für einen Verbrennungsmotor völlig ungeeignet. Zum einen wären nämlich für eine auch nur annähernd isotherme Kompression des Arbeitsmediums bei Umgebungstemperatur, d.h. bei einem verschwindend kleinen Kühlungstemperaturgefälle, sehr lange Zeiten oder sehr große Wärmeaustauschflächen erforderlich. Weiterhin könnte die nachfolgende isentrope Verdichtung nur in einem zweiten Zylinder vorgenommen werden. (Die Möglichkeiten zur konstruktiven Ausführung eines "*Carnot*-Motors" sollen hier nicht untersucht werden.) Schließlich ist auch eine isotherme Verbrennung viel zu unrealistisch. Der größte Nachteil besteht aber in der sehr geringen, hubraumspezifischen Nutzarbeit, die so klein ist, daß sie schon von den mechanischen Verlusten des Motors aufgezehrt würde. Die sehr einfache Verifizierung dieses Sachverhaltes sei dem Leser überlassen. An dieser Stelle soll nur nachdrücklich darauf hingewiesen werden, daß für die Praxis nicht allein der Wirkungsgrad, sondern auch die erzielbare Hubraumarbeit ein sehr wichtiges Bewertungskriterium ist. Der in der Thermodynamik übliche und auch hier verwendete Begriff des "Ideal"-Prozesses ist jedoch nur für den Wirkungsgrad zutreffend.

Zieht man nun weiterhin in Betracht, daß in einem Kolbenverbrennungsmotor die hohen Gastemperaturen während des Prozeßablaufes nur kurzzeitig auftreten und damit die eine wesentlich geringere Mitteltemperatur annehmenden Brennraumwandungen nicht unmittelbar gefährden, dann ist auch schon die Vorgabe einer oberen Temperaturgrenze wenig sinnvoll. Mit Rücksicht auf die Bauteilbeanspruchung ist es hier angebrachter, eine obere Druckgrenze vorzuschreiben. Wenn man so wie bei einer im offenen Kreislauf arbeitenden

10

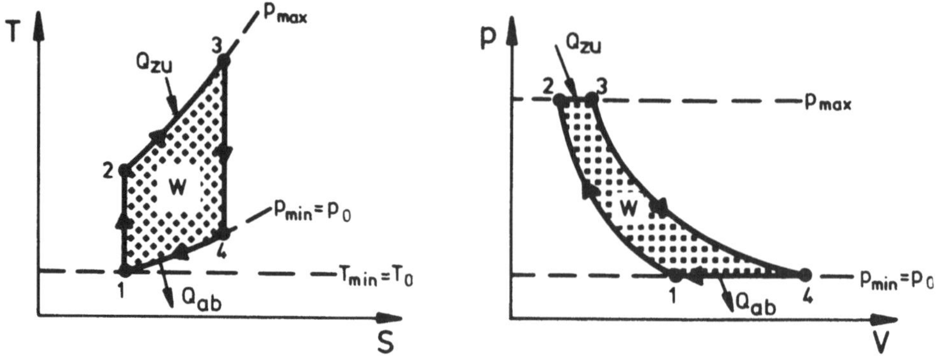

Bild 2.2. *Joule*-Prozeß im T-S- und p-V-Diagramm

Gasturbine den Umgebungsdruck als untere Prozeßgrenze festlegen muß, dann ergibt sich der in Bild 2.2 dargestellte

Joule-Prozeß
mit den Zustandsänderungen

1-2: Isentrope Kompression,
2-3: Isobare Wärmezufuhr,
3-4: Isentrope Expansion,
4-1: Isobare Wärmeabfuhr.

Für den thermischen Wirkungsgrad erhält man hier mit den Abkürzungen

m = Arbeitsgasmasse, $c_{p,v}$ = spez. Wärmen des Arbeitsgases, $\varkappa = c_p/c_v$

und mit

$$Q_{zu} = m\, c_p\, (T_3 - T_2)\,, \qquad Q_{ab} = m\, c_p\, (T_4 - T_1)$$

den Wert

$$\eta_{th} = 1 - \frac{T_4 - T_1}{T_3 - T_2} = 1 - \frac{T_1}{T_2}\, \frac{(T_4/T_1) - 1}{(T_3/T_2) - 1}\,.$$

Für die Temperaturverhältnisse kann angeschrieben werden

$$\frac{T_2}{T_1} = \left(\frac{p_{max}}{p_{min}}\right)^{\frac{\varkappa - 1}{\varkappa}} = \frac{T_3}{T_4}\,, \quad \frac{T_4}{T_1} = \frac{T_3}{T_2}\,.$$

Damit wird

$$\eta_{th\ Joule} = 1 - \frac{1}{(P_{max}/P_{min})^{\frac{\varkappa-1}{\varkappa}}} \ . \tag{2.3}$$

Wie leicht nachzuprüfen ist, entspricht der Wirkungsgrad bei $p_{min} = p_0$ dem des *Carnot*-Prozesses, wenn dieser bei $p_1 = p_0$ mit dem gleichen Höchstdruck arbeitet. Auch der *Joule*-Prozeß ist aber für einen Verbrennungsmotor noch ungeeignet, vor allem deshalb, weil die im Vergleich zum *Carnot*-Prozeß zwar schon deutlich größere hubraumspezifische Nutzarbeit immer noch sehr bescheiden ist. (Der Hubraum könnte ja nur bis zum Diagrammpunkt 1 mit Frischladung gefüllt werden.)

2.2 Vergleichsprozesse

Wie schon erwähnt, ist bei einem Verbrennungsmotor als obere Prozeßgrenze der zulässige Höchstdruck vorzugeben. Im Gegensatz zur Gasturbine mit offenem Kreislauf stellt hier der Umgebungsdruck aber keine natürliche Grenze dar, denn in einem abgeschlossenen Zylinder kann das Gas ja auch bis auf Werte unterhalb des Atmosphärendrucks expandieren. Vorgeschrieben ist nur weiterhin die Umgebungstemperatur als untere Prozeßgrenze. Bei Einhaltung dieser Grenzen käme man also zu der folgenden, in Bild 2.3 dargestellten Prozeßführung:

1-2 : Isentrope Kompression,
2-3 : Isobare Wärmezufuhr,
3-4" : Isentrope Expansion,
4"-1 : Isotherme Kompression (Wärmeabfuhr).

Wegen der bereits erläuterten Schwierigkeiten einer isothermen Verdichtung bei Umgebungstemperatur (in Verbindung mit einer anschließenden isentropen Kompression) muß aber erstens auf die Nutzarbeitsfläche 1-4'-4"-1 verzichtet werden. Zweitens ist es auch vorteilhafter, die isentrope Expansion nur bis zum Diagrammpunkt 4 zu führen, denn die kleine Zusatzarbeitsfläche 4-4'-1-4 rechtfertigt nicht die erheblich schlechtere Ausnutzung des Hubraums V_H, der wieder so wie beim *Joule*-Prozeß nur bis zum Diagrammpunkt 1 mit Frischgas gefüllt werden könnte. Es käme übrigens noch hinzu, daß durch den längeren Kolbenhub mehr Energie durch die Kolbenreibung aufgezehrt würde als durch die Zusatz-

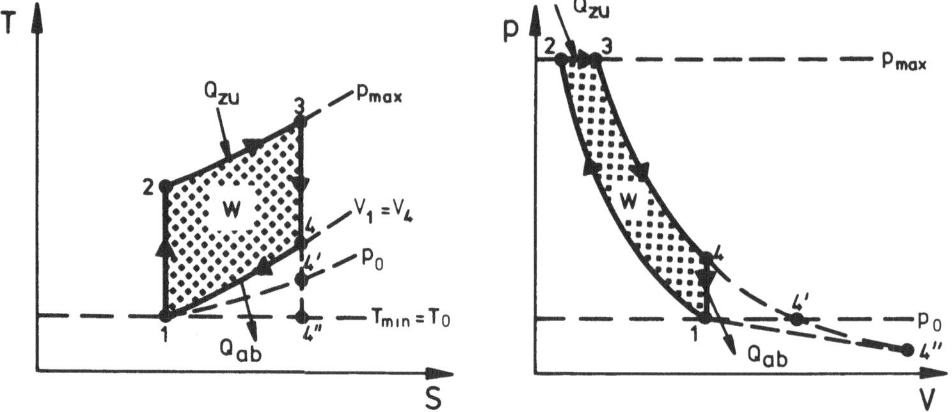

Bild 2.3. Motorischer Grenzprozeß im T-S- und p-V-Diagramm

arbeitsfläche zu gewinnen ist. Als optimaler Grenzprozeß eines Verbrennungsmotors verbleibt also der Linienzug 1-2-3-4-1 mit folgenden Zustandsänderungen:

1-2: Isentrope Kompression bis zum zulässigen Höchstdruck,
2-3: Isobare Wärmezufuhr,
3-4: Isentrope Expansion,
4-1: Isovolume Wärmeabfuhr.

Leider berücksichtigt auch dieser Prozeß noch nicht alle motorischen Randbedingungen. So ist es beim Ottomotor unmöglich, das bereits im Zylinder vorhandene Luft-Kraftstoffgemisch bis auf den beanspruchungsmäßig zulässigen Druck vorzuverdichten, weil sonst die Verbrennung zeitlich völlig unkontrolliert durch eine Selbstentzündung schon während der Kompression einsetzen würde. In der Praxis wird aber die Vorverdichtung durch die Gefahr einer klopfenden Verbrennung (siehe Kap. 4.2) noch wesentlich weiter eingeengt. Als eine zusätzliche Prozeßgrenze ist hier also das

Verdichtungsverhältnis $\varepsilon = (V_H + V_K)/V_K$

vorzugeben. Ist der einzuhaltende Höchstdruck groß genug, dann könnte die anschließende Wärmezufuhr im wirkungsgradmäßig optimalen Grenzfall bei konstantem Volumen erfolgen. Damit erhält man den in Bild 2.4 wiedergegebenen

Gleichraum-Prozeß
als Vergleichsprozeß für den Ottomotor mit den Schritten

1-2: Isentrope Kompression mit vorgegebener Verdichtungshöhe,
2-3: Isovolume Wärmezufuhr,

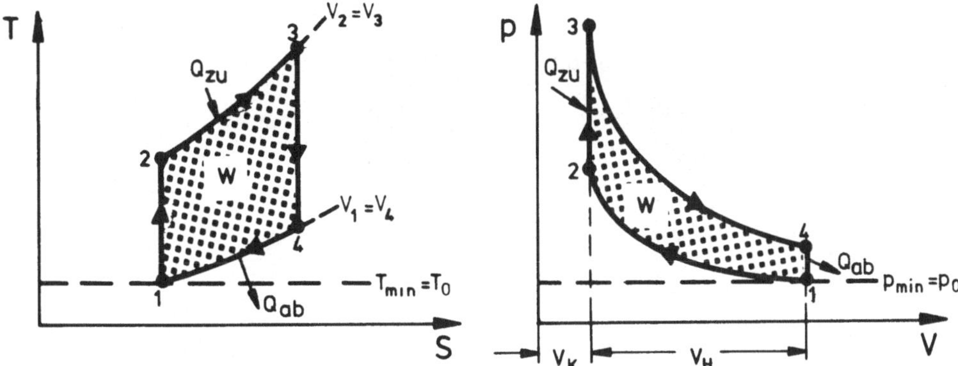

Bild 2.4. Gleichraumprozeß im T-S- und p-V-Diagramm

3-4: Isentrope Expansion,
4-1: Isovolume Wärmeabfuhr.

Beim Dieselmotor, der ja nur die Verbrennungsluft verdichtet, könnte man die Kompression theoretisch bis zur vorgegebenen Höchstdruckgrenze führen. Praktisch muß man aber auch hier mit einem kleineren Verdichtungsverhältnis arbeiten, da bei der anschließenden Verbrennung eine weitere Drucksteigerung nicht zu vermeiden, eine reine Gleichdruckverbrennung also nicht zu realisieren ist (siehe Kap. 4.3). Es ist deshalb sinnvoller, einen gemischten Gleichraum-Gleichdruckprozeß, nämlich den sogenannten

Seiliger-Prozeß
als Vergleichsprozeß für den Dieselmotor zu verwenden. Wie in Bild 2.5 dargestellt, arbeitet dieser Prozeß mit den Zustandsänderungen

1-2 : Isentrope Kompression,
2-3 : Isovolume Wärmezufuhr bis zur Höchstdruckgrenze,
3-3*: Isobare Wärmezufuhr,
3*-4: Isentrope Expansion,
4-1 : Isovolume Wärmeabfuhr.

Für den Wirkungsgrad dieses Kreisprozesses erhält man hier

$$\eta_{th} = 1 - \frac{c_v\,(T_4 - T_1)}{c_v\,(T_3 - T_2) + c_p\,(T_3{}^* - T_3)}$$

oder etwas umgeformt

14

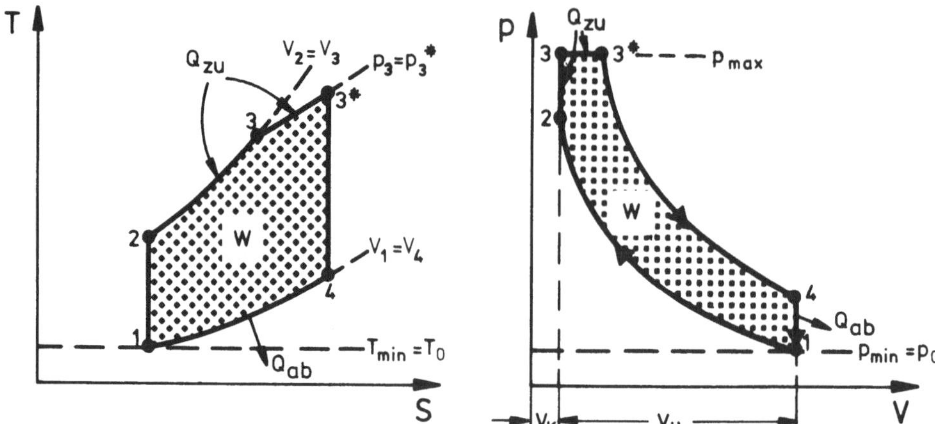

Bild 2.5. *Seiliger*-Prozeß im T-S- und p-V-Diagramm

$$\eta_{th} = 1 - \frac{T_1}{T_2} \; \frac{(T_4/T_1) - 1}{(T_3/T_2) - 1 + \varkappa\,[(T_3^*/T_3) - 1]\,T_3/T_2} \; .$$

Mit den Abkürzungen

$$\pi = \frac{p_3}{p_1} = \frac{p_3^*}{p_1} \;, \qquad \tau = \frac{T_3^*}{T_3} = \frac{v_3^*}{v_3} \;, \qquad \varepsilon = \frac{v_1}{v_2} = \frac{v_4}{v_3}$$

können die Temperaturverhältnisse ausgedrückt werden durch

$$\frac{T_4}{T_1} = \frac{p_4}{p_1} = \frac{p_3^*}{p_1}\,\frac{p_4}{p_3^*} = \pi\left(\frac{v_3^*}{v_4}\right)^{\varkappa} = \pi\left(\frac{v_3^*}{v_3}\,\frac{v_3}{v_4}\right)^{\varkappa} = \pi\left(\frac{\tau}{\varepsilon}\right)^{\varkappa}$$

und durch

$$\frac{T_3}{T_2} = \frac{p_3}{p_2} = \frac{p_3}{p_1}\,\frac{p_1}{p_2} = \frac{\pi}{\varepsilon^{\varkappa}} \;, \qquad \frac{T_2}{T_1} = \varepsilon^{\varkappa - 1} \; .$$

Für den Wirkungsgrad gilt dann schließlich

$$\eta_{th\,Diesel} = 1 - \frac{1}{\varepsilon^{\varkappa - 1}} \; \frac{\pi\,\tau^{\varkappa} - \varepsilon^{\varkappa}}{\pi - \varepsilon^{\varkappa} + \varkappa\,\pi\,(\tau - 1)} \; . \tag{2.4}$$

Beim Ottomotor-Vergleichsprozeß, der ja nur einen Grenzfall des *Seiliger*-Prozesses darstellt, erhält man dann mit $\tau = 1$ für den Wirkungsgrad

$$\eta_{th\ Otto} = 1 - \frac{1}{\varepsilon^{\varkappa - 1}} \ .$$

(2.5)

Der thermische Wirkungsgrad eines Gleichraumprozesses ist also nur noch abhängig vom Verdichtungsverhältnis und vom Isentropenexponenten.

2.3 Der vollkommene Motor

Den vorangegangenen Wirkungsgradberechnungen lagen noch folgende Annahmen zugrunde:

1. Die spezifischen Wärmekapazitäten sind unabhängig vom Gaszustand.

2. Die Gaszusammensetzung bleibt während des Arbeitsprozesses unverändert. Die Verbrennung wurde also ersetzt durch eine äußere Wärmezufuhr und der Ladungswechsel durch eine äußere Wärmeabfuhr.

3. Die Arbeitsgasmasse bleibt während des Prozeßablaufes unverändert, was nur für den Ottomotor zutreffend ist. (Die sehr geringen Leckageverluste können wir vernachlässigen.)

Die so ermittelten Wirkungsgradgleichungen geben zwar schon qualitativ richtige Hinweise auf die Auswirkung von Parameteränderungen. Bei genaueren Prozeßanalysen, die zum Beispiel Aufschluß geben sollen über das bei einem Motor noch vorhandene Entwicklungspotential, käme man aber zu irreführenden Ergebnissen, wenn man bei der Berechnung idealisierter Vergleichsprozesse nicht alle naturgesetzlichen Gegebenheiten berücksichtigen würde. Es wird dann also zwingend notwendig, sowohl die Temperaturabhängigkeit der spezifischen Wärmen (ihre Druckabhängigkeit ist zu vernachlässigen) als auch die Veränderung der Arbeitsgaszusammensetzung und beim Dieselmotor auch die der arbeitenden Gasmasse in Rechnung zu stellen. Schließlich sind auch noch die chemischen Gleichgewichtszustände, u.a. die Gleichgewichte einer Anzahl energiebindender Dissoziationsreaktionen, zu berücksichtigen, die dazu führen, daß die im Kraftstoff vorhandene chemische Energie nicht völlig in Wärmeenergie umgewandelt werden kann.

Ein Vergleichsprozeß, bei dem neben den motortechnischen Randbedingungen nun auch alle vorstehend genannten Naturgesetzlichkeiten beachtet werden, der aber sonst in der schon beschriebenen Weise als Gleichraum- oder Seiligerprozeß abläuft und außer dem thermodynamisch unvermeidbaren Abgaswärmeverlust keine weiteren Verluste aufweist, kennzeichnet den Prozeß eines vollkommenen Motors.

Auf die Berechnung der chemischen Gleichgewichte, die bei der Aufstellung des Arbeitsdiagramms, Bild 2.6, berücksichtigt wurden, soll an dieser Stelle nicht eingegangen werden [1]. Es sei nur kurz erwähnt, daß eine Vernachlässigung der Gleichgewichtszustände das Ergebnis der theoretischen Wirkungsgradermittlung beim Dieselmotor nur sehr wenig beeinflußt, beim Ottomotor aber einen Fehler von bis zu 5% ergibt.

Auch ohne Berücksichtigung der Dissoziationsvorgänge ist der Wirkungsgrad eines vollkommenen Motors nicht mehr in geschlossener Form berechenbar. Man muß vielmehr, wie nachstehend gezeigt wird, von einem Diagrammpunkt zum andern fortschreitend die Zustandsänderungen der einzelnen Prozeßabschnitte ermitteln. Vorab sei aber noch auf folgendes hingewiesen:

Bei den in einem Verbrennungsmotor auftretenden Gastemperaturen ist das bei der Reaktion entstehende Wasser immer als Dampf vorhanden, so daß wir bei der Wärmezufuhr nicht mit der Verbrennungswärme (früher oberer Heizwert genannt), sondern mit dem um die Verdampfungswärme des Verbrennungswassers geringeren (unteren) Heizwert H_u zu rechnen haben. Weiterhin bedingt eine bei der Verbrennung auftretende Molzahländerung einen kleinen Unterschied zwischen den experimentell bei konstantem Druck oder bei konstantem Volumen ermittelten Heizwerten. Die Differenzen sind aber bei den in einem Motor verwendbaren Kraftstoffen so gering, daß wir hier auf eine entsprechende Kennzeichnung verzichten. Schließlich können wir auch den minimalen Unterschied zwischen dem auf die Normtemperatur (T_0 = 288 K) und dem auf den Eispunkt bezogenen Heizwert unberücksichtigt lassen. (Wir werden nachfolgend die kalorischen Zustandsgrößen als Differenzen zu den Eispunktwerten einführen.)

In Tabelle 2.1 sind ein paar - abgerundete - Heizwerte zusammengestellt, wobei für Benzin und Gasöl ein Mittelwert angegeben wird.

Tabelle 2.1. Heizwerte

Kraftstoff	Benzin/Gasöl	CH_4	CH_3OH	C_2H_5OH	H_2
H_u in 10^6 J/kg	$\approx$ 43	50	20	27	120

Wir wollen nun die Rechnungen für 1 kg Arbeitsgas durchführen und die darauf bezogenen thermodynamischen Werte durch Kleinbuchstaben kennzeichnen. Aus der Zusammenfassung des 1. und 2. Hauptsatzes der Wärmelehre folgt zunächst für die Entropieänderung

$$ds = \frac{dq}{T} = \frac{du + pdv}{T} = c_v \frac{dT}{T} + \frac{p}{T} dv = c_v \frac{dT}{T} + \frac{R}{v} dv \ . \tag{2.6}$$

Die Integration dieser Gleichung ergibt für die Entropiedifferenz zweier Zustandspunkte bei Bezug der kalorischen Zustandsgrößen auf $T = 273$ K

$$s_2 - s_1 = f_2 - f_1 - R \ln \frac{v_1}{v_2} \tag{2.7}$$

mit der Abkürzung

$$f = \int_{273}^{T} \frac{c_v}{T} \, dT \ . \tag{2.8}$$

Es muß noch darauf hingewiesen werden, daß bei unserer Arbeitsgasmischung zu rechnen ist mit

$$u = \Sigma g_x u_x \ , \ h = \Sigma g_x h_x \ , \ f = \Sigma g_x f_x \ , \ R = \Sigma g_x R_x \ . \tag{2.9}$$

u = innere Energie (Differenz zum Eispunktwert), h = Enthalpie (Differenz zum Eispunktwert), R = Gaskonstante, g_x = Massenanteil der Gaskomponente x.

Bei vorgegebenen Anfangszuständen eines Kreisprozesses (bei unseren Rechnungen ist $p_1 = p_0 = 1{,}013$ bar; $T_1 = T_0 = 288$ K) sind damit auch u_1' und f_1' festgelegt.

Index': Zustandsgrößen bei der Gemischzusammensetzung vor der Verbrennung.
Index ": Zustandsgrößen bei der Gemischzusammensetzung nach der Verbrennung.

1. Schritt, isentrope Kompression (1-2) mit Vorgabe von $\varepsilon = v_1'/v_2'$:

$$f_2' = f_1' + R' \ln \frac{v_1'}{v_2'} = f_1' + R' \ln \varepsilon \ . \tag{2.10}$$

Mit f_2' sind auch T_2 bzw. u_2' und h_2' bekannt. Wir wollen jetzt gleich den allgemeineren Fall des Seiligerprozesses behandeln.

18

2. Schritt, isovolume bzw. isobare Verbrennung (2-3-3*):

Bezeichnen wir mit α_K den Kraftstoffmassenanteil des Gemischs, dann ist die pro Kilogramm Gemisch hier erst am Ende der Kompression zugeführte Kraftstoffenergie

$$q = \alpha_K H_u + \left\{ \alpha_K u_K \right\} . \tag{2.11}$$

(Die Einspritzarbeit des Kraftstoffs wurde dabei schon vernachlässigt. Auch die innere Kraftstoffenergie u_K ist aber im Vergleich zum Heizwert nur sehr gering und könnte ebenfalls unberücksichtigt bleiben.) Nach dem ersten Hauptsatz der Wärmelehre gilt nun

$$q = u_{3^*}'' - \left\{ 1 - \alpha_K \right\} u_2' + p_3 \left(v_{3^*}'' - \left\{ 1 - \alpha_K \right\} v_2' \right) \tag{2.12}$$

Nach Einführung der Enthalpie

$$h = u + pv \tag{2.13}$$

erhält man daraus

$$q = h_{3^*}'' - p_3 \, v_{3^*}'' - \left\{ 1 - \alpha_K \right\} \left(h_2' - p_2 v_2' \right) + p_3 \, v_{3^*}'' - p_3 \, v_2' \left\{ 1 - \alpha_K \right\}$$

oder umgeformt

$$q = h_{3^*}'' - \left\{ 1 - \alpha_K \right\} h_2' - \left(p_3 - p_2 \right) v_2' \left\{ 1 - \alpha_K \right\} . \tag{2.14}$$

Die Verbindung von (2.14) und (2.11) ergibt

$$h_{3^*}'' = \left\{ 1 - \alpha_K \right\} h_2' + \alpha_K H_u + \left\{ \alpha_K u_K \right\} + \left(p_3 - p_2 \right) v_2' \left\{ 1 - \alpha_K \right\} . \tag{2.15}$$

Bei vorgegebenem p_3-Wert lassen sich damit h_{3^*}'', f_{3^*}'', T_{3^*} und v_{3^*}'' ermitteln.

3. Schritt, isentrope Expansion (3*-4), $v_4'' = v_1' \left\{ 1 - \alpha_K \right\}$:

$$f_4'' = f_{3^*}'' - R'' \ln \frac{v_1'}{v_{3^*}''} \left\{ 1 - \alpha_K \right\} . \tag{2.16}$$

Mit f_4'' sind dann auch T_4 bzw. u_4'' bekannt.

Für die auf die Arbeitsgasmasseneinheit bezogene, spezifische Nutzarbeit W_s gilt nun wieder nach dem 1. Hauptsatz

$$W_s = \left\{ 1 - \alpha_K \right\} u_1' + \left\{ \alpha_K u_K \right\} + \alpha_K H_u - u_4'' \tag{2.17}$$

und somit für den Wirkungsgrad des vollkommenen Motors

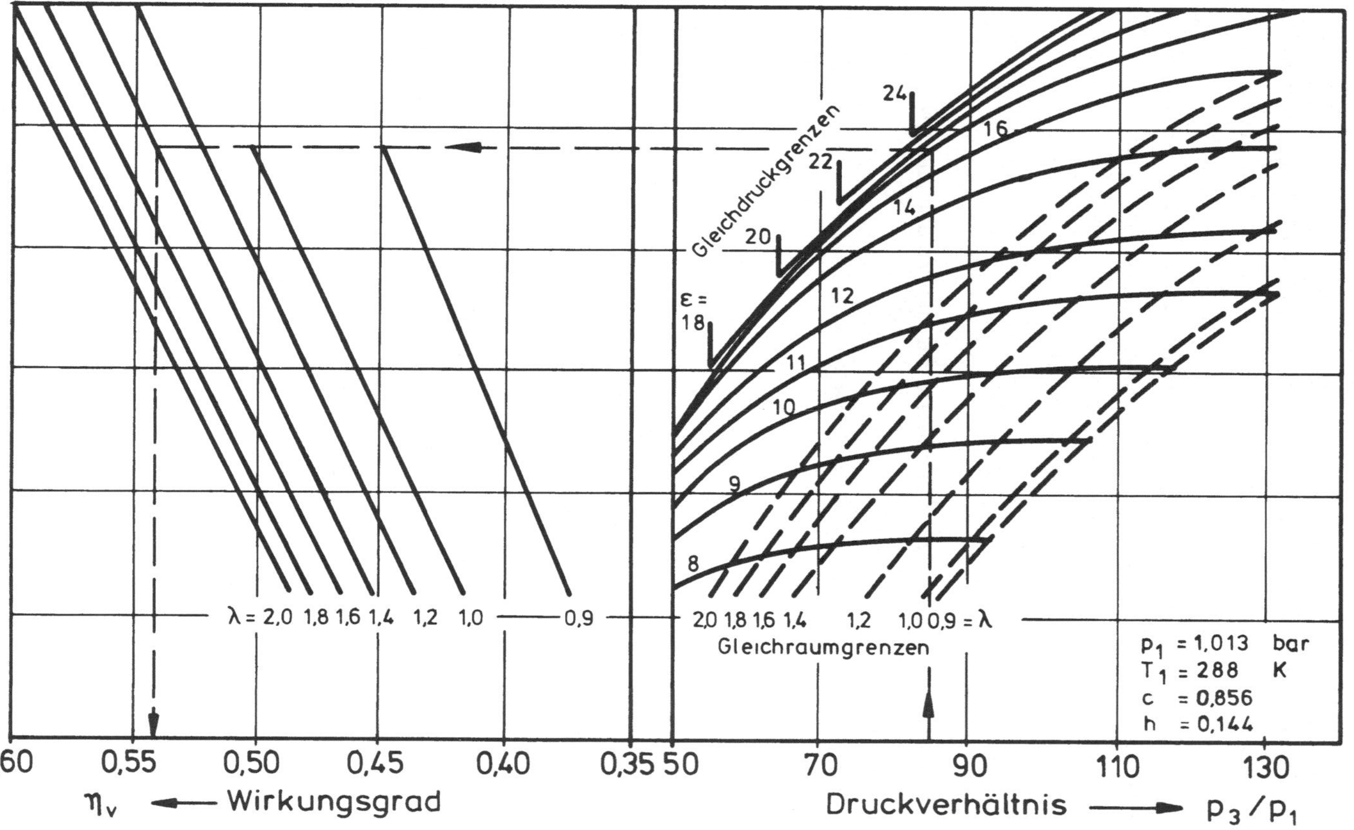

Bild 2.6. Wirkungsgrade des vollkommenen Motors

$$\eta_v = \frac{\left\{1 - \alpha_K\right\} u_1' + \left\{\alpha_K \, u_K\right\} + \alpha_K \, H_U - u_4''}{\alpha_K \, H_U} \; . \tag{2.18}$$

Die hier für den Dieselvergleichsprozeß angeschriebenen Gleichungen gelten natürlich auch für den Ottomotor. Dabei entfallen nur die Ausdrücke in den geschweiften Klammern (und es ist $v_i' = v_i''$), denn bei äußerer Gemischbildung ist die Kraftstoffenergie u_K bereits in dem u_1'-Wert der Luft-Kraftstoffmischung berücksichtigt und bei der Kompression auch schon die gesamte Gemischmenge im Zylinder vorhanden. Außerdem ist noch zu beachten, daß der Kraftstoff beim Ottomotor weitgehend in der Dampfphase eingebracht wird, so daß hier als Heizwert der um die Verdampfungswärme r_K größere Wert

$$H_{u\,dpf.} = H_{u\,fl} + r_K \tag{2.19}$$

einzusetzen ist. Nachstehend sind einige Zahlenwerte für die Verdampfungswärme zusammengestellt.

Tabelle 2.2. Kraftstoffverdampfungswärme

Kraftstoff	Benzin	Methanol	Ethanol
r_K in 10^6 J/kg	$\approx 0{,}33$	$1{,}11$	$0{,}90$

Wie schon erwähnt, liegen den in Bild 2.6 zusammengefaßten Rechenergebnissen als Ausgangspunkte der Kreisprozesse die Normzustandswerte zugrunde. Abweichungen von diesem Zustand, wie sie z.B. bei der Aufladung auftreten, haben aber nur einen geringen Einfluß auf die Wirkungsgrade des vollkommenen Motors. Eine Druckänderung, die nur die Dissoziationsvorgänge beeinflußt, ist zu vernachlässigen. (Sie bewirkt nur bei einem stark gedrosselten Ottomotor eine leichte η_v-Abnahme.) Im Vollastbereich des Dieselmotors gilt das auch für den Einfluß der Anfangstemperatur, denn die bei einer erhöhten Temperatur negativen Wirkungen der größeren spezifischen Wärmen und der verstärkten Dissoziation werden etwa kompensiert durch die Abnahme des wirkungsgradmindernden Anteils der Gleichdruckverbrennung. Beim Ottomotor (d.h. hier beim Gleichraumprozeß) ergibt sich eine kleine Temperaturabhängigkeit, die man für die üblichen Werte des Verdichtungsverhältnisses und der Gemischzusammensetzung ausdrücken kann durch

$$\eta_{v\,Otto} = \eta_{v\,Otto_{T_1 - Norm}} - \frac{T_1 - 288}{10000} \; . \tag{2.20}$$

Zur Diskussion der Ergebnisse sind in Bild 2.7 einige Beispiele für den Verlauf des Wirkungsgrades in Abhängigkeit von den verschiedenen Einflußgrößen wiedergegeben.

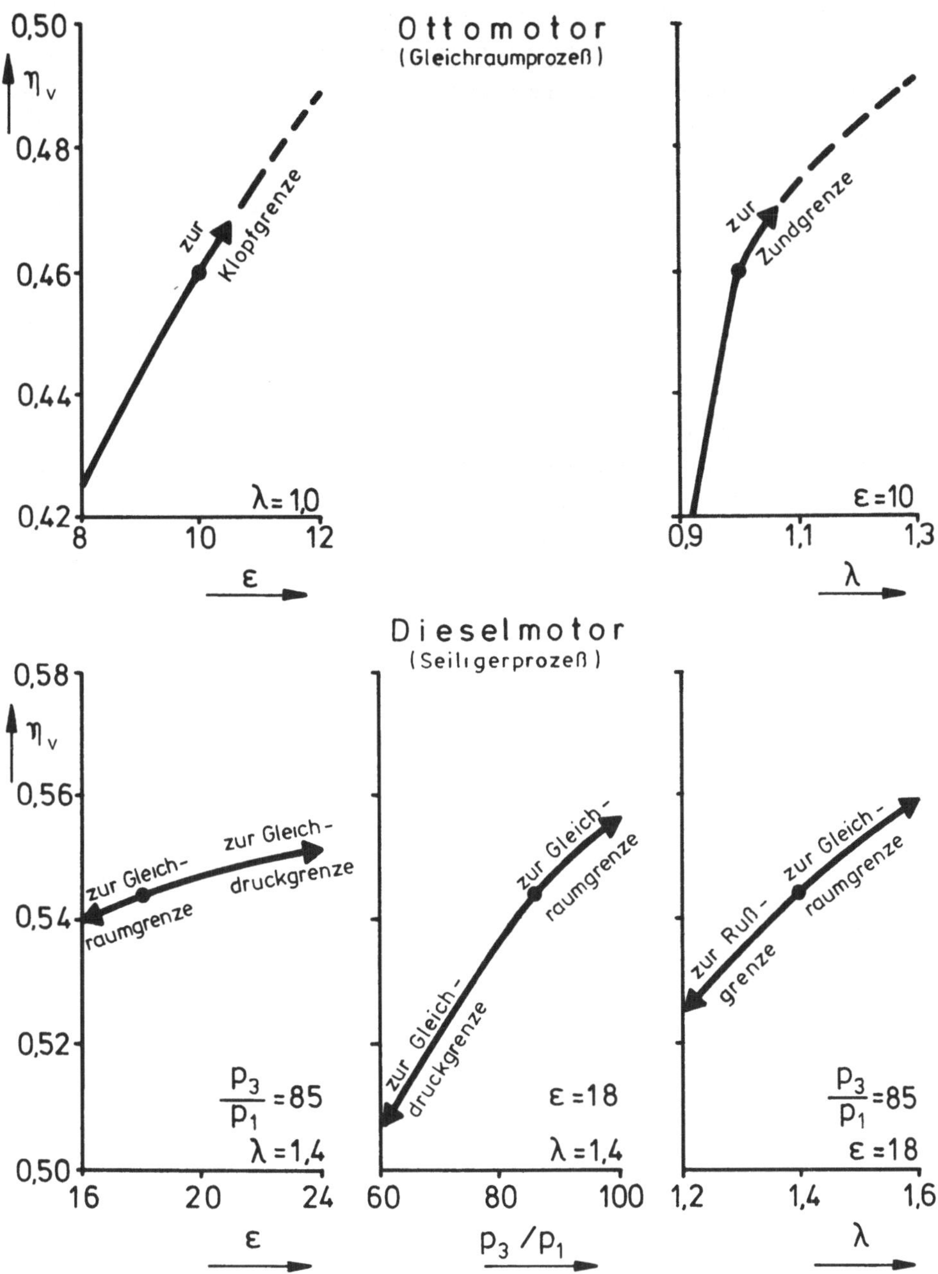

Bild 2.7. Wirkungsgrade des vollkommenen Motors bei Variation von ε, λ, und p_3/p_1

Beim Ottomotor wird zunächst einmal die starke Auswirkung einer Variation des Verdichtungsverhältnisses deutlich. Bemühungen zur weiteren Steigerung der durch den Einsatz einer klopfenden Verbrennung begrenzten Verdichtung über den heutigen Maximalwert von etwa $\varepsilon = 10$ hinaus sind also durchaus noch sehr lohnenswert. Das gilt auch für die Anstrengungen zur Realisierung des sogenannten Magerkonzeptes, bei dem der Motor im Teillastgebiet mit einem möglichst hohen Luftüberschuß (große λ-Werte, siehe nachfolgenden Text) betrieben wird, wobei die Wirkungsgrade ebenfalls verbessert werden und gleichzeitig auch eine gute Abgasqualität zu erreichen ist. Die Schwierigkeiten liegen hier bei dem Problem der sicheren Entflammung sehr magerer Luft-Kraftstoffmischungen, siehe Kap. 4.2. Es sei nur nebenbei erwähnt, daß der im Bereich $\lambda < 1$ sehr starke Wirkungsgradabfall mit kleiner werdendem λ durch die bei zunehmendem Luftmangel natürlich immer unvollständiger werdende Verbrennung bedingt ist.

Beim Dieselmotor bringt eine Verdichtungserhöhung über die in Tabelle 2.3 angegebenen, heute üblichen Werte hinaus keine weitere Verbesserung der Energieausnutzung. Man sieht nämlich einmal, daß im höheren ε-Bereich eine Steigerung des Verdichtungsverhältnisses schon den Wirkungsgrad des vollkommenen Motors nur noch mäßig verbessert. Beim realen Motor kommt aber noch hinzu, daß mit einer ε-Vergrößerung im allgemeinen auch eine Zunahme des Spitzendrucks verbunden ist, was oft allein schon mit Rücksicht auf die Bauteilbeanspruchung zu vermeiden ist. (Langsamläufer - das sind z.B. Schiffsgroßmotoren mit Nenndrehzahlen von $n \approx 100$ 1/min - und Mittelschnelläufer - mit $n \approx 500$ 1/min - arbeiten heute alle mit hoher Aufladung, d.h. mit einem gegenüber dem Atmosphärendruck bereits stark erhöhten Prozeßanfangsdruck, so daß hier die Verdichtungsverhältnisse relativ klein bleiben müssen.) Außerdem führen höhere ε - Werte zu erhöhten Wandwärme- und Reibungsverlusten, wodurch die kleine η_v-Zunahme kompensiert oder auch überkompensiert wird. Schließlich fördern die mit dem Verdichtungsverhältnis ansteigenden Prozeßtemperaturen auch die Rußbildung bei der Verbrennung, verringern also die an der Rußgrenze fahrbare Motorleistung. Der unten mit $\varepsilon \approx 24$ angegebene Höchstwert wird nur bei den schnellaufenden Pkw-Dieselmotoren (Vor- oder Wirbelkammermotoren; $n \approx 4500$ 1/min) angewandt. In bezug auf den effektiven Wirkungsgrad (siehe Kap. 3.4) und auf die an der Rußemissionsgrenze erzielbare Leistung ist dieser Wert bereits zu groß und hier nur erforderlich für einen sicheren Motorkaltstart.

Tabelle 2.3. Verdichtungsverhältnisse bei Dieselmotoren

Drehzahlbereich	Langsamläufer	Mittelschnelläufer	Schnelläufer
ε	≈ 12	12 -14	16 -24

Durch eine Erhöhung des Spitzendrucks (Beschleunigung des anfänglichen Verbrennungsablaufs) würden die η_v-Werte noch merklich verbessert. In der Praxis sind aber auch hier neben der Bauteilbelastung die wachsenden Kühl- und Reibungsverluste zu beachten.

Außerdem führt eine sehr schnell einsetzende Verbrennung zu einer verstärkten Geräuschemission und wegen der ansteigenden Spitzentemperaturen auch zu einer erhöhten Emission von Stickoxiden.

Schließlich ergibt eine Vergrößerung der Luftverhältniszahl ebenfalls eine deutliche η_v-Verbesserung. Es ist allerdings zu bedenken, daß ein Betrieb mit großem Luftüberschuß (der bei einem Dieselmotor keine Entflammungsprobleme mit sich bringt, siehe Kap. 4.3) die hubraumspezifische Arbeit stark verringert. Zur Erzielung hoher Motorleistungen ist man also bestrebt, mit einem möglichst kleinen, vornehmlich durch die Rußemission nach unten begrenzten λ-Wert zu arbeiten. In dem vor allem für den mittleren Kraftstoffverbrauch eines Fahrzeugmotors sehr wichtigen Teillastbereich kann aber der mit λ zunehmende η_v-Wert voll genutzt werden. Dieser mit fallender Belastung steigende Wirkungsgrad des vollkommenen Motors ist auch mit ein Grund für den erheblich geringeren, mittleren Kraftstoffverbrauch eines Fahrzeugdieselmotors im Vergleich zu dem des Ottomotors.

Zur Ermittlung der hubraumspezifischen Arbeit des vollkommenen Motors muß neben dem Wirkungsgrad auch die in der Zylinderladung freigesetzte Kraftstoffenergie bekannt sein, die wiederum abhängig ist von der verfügbaren Sauerstoff- bzw. Luftmenge. Die in einem Kraftstoff vorhandenen, brennbaren Elemente sind im wesentlichen der Kohlenstoff C und der Wasserstoff H. Die übrigen, nur in minimaler Konzentration auftretenden Brennsubstanzen, wie etwa der geringe Schwefelgehalt des Dieselkraftstoffs, können unberücksichtigt bleiben. Die für die C- und H-Verbrennung benötigten Sauerstoffmengen ergeben sich aus folgenden Gleichungen:

$$1 \text{ kmol C} + 1 \text{ kmol O}_2 \longrightarrow 1 \text{ kmol CO}_2 \, ,$$

$$1 \text{ kg C} + 2{,}667 \text{ kg O}_2 \longrightarrow 3{,}667 \text{ kg CO}_2 \; (+33{,}9 \cdot 10^6 \text{ J}) . \tag{2.21}$$

$$1 \text{ kmol H}_2 + 0{,}5 \text{ kmol O}_2 \longrightarrow 1 \text{ kmol H}_2\text{O} ,$$

$$1 \text{ kg H}_2 + 8 \text{ kg O}_2 \longrightarrow 9 \text{ kg} (\text{H}_2\text{O})_{dpf} \; (+119{,}8 \cdot 10^6 \text{ J}) . \tag{2.22}$$

Bedeuten nun c, h und o die Kohlenstoff-, Wasserstoff- und Sauerstoffmassenanteile im Kraftstoff, dann ergibt sich aus diesen Gleichungen die für eine vollständige Verbrennung der Kraftstoffmenge m_K notwendige Mindestsauerstoffmasse

$$m_{O_2\,min} = m_K \left(2{,}667c + 8h - o \right) \quad \text{kg O}_2 . \tag{2.23}$$

Mit dem Luftsauerstoffanteil von 0,232 Gew.-% erhält man dann für den auf die Kraftstoffmasseneinheit bezogenen Mindestluftbedarf

$$\overline{m}_{L\,min} = \frac{m_{L\,min}}{m_K} = 11,49\,(c + 3h - 0,375\,o)\ \frac{kg\,Luft}{kg\,Krst}\ . \tag{2.24}$$

Als eine sehr wichtige Kenngröße definiert man jetzt noch die Luftverhältniszahl λ durch

$$\lambda = \frac{m_L}{m_{L\,min}}\ . \tag{2.25}$$

Der λ-Wert kennzeichnet also das Verhältnis der in einem Brenngemisch tatsächlich vorhandenen Luftmenge m_L zur Mindestluftmenge. Bei $\lambda = 1$ spricht man von einer stöchiometrischen, bei $\lambda > 1$ von einer mageren und bei $\lambda < 1$ von einer fetten Mischung. Mit dem früher schon eingeführten α_K-Wert besteht noch der Zusammenhang

$$\alpha_K = \frac{m_K}{m_K + m_L} = \frac{1}{1 + \lambda\,\overline{m}_{L\,min}}\ . \tag{2.26}$$

In der nachfolgenden Tabelle sind Zahlenwerte für den Mindestluftbedarf der Verbrennung einiger Kraftstoffe angegeben.

Tabelle 2.4. Mindestluftbedarf der Verbrennung

Kraftstoff	Benzin u. Gasöl	CH_4	CH_3OH	C_2H_5OH	H_2
$\overline{m}_{L\,min}$ in kg Luft/kg Krst.	$\approx 14{,}8$	17,2	6,5	9,0	34,5

Da einem Motor ein vorgegebenes Volumen, nämlich das Hubvolumen (und bei einer Restgasausspülung auch der Kompressionsraum) für die Füllung mit Frischgas zur Verfügung steht, wird die bereitgestellte Kraftstoffenergie bestimmt durch den Heizwert der in dieses Gasvolumen eingebrachten Kraftstoffmenge. Ein Maß für die pro Arbeitsspiel vorhandene Kraftstoffenergie ist also der auf das Gemischvolumen bezogene (volumetrische) Gemischheizwert H_{ug}. Wenn man beachtet, daß der Dieselmotor nur Luft ansaugt, während in der Frischladung des Ottomotors auch schon der Kraftstoffdampf enthalten ist, dann erhält man für den volumetrischen Gemischheizwert beim Dieselmotor

$$H_{ug,Diesel} = H_u\,\frac{m_K}{m_L/\varrho_{0L}} = H_u\,\frac{\varrho_{0L}}{\lambda\,\overline{m}_{L\,min}} \tag{2.27}$$

und beim Ottomotor

$$H_{ug,Otto} = H_u \frac{m_K}{m_K/\varrho_{0K} + m_L/\varrho_{0L}} = H_u \frac{\varrho_{0L}}{\lambda \, \overline{m}_{L\,min} + \varrho_{0L}/\varrho_{0K}} \; . \qquad (2.28)$$

$\varrho_{0L;0K}$ = Dichte der Luft bzw. des gas- oder dampfförmigen Kraftstoffs beim Umgebungszustand p_0, T_0.

Es sei hier nur kurz darauf hingewiesen, daß der auch bei $\lambda < 1$ mit abnehmender Luftverhältniszahl noch anwachsende H_{ug}-Wert selbstverständlich mangels ausreichender Verbrennungsluft nicht mehr voll genutzt werden kann. Dieser verkleinerte Nutzungsgrad wurde aber schon bei den η_v-Berechnungen berücksichtigt. Wie ein Vergleich der in Tabelle 2.5 für $\lambda = 1$ angegebenen volumetrischen Gemischheizwerte mit den früher angegebenen Kraftstoffheizwerten verdeutlicht, geben letztere überhaupt keinen Aufschluß über die motorische Leistungsfähigkeit eines Kraftstoffs. So ist z.B. der Heizwert des Wasserstoffs fast dreimal so groß wie der des Benzins, das aber einen um ca. 15 % größeren Gemischheizwert aufweist.

Tabelle 2.5. Gemischheizwerte (bei p_0 = 1,013 bar, T_0 = 288 K)

Kraftstoff	Benzin	CH_4	CH_3OH	C_2H_5OH	H_2
$H_{ug(\lambda=1)}$ in 10^6 J/m^3	$\approx$ 3,5	3,22	3,30	3,44	3,03

Wenn wir beim vollkommenen Motor davon ausgehen, daß ihm ein dem Hubraum entsprechendes Frischgasvolumen zugeführt und die darin freigesetzte Kraftstoffenergie mit dem Wirkungsgrad η_v in mechanische Arbeit umgewandelt wird, dann erhält man für die Nutzarbeit W_v des vollkommenen Motors

$$W_v = V_H \, H_{ug} \, \eta_v \; . \qquad (2.29)$$

Wir wollen jetzt noch den in der Motorentechnik üblichen Begriff des mittleren Drucks einführen und erläutern. Wie in Bild 2.8 dargestellt, kann die Arbeitsfläche W_v ersetzt werden durch die gleich große Rechtecksfläche $V_H p_v$. Dabei ist p_v ein während des Nutzarbeitshubes mit konstanter Größe auf den Kolben einwirkender, mittlerer (Über-)Druck. Dieser oft auch kurz als Mitteldruck bezeichnete Druckwert ist also nichts anderes als die auf den Hubraum bezogene, d.h. die hubraumspezifische Nutzarbeit, die ja die Dimension eines Druckes hat. Für den mittleren Druck des vollkommenen Motors gilt also

$$p_v = H_{ug} \, \eta_v \; . \qquad (2.30)$$

Zu dem Arbeitsdiagramm von Bild 2.6 sei schließlich noch folgendes angemerkt:

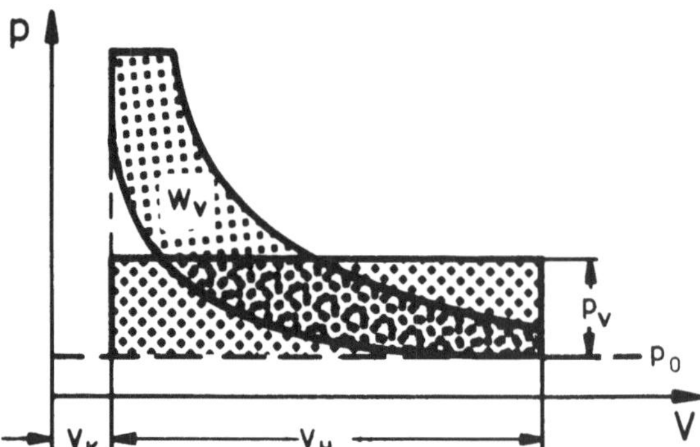

Bild 2.8. Definition des mittleren Druckes

1. Die bei dieser zusammenfassenden Darstellung im linken Diagrammteil vorgenommene Mittelung der λ -Kurven kann kleine Fehler ergeben, die aber im Bereich der Interpolationsgenauigkeit liegen.

2. Da ein Luftmangelbetrieb für den Dieselmotor auszuschließen ist, konnten die Wirkungsgrade des auch mit $\lambda < 1$ arbeitenden Ottomotors, bei dem dann etwas andere Gleichgewichtsreaktionen auftreten (siehe Kap. 3.2), mit denen des Dieselmotors gemeinsam dargestellt werden. Die weiteren Wirkungsgradunterschiede, die sich dadurch ergeben, daß der Ottomotor bereits ein Kraftstoffdampf-Luftgemisch verdichtet, sind vernachlässigbar gering.

3. Die Rechnungen wurden durchgeführt für einen flüssigen Kraftstoff mit den im Diagramm angegebenen Wasserstoff- und Kohlenstoffmassenprozenten. Die Ergebnisse können aber auch ohne nennenswerte Fehler für andere Kohlenwasserstoffe (z.B. für Methan) übernommen werden.

4. Kreisprozeßrechnungen mit den Alternativkraftstoffen Methanol, Ethanol und Wasserstoff zeigten, daß auch dabei die durch die Unterschiede im Gemischheizwert, in der bei der Verbrennung stattfindenden Molzahländerung und in der Zusammensetzung der Arbeitsmedien bedingten Wirkungsgradabweichungen von den hier wiedergegebenen Werten so gering sind (maximal etwa 2%), daß auf eine getrennte Darstellung weiterer Arbeitsdiagramme verzichtet wurde. Bild 2.6 kann also mit guter Näherung für alle motorischen Kraftstoffe benutzt werden.

3 Der reale Motor

3.1 Der Gütegrad

3.1.1 Der Gütegrad der Verbrennung

Im Unterschied zu dem Prozeßablauf in einem idealisierten, vollkommenen Motor treten neben den dort mit η_v quantifizierten und auch theoretisch nicht vermeidbaren Verlusten im Realfall noch eine Anzahl weiterer Verluste auf, die jetzt im einzelnen besprochen werden sollen. Eine solche detaillierte Verlustanalyse ist für die Weiterentwicklung eines Verbrennungsmotors von größter Bedeutung, denn nur sie kann durch entsprechende meßtechnische Untersuchungen am Motorprüfstand, in vielen Fällen aber auch schon im Vorfeld der rechnerischen Motorauslegung Aufschluß geben über die Rangfolge der Einzelverluste, d.h. über die jeweils festzulegenden Entwicklungsschwerpunkte und über das zumindest theoretisch noch vorhandene Entwicklungspotential.

Wir hatten darauf hingewiesen, daß auch bei einem vollkommenen Motor wegen der sich einstellenden chemischen Reaktionsgleichgewichte kein vollständiger Umsatz des im Kraftstoff vorhandenen Kohlenstoffs und Wasserstoffs zu den Endprodukten CO_2 und H_2O erfolgt und zudem noch einige energiebindende Dissoziationsreaktionen, wie etwa der Zerfall molekularen in atomaren Sauerstoffs, stattfinden. Die dadurch bedingten Wirkungsgradeinbußen wurden, das sei hier noch mal betont, bei unseren η_v-Berechnungen schon berücksichtigt. Man kann aber auch noch einen Umsetzungsgrad η_{uv} des vollkommenen Motors definieren als das Verhältnis des Heizwerts V_{uv} aller im Abgas vorhandenen, pro kg Kraftstoff unverbrannten Stoffmengen zum Heizwert des Kraftstoffs, also

$$\eta_{uv} = 1 - \frac{V_{uv}}{H_u} \, . \tag{3.1}$$

Beim realen Motor ist nun davon auszugehen, daß über die Unvollständigkeiten der Verbrennung des vollkommenen Motors hinaus, etwa durch das Auftreten lokaler Luftmangelgebiete oder auch durch ein Verlöschen von Flammenzonen im engsten Bereich der relativ kühlen Brennraumwände, eine noch etwas größere Kraftstoffmenge unverbrannt oder teilverbrannt bleibt. Für den Umsetzungsgrad des realen Motors können wir dann mit der Abkürzung Vu für den Heizwert der hier pro kg Kraftstoff unverbrannten und durch eine Abgasanalyse meßtechnisch zu ermittelnden Stoffmengen anschreiben

$$\eta_u = 1 - \frac{V_u}{H_u} \; . \tag{3.2}$$

Die Güte der Verbrennung ist natürlich sehr stark abhängig von der Güte der vorangegangenen Gemischbildung. Bei Dieselmotoren, denen nur sehr kurze Zeiten für die Vermischung des erst gegen Ende der Kompression in den Brennraum eingespritzten Kraftstoffs mit der Verbrennungsluft zur Verfügung stehen, wird deshalb in den meisten Fällen der Vermischungsvorgang durch intensive Brennraumgasströmungen unterstützt (siehe Kap. 5.2), deren kinetischer Energiegehalt praktisch als Verlustarbeit zu buchen ist [2]. Bezeichnen wir diese Brennraumströmungsarbeiten, die allerdings nur bei Motoren mit unterteilten Brennräumen eine beachtenswerte Größe erreichen und mit ausreichender Genauigkeit rechnerisch bestimmt werden können [3], mit ΔW_{BS}, dann definieren wir mit Berücksichtigung der Verbrennungsunvollkommenheiten des realen Motors den Gütegrad der Verbrennung durch

$$\eta_{g_{VB}} = \frac{\eta_u}{\eta_{uv}} \left(1 - \frac{\Delta W_{BS}}{W_v \, \eta_u / \eta_{uv}} \right) \; . \tag{3.3}$$

Der Umsetzungsgrad η_u ist nicht nur für die Energieausnutzung von Bedeutung, sondern auch mitbestimmend für die Abgasqualität, die beschrieben wird durch die Konzentration der im Abgas vorhandenen Schadstoffe. Die für die Umwelt gefährlichsten Abgasinhaltsstoffe sind folgende Substanzen:

* Stickoxide,
* Unverbrannte oder anoxidierte Kohlenwasserstoffe,
* Kohlenmonoxid,
* Rußteilchen, Bleiverbindungen.

Bei einem stets mit Luftüberschuß arbeitenden Dieselmotor ($\lambda_{min} \approx 1,15$) ist der Einfluß der Reaktionsgleichgewichte auf die Abgaszusammensetzung des vollkommenen Motors bedeutungslos ($\eta_{uv} = 1$). Beim realen Motor bewirken Unvollkommenheiten der Verbrennung in erster Linie die Bildung von Ruß, der zum weit überwiegenden Teil aus Kohlenstoff besteht. Mit x_c als Abkürzung für den unverbrannt bleibenden Kohlenstoffmassenanteil ergibt sich die Abgaszusammensetzung aus folgender Massenbilanzgleichung:

$$1 \text{ kg Krst.} + \lambda m_{L min} \text{ kg Luft} \longrightarrow x_c c \text{ kg C} + 3{,}667(1-x_c) c \text{ kg CO}_2$$
$$+ \quad 9h \text{ kg H}_2\text{O} + 0{,}768 \, \lambda m_{L min} \text{ kg N}_2$$
$$+ \left\{ 0{,}232(\lambda-1) m_{L min} + 2{,}667 x_c c \right\} \text{ kg O}_2 \; . \tag{3.4}$$

In Bild 3.1 sind die nach dieser Gleichung berechneten und in Volumenprozenten angegebenen, im Abgas vorhandenen CO_2- und O_2-Anteile in Abhängigkeit von der Luftverhältniszahl und vom Umsetzungsgrad (der hier nur durch den Heizwert des unverbrannten Kohlenstoffs bestimmt wird) wiedergegeben. Die Prozentangaben beziehen sich auf das Gesamtvolumen der trockenen Abgase, da auch bei den Messungen der Abgaszusammensetzung das bei der Verbrennung entstandene Wasser vorher ausfällt.

Bei einem vollkommenen Ottomotor, der mit seiner bei Brennbeginn schon sehr homogenen Brenngasmischung praktisch ohne Rußbildung auch mit Luftmangel betrieben werden kann, wird die Abgaszusammensetzung im wesentlichen durch die Wassergasreaktion

$$H_2 + CO_2 \rightleftarrows H_2O + CO \tag{3.5}$$

bestimmt. Für das chemische Gleichgewicht gilt hier

$$K_W = \frac{p_{CO} \, p_{H_2O}}{p_{CO_2} \, p_{H_2}} \approx 3{,}4_{\,(T = 1800 \text{ K})} \; . \tag{3.6}$$

Dabei kennzeichnet p_x den Partialdruck der Gaskomponente x. Die Gleichgewichtskonstante K_W ist nur von der Temperatur abhängig und wird mit der beim Expansionshub fallenden Temperatur kleiner. Gleichzeitig nehmen aber auch die Reaktionsgeschwindigkeiten sehr stark ab und werden bei einer Temperatur von etwa 1800 K so gering, daß sich bei weiterer Temperaturabsenkung die Abgaszusammensetzung nicht mehr ändert ("eingefrorenes" Gleichgewicht). An dieser Temperaturgrenze ist $K_W \approx 3{,}4$. Mit diesem Zahlenwert läßt sich in Verbindung mit den chemischen Bilanzgleichungen die theoretische Abgaszusammensetzung und der Umsetzungsgrad für den Ottomotor berechnen, siehe Bild 3.2. (Eine Verbrennung nach dem Wassergasgleichgewicht ist energetisch nahezu der ungünstigste Fall. Wenn man z.B. einen der jeweils verfügbaren Luftmenge entsprechenden Kraftstoffmassenumsatz annehmen würde, dann wären die Umsetzungsgrade im Luftmangelgebiet natürlich identisch mit den Luftverhältniszahlen und damit größer als die Diagrammwerte.) Bezieht man den Umsetzungsgrad auf die Gaszusammensetzung bei der Verbrennungshöchsttemperatur und berücksichtigt dabei alle Dissoziationsreaktionen,

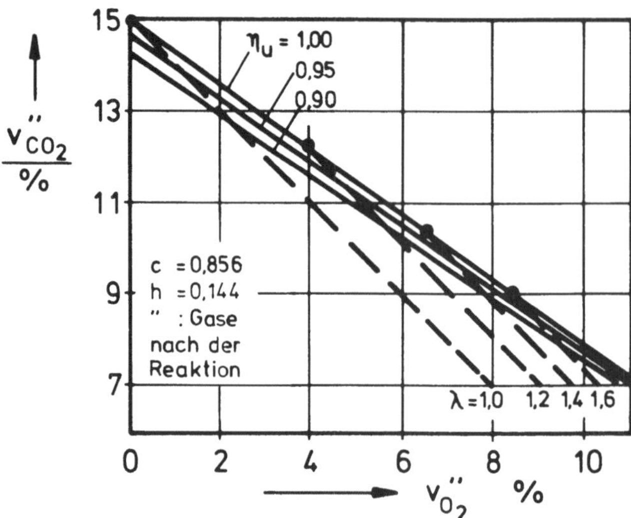

Bild 3.1. Abgaszusammensetzung bei rußender Verbrennung

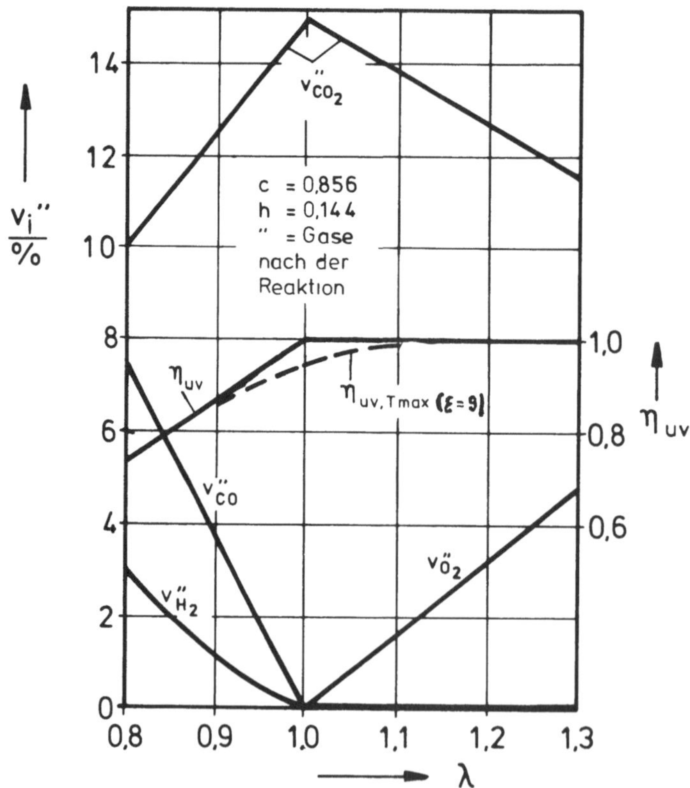

Bild 3.2. Abgaszusammensetzung beim Wassergasgleichgewicht

dann erhält man die gestrichelte $\eta_{uv,Tmax}$-Kurve. Damit soll nur gezeigt werden, daß die Zerfallsreaktionen bei $\lambda \approx 1$ die Wärmefreisetzung am stärksten beeinflussen. Die theoretisch nicht erfaßbaren Unvollkommenheiten der Verbrennung führen nun dazu, daß die reale Abgaszusammensetzung zum Teil ganz erheblich von den in Bild 3.2 wiedergegebenen Werten abweicht. So ist auch im Luftüberschußgebiet bei Annäherung an die Entflammungsgrenze mit einer ganz erheblichen Kohlenmonoxidemission zu rechnen. Das gilt ebenso für die nie völlig zu vermeidende Emission von Kohlenwasserstoffen, die auch bei einem Luftmangelbetrieb verstärkt wird. Schließlich entstehen unter der Einwirkung der hohen Verbrennungstemperaturen noch Stickoxide, die sich im Abgas wiederfinden. Diese Stickoxidbildung vollzieht sich auch in einem Dieselmotor, ist hier jedoch wegen des ständig vorhandenen Luftüberschusses etwas weniger problematisch als beim Ottomotor, der im Mittel mit deutlich höheren Reaktionstemperaturen arbeitet.

Es gibt heute in aller Welt gesetzliche Vorschriften über die maximal zulässigen Schadstoffemissionswerte technischer Anlagen. Bei Fahrzeugmotoren ermittelt man die Emissionszahlen auf einem Fahrzeug-Rollenprüfstand (bei größeren Nutzfahrzeugmotoren auf einem Motorprüfstand), wobei durch eine Wiederholung bestimmter Fahrzyklen die wechselnden Motorbetriebszustände einer Stadtfahrt simuliert werden [4]. Auf die zur Zeit in den einzelnen Ländern leider immer noch sehr unterschiedlichen Grenzwertvorgaben soll an dieser Stelle nicht eingegangen werden, denn die auf die Einheit der Fahrstrecke (beim schweren Nutzfahrzeug auf eine mittlere Motorleistung) bezogenen Schadstoffemissionsgrenzwerte geben einem mit der Materie nur wenig vertrauten Leser doch keine rechte Vorstellung über die mit diesen Zahlenwerten verbundenen Entwicklungsschwierigkeiten. Die Problematik soll nur an einem kleinen Beispiel aufgezeigt werden:

Der augenblicklich in den USA vorgeschriebene Grenzwert für die Kohlenwasserstoffemission von Pkw-Motoren beträgt 0,25 g HC/km. Mit der sehr groben Annahme, daß in jedem Motorbetriebspunkt ein gleich großer Kraftstoffanteil unverbrannt bleibt und mit der Schätzung eines Pkw-Stadtfahrtkraftstoffverbrauchs eines 4-Takt-Ottomotors von 80 g/km bedeutet dieser Grenzwert, daß nur etwa 0,3% des eingebrachten Kraftstoffs den Motor in Form unverbrannter oder auch anoxidierter Kohlenwasserstoffe verlassen darf. Bezieht man diesen Wert auf das einzelne Arbeitsspiel eines 4-Zylindermotors, dann erhält man als zulässige unverbrannte HC-Menge pro Zylinder und Arbeitsspiel einen Betrag von etwa 0,03 mg (!).

Beim derzeitigen Stand der Technik ist es nicht möglich, allein durch innermotorische Verbesserungsmaßnahmen sehr strenge Schadstoffemissionsvorschriften, wie sie etwa in den USA und zum Teil auch schon in Europa gültig sind, zu erfüllen. Das betrifft vor allem den Ottomotor, der heute nur durch eine katalytische Nachbehandlung der Abgase ein ausreichend geringes Schadstoffemissionsniveau erreicht [4]. Zur Aufrechterhaltung ihrer Funktionsfähigkeit verlangen übrigens die Abgaskatalysatoren einen Motorbetrieb mit bleifreien Kraftstoffen. Bleiverbindungen, die dem Benzin zur Verringerung der Gefahr einer klopfenden Verbrennung zugemischt werden, würden nämlich durch ihre Ablagerung auf den katalytisch wirksamen Oberflächen die Nachreaktionen unterbinden. Die Katalysatortechnik erzwingt also auch eine Lösung des Problems der Bleiemission.

Bei Dieselmotoren, die auch ohne eine Abgasnachbehandlung schon ausreichend geringe Werte für die Emission aller gasförmigen Schadstoffkomponenten erreichen können, liegt das Kernproblem bei der Rußemission. In Zukunft wird man hier wohl kaum auf den Einsatz von Rußfiltern verzichten können, wenn es auch zur Zeit noch keine wirklich befriedigende Lösung für die Regeneration solcher Filteranlagen gibt.

3.1.2 Der Gütegrad des Brennverlaufs

Die beim vollkommenen Motor angenommene Gleichraumverbrennung im Ottomotor und die gemischte Gleichraum-Gleichdruckverbrennung im Dieselmotor sind in der Praxis nicht zu verwirklichen. Wie in Bild 3.3 angedeutet, würde der auf die Zeiteinheit bzw. auf die Einheit des Kurbelwinkels bezogene Energieumsatz der Verbrennung $dq/d\varphi$ (Brennverlauf) bei einer reinen Gleichraumverbrennung einen unendlich großen Wert annehmen, die Verbrennung müßte also sofort die gesamte Zylinderladung erfassen. Ganz abgesehen davon, daß ein solch schlagartiger Verbrennungsablauf mit Rücksicht auf die Triebwerksbelastung und auf die Geräuschemission sehr unerwünscht wäre, ist er wegen der endlichen Reaktionsgeschwindigkeit bei der im Ottomotor von einer Stelle des Brennraums, nämlich von der Zündkerze, ausgehenden Entflammung auch gar nicht möglich. Im Realfall wird die Energieumsatzrate von anfänglich zunächst sehr kleinen Werten durch die mit der Flammenausbreitung sich vergrößernde Brennfläche anwachsen, um dann infolge der abnehmenden Konzentration der Reaktionspartner wieder auf Null abzufallen.

Auch beim vollkommenen Dieselmotor ist die Phase der Verbrennung bei konstantem Volumen gleichbedeutend mit einer unendlich großen Umsatzrate, während der anschließende Gleichdruckanteil einen von Null an stetig beschleunigten und dann plötzlich abbrechenden Brennverlauf erfordert, was beides nicht zu realisieren ist. Die Verbrennung wird hier ebenfalls mit endlicher Geschwindigkeit eingeleitet durch die Selbstentzündung der ersten, für die Reaktion aufbereiteten Kraftstoffstrahlteilchen und später auch wieder allmählich verzögert. Der in Bild 3.3 für den Dieselmotor im Vergleich zum Ottomotor etwas anders skizzierte Brennverlauf wird später noch diskutiert, siehe Kap. 4.3. An dieser Stelle soll nur schon darauf aufmerksam gemacht werden, daß der viel intensivere Einsatz der Verbrennung verantwortlich ist für die gegenüber dem Ottomotor meist wesentlich

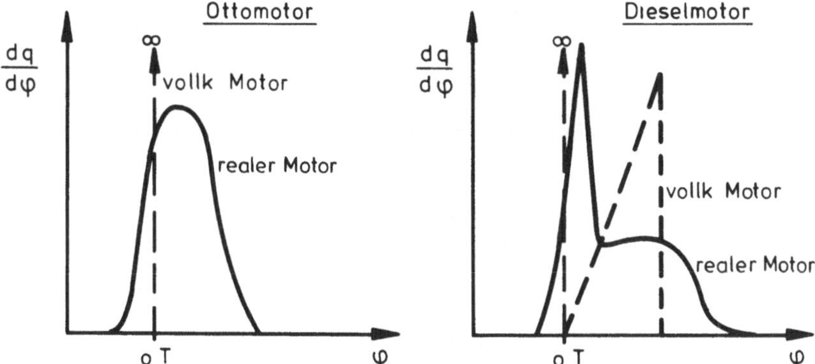

Bild 3.3. Brennverlauf im Otto- und Dieselmotor

größere und oft sehr belästigende Ganghärte eines Dieselmotors.

Die Abweichungen des wirklichen Brennverlaufs in Otto- und Dieselmotoren von dem idealisierten Verlauf der Wärmezufuhr in einem vollkommenen Motor verursachen nun eine weitere Wirkungsgradeinbuße, die durch den Gütegrad des Brennverlaufs

$$\eta_{gBV} = 1 - \frac{\Delta W_{BV}}{W_v \, \eta_{gVB}} \tag{3.7}$$

ausgedrückt werden soll. Hierin ist ΔW_{BV} der durch den realen Brennverlauf bedingte Verlust an Nutzarbeit, der bei einem ausgeführten Motor durch eine thermodynamische Auswertung gemessener Zylinderdruckverläufe bestimmt werden kann [5].

Es ist einleuchtend, daß die mit endlicher Geschwindigkeit ablaufende Verbrennung schon vor dem oberen Totpunkt einsetzen muß, um eine zu späte Wärmezufuhr und damit eine Abnahme des Wirkungsgrades zu vermeiden. Der beste η_{gBV}-Wert wird erreicht, wenn der Schwerpunkt der Brennverlaufs-Integralfläche etwa im oberen Totpunkt liegt. Es sei hier aber gleich darauf aufmerksam gemacht, daß der nachfolgend besprochene Kühlverlust die für den Gesamtgütegrad optimale Lage des Brennverlauf-Schwerpunktes, abhängig vom Verbrennungs- und Gemischbildungsverfahren, bei Vollast in den Bereich von 10 bis 20 ^{o}KW nach o.T. verschiebt. Dabei ist mit Rücksicht auf die Stickoxidemission und beim Ottomotor auch zur Verringerung der Gefahr einer klopfenden Verbrennung oft noch ein Kompromiß erforderlich. (Die zeitliche Lage des Brennverlaufs ist natürlich auch mitbestimmend für den Höchstdruck und für die Geschwindigkeit des Druckanstiegs $dp/d\varphi$, die schon ein recht brauchbares Maß ist für die Ganghärte eines Motors.)

3.1.3 Der Gütegrad des Heizverlaufs

Bei den bisherigen Prozeßbetrachtungen wurde davon ausgegangen, daß alle Zustandsänderungen adiabatisch erfolgen. Bei einem realen Motor ist aber ein Wärmeaustausch zwischen dem Arbeitsmedium und den Brennraumwänden unvermeidlich. Dieser Wärmeübergang wird (z.T.) noch verstärkt durch den Zwang zur Kühlung der von den heißen Verbrennungsgasen beaufschlagten Motorbauelemente. Eine Kühlung ist einmal erforderlich mit Rücksicht auf die Materialfestigkeit, wobei in vielen Einsatzfällen vor allem die durch häufige Lastwechsel hervorgerufenen Temperaturwechselbeanspruchungen die thermische Grenzbelastung vorschreiben. (Heutige Bauteilhöchsttemperaturen: Auslaßventil ca. 850 ^{o}C; Ventilsteg und Kolbenboden ca. 400 ^{o}C; Zylinderwand ca. 220 ^{o}C.) Weiterhin ist zur Verhinderung einer zu raschen Ölalterung die Schmierfilmtemperatur, die am Zylinder etwa Werte von 250 ^{o}C erreicht, zu begrenzen. Schließlich ist auch zu bedenken, daß sehr hohe Brennraumwandtemperaturen die Frischladung entsprechend stark aufheizen, wodurch die Ladungsmenge und damit die Motorleistung verringert, die Stickoxidemission erhöht sowie beim Ottomotor die Gefahr einer klopfenden Verbrennung und beim Dieselmotor die Neigung zur Rußbildung (siehe Kap. 4.3) vergrößert werden.

Die an das Kühlmedium übertragene Wärmemenge liegt in einer Größenordnung von 20 bis 25% der mit dem Kraftstoff zugeführten Energie. Es ist aber nun keineswegs so, daß diese Wärmemenge ohne Kühlung etwa voll auszunutzen wäre. Ein ganz erheblicher Teil der Kühlwärme wird nämlich erst während des Ausschubhubes, bei dem in den Auslaßorganen sehr hohe Gasgeschwindigkeiten und damit sehr große Wärmeübergangszahlen auftreten, an das Kühlmittel übertragen. Diese Wärmemenge ist für den Arbeitsprozeß ohnehin verloren. Aber auch die in der Hochdruckphase des Arbeitsspiels durch die Brennraumwände abgeführte Wärmemenge könnte ja nur zu einem Bruchteil, der sich durch eine Multiplikation der zu verschiedenen Zeitpunkten abgeführten Wärmemengen mit dem jeweiligen thermischen Wirkungsgrad ergibt, genutzt werden. Der unmittelbare Gewinn an Nutzarbeit wäre also selbst in dem theoretischen Grenzfall, daß jeder Wärmeaustausch unterbunden würde, wesentlich kleiner als der oben genannte Kühlwärmebetrag. Eine solche Unterbindung des Wärmeflusses ist natürlich physikalisch unmöglich, weil dann entweder der Wärmeübergangskoeffizient oder die Wärmeleitfähigkeit des Brennraumwandmaterials gegen Null gehen müßten. (Im letzten Fall würden die Wandoberflächentemperaturen der wechselnden Gastemperatur folgen.) Theoretisch vorstellbar wäre höchstens ein ungekühlter Motor, bei dem (fast) keine Kühlwärme nach außen abgeführt wird, die Brennraumwände also eine entsprechend höhere - für die Praxis allerdings viel zu stark ansteigende - Temperatur annehmen würden. Damit könnten aber die Kühlverluste gar nicht verringert werden. Wie neuere Untersuchungen zeigen [6], wird nämlich die während der Verbrennung verkleinerte Temperaturdifferenz zwischen dem Gas und der

Brennraumwand in ihrer Wirkung auf den Wärmeaustausch durch die bei hohen Wandtemperaturen sehr starke Zunahme des Wärmeübergangskoeffizienten überkompensiert. (Diese im Versuch festgestellte Zunahme der Wärmeübergangszahl wird damit begründet, daß die Flamme bei hohen Wandtemperaturen näher an die Wand heranbrennt - das Flammenlöschen in Wandnähe wurde ja schon angesprochen - und so der Temperaturgradient an der Wand aufgesteilt wird.) In der für den Motorwirkungsgrad entscheidenden Prozeßphase wird dadurch dem Arbeitsmedium bei erhöhter Wandtemperatur sogar noch eine etwas vergrößerte Wärmemenge entzogen, die erst zu thermodynamisch sehr ungünstigen Zeitpunkten wieder in das Gas zurückfließt.

Indirekt könnte zwar bei einem ungekühlten Motor der effektive Wirkungsgrad durch den Fortfall der zum Antrieb der Kühlhilfsgeräte benötigten Leistung vielleicht etwas verbessert werden. Merkliche Steigerungen der Energieausnutzung wären aber erst dann zu erwarten, wenn die im Abgas wiederzufindende Kühlwärme dort weiter verwertet würde, was in einem leider nur sehr bescheidenen Maße bei der Abgasturboaufladung der Fall wäre. (Eine Aufladung wäre aber die Grundvoraussetzung, um damit die oben erwähnte Frischladungsaufheizung auszugleichen.) Die Abgasenergie müßte also z.B. in einer dem Motor nachgeschalteten Gasturbine oder in einem nachfolgenden Dampfkreisprozeß weiter genutzt werden [7], was natürlich auch schon in Verbindung mit einem normal gekühlten Motor denkbar ist. Es dürfte aber klar sein, daß ein derartig hoher Aufwand nur für bestimmte Einsatzfälle lohnenswert sein könnte.

In der Praxis wird man zur Einhaltung realistischer Wandtemperaturen auf eine Kühlung nicht verzichten können. Wenn man nun die Brennraumwandtemperaturen durch Isolationsmaßnahmen erhöht, dann führt das aus dem oben genannten Grund zu einer Zunahme der Kühlverluste. Da die insgesamt in das Kühlmittel überführten Wärmemengen dabei fast unverändert bleiben, ist damit auch kein Gewinn durch Einsparung an Kühlhilfsgeräteleistung oder durch eine Nutzung erhöhter Abgasenergie zu erwarten [6]. Der heute oft erwähnte Einsatz keramischer Werkstoffe als wärmeisolierende Brennraumwandmaterialien kann deshalb den Wirkungsgrad eines Motors nicht verbessern. Das soll nun nicht heißen, daß die Verwendung solcher Werkstoffe in einem Verbrennungsmotor prinzipiell sinnlos ist. Sie wäre etwa dann gerechtfertigt, wenn es darum ginge, die thermische Belastbarkeit oder auch die Verschleißfestigkeit bestimmter Motorbauelemente zu erhöhen. Als Wärmeisolator ist ein keramischer Werkstoff jedoch nur angebracht, um beispielsweise den Wärmeverlust im Abgaskanal zu verringern, womit eine gewisse Verbesserung bei der Abgasnachbehandlung (Abbau der Schadstoffemissionen) zu erzielen ist oder bei Motoren mit Abgasturboaufladung eine geringfügige Erhöhung der Abwärmeenergienutzung erreicht werden kann.

Zusammenfassend ist noch einmal festzustellen, daß ein Teil der Arbeitsgaswärme an das Motorkühlmedium abgeführt und dadurch der Wirkungsgrad verschlechtert wird. Im Unterschied zum Brennverlauf, der den zeitlichen Umsatz der Kraftstoffenergie bei der Verbrennung beschreibt, wollen wir den Verlauf der für die Aufheizung des Arbeitsmediums genutzten Wärmeenergie durch den Begriff "Heizverlauf" kennzeichnen. (Die Heizwärme wird negativ, sobald die Gastemperatur bei der Kompression die Wandtemperatur übersteigt, die anfänglich freigesetzte Kraftstoffenergie die Kühlwärme noch nicht ausgleicht und später bei der Expansion von dem Zeitpunkt an, in dem die Kühlwärme schon kurz vor Abschluß des Stoffumsatzes die Verbrennungsenergie kompensiert.) Wir wollen jetzt die durch den realen Heizverlauf, d.h. die durch die Kühlwärmeabfuhr bedingte Wirkungsgradeinbuße durch den Gütegrad des Heizverlaufs

$$\eta_{g_{HV}} = 1 - \frac{\Delta W_{HV}}{W_v\, \eta_{g_{VB}}\, \eta_{g_{BV}}} \tag{3.8}$$

zum Ausdruck bringen. Hierin ist ΔW_{HV} der Nutzarbeitsverlust durch die an die Wand abgeführte Wärme. Die Kühlwärmeübertragung kann mit einer im allgemeinen recht befriedigenden Genauigkeit rechnerisch untersucht werden [8]. Solche Wärmeübergangsberechnungen sind auch das Hilfsmittel für die im vorangegangenen Kapitel angedeutete thermodynamische Auswertung gemessener Gasdruckwerte, um aus dem Heizverlauf - nur dieser ergibt sich rechnerisch aus dem Druckverlauf - den Brennverlauf zu ermitteln.

3.1.4 Der Gütegrad des Ladungswechsels

Bei einer Untersuchung der durch den realen Ladungswechsel hervorgerufenen Wirkungsgradänderungen ist folgendes zu berücksichtigen:

1. Das Auffüllen und das Entleeren des Zylinders sind mit einem Arbeitsaufwand zur Überwindung der in den Ansaug- und Auspuffanlagen auftretenden Strömungswiderstände verbunden.

2. Das Arbeitsmedium besteht im allgemeinen nicht nur, so wie bisher angenommen, aus reiner Frischladung, sondern wegen der Unvollkommenheit des Spülvorganges auch aus einem Abgasrest.

3. Ein kleiner Teil der Frischladung kann während des Ladungswechsels in den Auslaß gelangen.

Vor einer Besprechung dieser Punkte sollen nachfolgend zunächst einige Kenngrößen des Ladungswechsels zusammengestellt werden.

Frischgasaufwand:

$$\lambda_A = \frac{m_F}{\varrho_0 \, V_H} \; . \tag{3.9}$$

Gesamtladegrad:

$$\lambda_G = \frac{m_Z}{\varrho_0 \, V_H} \; . \tag{3.10}$$

Spülgrad:

$$\lambda_S = \frac{m_{FZ}}{m_Z} = 1 - \frac{m_{RZ}}{m_Z} \; . \tag{3.11}$$

Liefergrad:

$$\lambda_L = \frac{m_{FZ}}{\varrho_0 \, V_H} = \lambda_G \, \lambda_S \; . \tag{3.12}$$

Darin bedeuten die Abkürzungen

m_F = die dem Zylinder zugeführte Frischgasmasse,
m_Z = die nach dem Ladungswechsel im Zylinder vorhandene gesamte Gasmasse,
m_{FZ} = die nach dem Ladungswechsel im Zylinder vorhandene Frischgasmasse,
m_{RZ} = die nach dem Ladungswechsel im Zylinder vorhandene Restgasmasse,
ϱ_0 = Frischgasdichte beim Zustand p_0, T_0.

Die dem Motor zugeführte Frischgasmasse kann unmittelbar durch eine Luft- bzw. durch eine Luft- und Kraftstoffmengenmessung bestimmt werden. Der Gesamtladegrad läßt sich näherungsweise durch eine rechnerische Untersuchung der Gaswechselvorgänge ermitteln. Bei Viertaktmotoren gilt das auch für den Spülgrad, dagegen ist eine theoretische λ_S-Abschätzung bei Zweitaktmotoren mit großen Unsicherheiten behaftet. Genauere Werte sind hier nur mit erheblichem Meßaufwand zu gewinnen.

38

Zu Punkt 1:

Der in Bild 3.4 dargestellte Zylinderdruckverlauf veranschaulicht die für den Ladungswechsel aufzuwendende Arbeit, die wir mit ΔW_{LW} bezeichnen wollen und die durch eine Druckmessung oder auch rechnerisch bestimmt werden kann. Bei einem Viertaktmotor setzt sie sich zusammen aus der eigentlichen Ansaug- und Ausschubarbeit und aus einem Verlust an Expansionsarbeit. Dieser Expansionsverlust ergibt sich daraus, daß die Auslaßventile ihre Hubbewegung bereits vor dem unteren Totpunkt beginnen müssen, damit

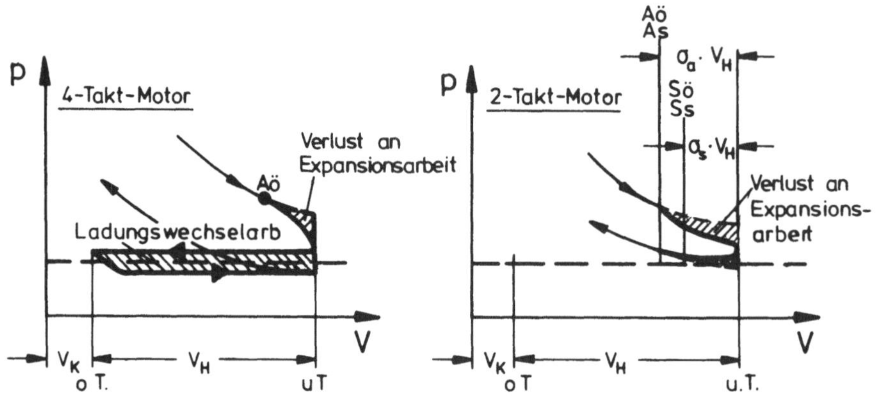

Bild 3.4 Zylinderdruckverlauf beim Ladungswechsel

gleich am Anfang des Ausschubhubes ein ausreichend großer Strömungsquerschnitt zur Verfügung steht und das Gas zu diesem Zeitpunkt auch schon weitgehend auf den Umgebungsdruck entspannt ist. Bei einem Zweitaktmotor ist zunächst nur der entsprechende Expansionsverlust (und die kleine Unterschiedsarbeit zum theoretischen Kompressionsverlauf) als Ladungswechselverlust zu betrachten, denn der Arbeitsaufwand zur Verdichtung des spülenden Frischgases wird später bei den mechanischen Verlusten berücksichtigt.

Zu Punkt 2:

Die Tatsache, daß im Realfall nicht nur die Frischgasmasse, sondern auch eine zusätzliche Restgasmenge bei der Verbrennung aufzuheizen ist und dadurch mit der Verbrennungstemperatur die spezifischen Wärmen etwas kleiner bleiben, führt zu einer leichten Wirkungsgradverbesserung. Man kann diesen Einfluß des Abgasrestes schon bei der η_v-Berechnung berücksichtigen und für den Ottomotor mit guter Näherung anschreiben

$$\eta_{v,Otto} \approx \eta_{v,\lambda_s=1} + [1-\lambda_s][0{,}07 + 0{,}09\,(\lambda-1)]\;. \tag{3.13}$$

(Dieser η_v-Wert ist dann zwar im ursprünglichen Begriffssinn nicht mehr der Wirkungsgrad eines "vollkommenen" Motors, was uns aber hier nicht stören soll.) Hinzu kommt jetzt noch der schon früher angegebene, negative Einfluß der durch den heißen Abgasrest erhöhten Prozeßanfangstemperatur.

Bei einem stets mit Luftüberschuß arbeitenden Dieselmotor kann der Restgaseinfluß auf η_v mit genügender Genauigkeit dadurch erfaßt werden, daß man sich das Restgas durch Luft ersetzt denkt und die η_v-Berechnung mit der Ersatzluftverhältniszahl

$$\lambda' = \frac{\lambda}{\lambda_S} \tag{3.14}$$

durchführt.

Größere Restgasmengen können schließlich auch die η_{gVB}-, η_{gBV}- und η_{gHV}-Werte merklich beeinflussen. So führt zum Beispiel der in einem Ottomotor bei stark gedrosseltem Betrieb sehr große Restgasanteil - verstärkt durch die geringe Gasdichte - zu einer erheblichen Verschlechterung der Entflammbarkeit des Arbeitsgasgemisches [9]. Zur sicheren Einleitung der Verbrennung darf der Zündfunke dann erst relativ spät im Kompressionshub, d.h. bei einem ausreichend hohen Druck- und Temperaturniveau ausgelöst werden, wobei der weiter in die Expansion verschleppte Energieumsatz den Wirkungsgrad verringert. Diese Restgaswirkungen werden natürlich bei einer mit Motorprüfstandsdaten, d.h. mit der realen Ladungszusammensetzung durchgeführten Ermittlung der oben genannten Teilgütegrade schon berücksichtigt. Eine getrennte Erfassung der Restgaseinflüsse auf die Gütegrade könnte nur in Versuchen mit Variation der Abgasrestmengen erfolgen.

Zu Punkt 3:

Bei Ottomotoren ist noch zu beachten, daß bei $\lambda_A > \lambda_L$ ein Teil des Frischgases und damit auch ein Teil des Kraftstoffs schon beim Ladungswechsel in den Auspuff gelangt. Dieser Verlust kann quantifiziert werden durch den Wirkungsgrad der Kraftstoffzufuhr

$$\eta_{Kzu,Otto} = \frac{\lambda_L}{\lambda_A} \cdot \tag{3.15}$$

Mit dem Gütegrad des Ladungswechsels

$$\eta_{gLW} = 1 - \frac{\Delta W_{LW}}{W_v\, \eta_{gVB}\, \eta_{gBV}\, \eta_{gHV}} \tag{3.16}$$

erhalten wir für den Gesamtgütegrad η_g ($\eta_{g,\text{Vollast}} \approx 0{,}80$)

$$\eta_g = \eta_{g_{VB}}\, \eta_{g_{BV}}\, \eta_{g_{HV}}\, \eta_{g_{LW}} \cdot \qquad (3.17)$$

Für den inneren Wirkungsgrad eines Motors, also für das Verhältnis der auf den Kolben übertragenen, inneren Arbeit (man spricht hierbei auch von der indizierten Arbeit, weil sie durch eine Gasdruckindizierung bestimmt werden kann) zur zugeführten Kraftstoffenergie gilt dann

$$\eta_i = \eta_v\, \eta_g \left\{ \eta_{K\,zu,Otto} \right\} \cdot \qquad (3.18)$$

3.2 Der Liefergrad

3.2.1 Der Liefergrad beim Viertaktmotor

Beim Viertaktmotor erfolgt der Ladungswechsel durch den Ansaug- und Ausschubhub des Kolbens, wobei die Ein- und Auslaßventile, gesteuert von der durch die Kurbelwelle über Zahnräder, Rollenkette oder Zahnriemen angetriebenen Nockenwelle, durch entsprechende Übertragungselemente (Beispiele siehe Bild 3.5) geöffnet und durch Federkraft wieder geschlossen werden.

Die Notwendigkeit einer schon vor dem unteren Totpunkt beginnenden Öffnung des Auslaßventils wurde bereits erörtert. Da nun ein Ventil nicht schlagartig geöffnet oder geschlossen werden kann, erfolgt der Abschluß des Auslaßventils auch erst kurz nach dem oberen Totpunkt, um gegen Ende des Ausschubvorganges noch einen ausreichenden Abströmquerschnitt zur Verfügung zu haben. Entsprechend beginnt die Öffnung des Einlaßventils schon kurz vor o.T., so daß über einen kleinen Kurbelwinkelbereich beide Ventile geöffnet sind, siehe Bild 3.6. Diese Phase der sogenannten Ventilüberschneidung kann bei Dieselmotoren - vor allem in Verbindung mit der Aufladung - zu einer Restgasausspülung und gleichzeitig zur inneren Kühlung der thermisch hochbeanspruchten Motorbauelemente genutzt werden. Von besonders großer Bedeutung ist die Wahl des Einlaßschließzeitpunktes, der so festzulegen ist, daß auch der bei Beginn des Kompressionshubes im Zylinder noch vorhandene Unterdruck und der bei hoher Motordrehzahl ganz beachtliche kinetische Energiegehalt der in den Ansaugleitungen angefachten Gasströmung zu einer weiteren Füllung (Nachladung) des Zylinders genutzt wird. Bei kleiner Motordrehzahl führt allerdings ein sehr später Einlaßschluß zu einem Rückschub der Ladung, so daß auch

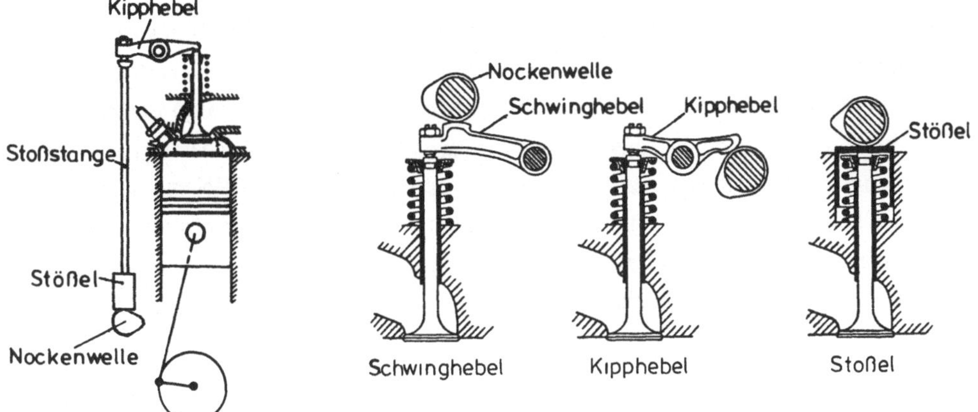

Bild 3.5. Arten der Ventilbetätigung

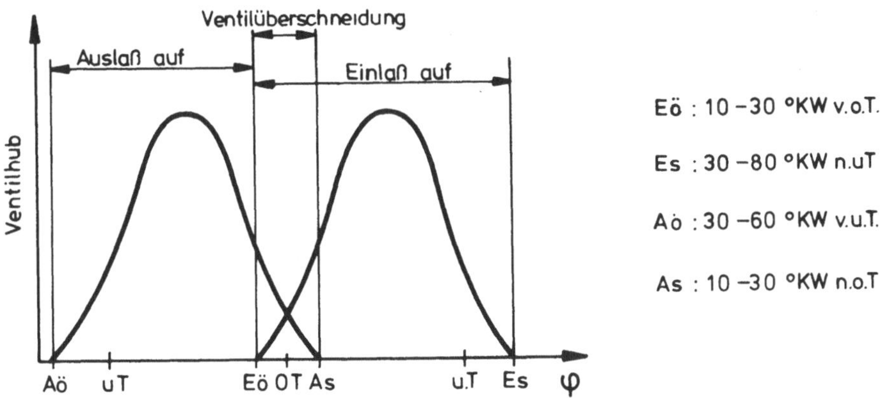

Bild 3.6. Ventilerhebungskurven und Steuerzeiten

hier wieder ein Kompromiß erforderlich wird.

Eine genauere Untersuchung der Füll- und Entleervorgänge erfordert eine schrittweise Integration der den Ladungswechsel beschreibenden Differentialgleichungen [10]. Wir wollen an dieser Stelle nur eine grobe Überschlagsrechnung durchführen und für den Liefergrad anschreiben

$$\lambda_L = \frac{(V_H + V_K)\, \varrho_1 - V_K\, \varrho_R}{V_H\, \varrho_0}\ . \tag{3.19}$$

Hierin ist ϱ_R die Dichte der im Kompressionsraum zurückgebliebenen Restgase und ϱ_1 die Dichte der Zylinderladung in der den Hochdruckprozeßbeginn definierenden, unteren Totpunktstellung des Kolbens. Die Tatsache, daß in dieser Kolbenposition der Ladungswechsel noch nicht vollständig abgeschlossen ist, wird bei unserer Abschätzung also nicht berücksichtigt. Vernachlässigt man auch den kleinen Unterschied zwischen der Gaskonstanten des Frischgases und der des Restgases, dann erhält man nach Einführung des Verdichtungsverhältnisses und bei Ersatz der Gasdichte durch die entsprechenden Druck- und Temperaturwerte für den Liefergrad

$$\lambda_L = \frac{\varepsilon}{\varepsilon - 1} \, \frac{p_1 T_0}{p_0 T_1} - \left\{ \frac{1}{\varepsilon - 1} \, \frac{p_R T_0}{p_0 T_R} \right\} . \tag{3.20}$$

Der in geschweiften Klammern stehende Ausdruck verschwindet bei einer Restgasausspülung.

Anhaltswerte (gültig für den Vollastbereich):

$$(T_0/T_R)_{Otto} \approx 0{,}30 \, , \quad (T_0/T_R)_{Diesel} \approx 0{,}37 .$$

Die Aufheizung der Frischladung im Ansaugkanal, durch die Brennraumwände und durch den Abgasrest ist beim Dieselmotor wegen der kleineren Restgastemperatur und Restgasmenge etwas geringer als beim Ottomotor, bei dem aber (im Betrieb mit flüssigen Kraftstoffen) durch die Kraftstoffverdampfung noch ein Kühleffekt hinzukommt. Man kann deshalb beim Dieselmotor und bei einem mit Benzin arbeitenden Ottomotor etwa mit dem gleichen Näherungswert für die Hochdruckprozeß-Anfangstemperatur

$$T_1 \approx 315 + 0{,}85 \, (T_0 - 273)$$

rechnen. (Bei aufgeladenen Motoren ist hier die Umgebungstemperatur T_0 durch die Ladelufttemperatur $T_{nach\ Verdichter}$ zu ersetzen.)

Die bei unserer turbulenten Strömung mit dem Quadrat der Gasgeschwindigkeiten anwachsenden Druckverluste können näherungsweise erfaßt werden durch

$$\frac{p_R}{p_0} \approx 1 + 0{,}12 \left(\frac{w_{ma}}{100} \right)^2 , \tag{3.21}$$

$$\frac{p_1}{p_0} \approx 1 - 0{,}08 \left(\frac{w_{me}}{100} \right)^2 . \tag{3.22}$$

Dabei ergeben sich die in der Dimension m/s einzusetzenden, mittleren Gasgeschwindigkeiten in den Strömungsquerschnitten der Ventile aus

$$w_{me,a} = \left(\frac{A_K}{A_{e,a}}\right) c_m \qquad (3.23)$$

mit der mittleren Kolbengeschwindigkeit

$$c_m = \frac{s\,n}{30} \cdot \qquad (3.24)$$

$A_{e,a}$ = Strömungsquerschnitt bei voll geöffnetem Einlaß- bzw. Auslaßventil,
A_K = Kolbenfläche,
s = Kolbenhub,
n = Motordrehzahl in 1/min.

(Die Gleichungen 3.21 und 3.22 können auch zur Abschätzung der Strömungsverluste bei aufgeladenen Motoren verwendet werden, wobei p_0 zu ersetzen ist durch $p_{nach\ Verdichter}$ bzw. $p_{vor\ Turbine}$.)

3.2.2 Der Liefergrad beim Zweitaktmotor

Bei einem Zweitaktmotor erfolgt der Austausch der Ladung durch die vom Kolben gesteuerten Spül- und Auspuffschlitze in der Zylinderwand. (Anstelle der Auslaßschlitze werden auch im Zylinderkopf angeordnete Auslaßventile verwendet.) Wegen der wesentlich kürzeren, für den Ladungswechsel verfügbaren Zeiten und auch wegen der fehlenden Verdrängungswirkung des Kolbens ist ein möglichst weitgehender Gasaustausch zumindest bei Schnelläufern wesentlich schwieriger zu erzielen als bei einem Viertaktmotor.

Zur Frischgasverdichtung verwendet man sehr oft die Unterseite des Arbeitskolbens, der die Frischgase bei seiner Aufwärtsbewegung durch eine Ausnehmung in der Zylinderwand z.B. ins Kurbelgehäuse saugt, sie dort beim Abwärtsgang komprimiert und durch Überströmkanäle zu den Spülschlitzen befördert. Neben dieser Kolbenunterseiten-Verdichtungstechnik, die wegen ihrer Einfachheit bei allen Zweitakt-Ottomotoren angewandt wird (Kurbelkastenspülung), in modifizierter Form aber auch bei abgasturboaufgeladenen Schiffsdieselmotoren als Schwachlast-Spülhilfe anzutreffen ist, werden bei Dieselmotoren zur Steigerung des Liefergrades mechanisch angetriebene Lader und bei allen Großmotoren Abgasturbolader als Spülluftverdichter eingesetzt.

Es gibt heute eine Vielzahl von Spülungsarten, die aber alle auf die Basissysteme der Querspülung, der Umkehrspülung oder der Gleichstromspülung zurückgeführt werden können.

Bei der Querspülung nach Bild 3.7 wird das durch eine Nase am Kolbenboden oder besser durch einen nach oben gerichteten Spülkanal geführte Frischgas in den Zylinder eingebracht, wo es die Abgase verdrängt und durch den auf der gegenüberliegenden Zylinderseite angeordneten Auspuffschlitz herausdrückt. Bei dieser Spülungsart besteht aber vor allem im Bereich der unteren Totpunktstellung des Kolbens die Gefahr, daß ein Teil der Frischladung durch die im Bild angedeutete Kurzschlußströmung in den Auslaß gelangt, was bei einem Ottomotor einen entsprechenden Kraftstoffverlust zur Folge hätte. Das Steuerdiagramm, das ist der zeitliche Verlauf der Schlitzquerschnitte, hat hier einen zu den Totpunkten symmetrischen Verlauf. Die Auslaßschlitze, die beim Expansionshub zur Vorentspannung der Abgase früher öffnen müssen als die Spülschlitze, sind deshalb beim Kompressionshub nach Abdeckung der Spülschlitze noch einen Augenblick geöffnet, wodurch die Ladungsmasse verringert wird. Das gilt zwar auch für die in Bild 3.8 dargestellte Umkehrspülung nach *Schnürle*, die aber einen besseren Spülerfolg erwarten läßt und deshalb auch bei den meisten Schnelläufern und in vielen Varianten zum Einsatz kommt. Hier wird nämlich der Frischgasstrom gegen die Zylinderwand gerichtet und stets an den Wänden entlanggeführt, womit eine sehr stabile Strömung und eine gute Zylinderausspülung zu erzielen sind. Ähnlich sind die Strömungsverhältnisse bei der *M.A.N.*-Umkehrspülung, bei der die Auslaßschlitze über den Einlaßschlitzen angeordnet sind. Da hier ohne Zusatzmaßnahmen der Nutzhub des Kolbens zu stark verkleinert würde, ist der Auspuffkanal mit einem Drehschieber ausgerüstet, der beim Kompressionshub schon kurz vor Abschluß der Spülkanäle den Auslaß abdichtet. Damit erhält man ein unsymmetrisches Steuerdiagramm, das selbstverständlich auch bei den vorher genannten Spülsystemen in entsprechender Weise zu realisieren ist und oft auch realisiert wird. Dabei findet man auch Ausführungen mit einem zweiten Spülluftkanal, der erst nach Überlaufen der Auslaßöffnungen geschlossen wird, beim Expansionshub aber durch ein Rückschlagventil abgesperrt ist.

Schließlich muß auch noch die sehr wirkungsvolle Gleichstromspülung (Bild 3.9) erwähnt werden, die meistens mit Auslaßventilen im Zylinderkopf arbeitet. In sehr wenigen Einsatzfällen wird auch das Prinzip des Gegenkolbenmotors angewandt, bei dem zwei gegenläufige Kolben, die in ihrer inneren Endlage den Kompressionsraum einschließen, in einem mit Ein- und Auslaßschlitzen versehenen Zylinder arbeiten. (Ihre Bewegung kann auf zwei miteinander gekoppelte Kurbelwellen oder nur auf eine Kurbelwelle übertragen wer-

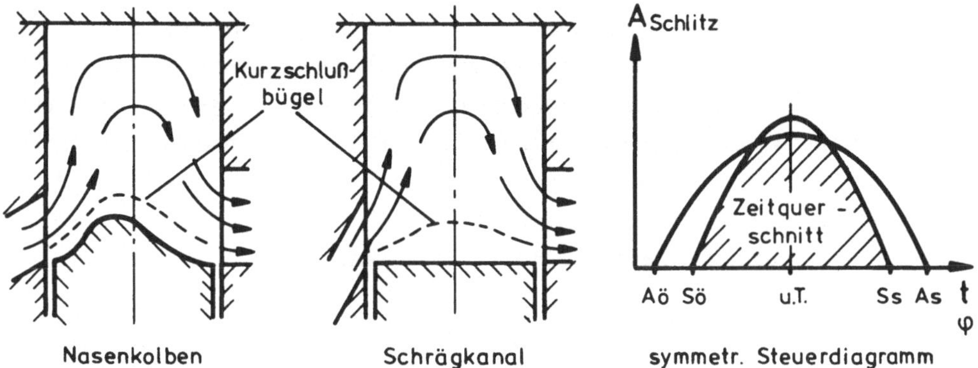

Bild 3.7. Querspülung

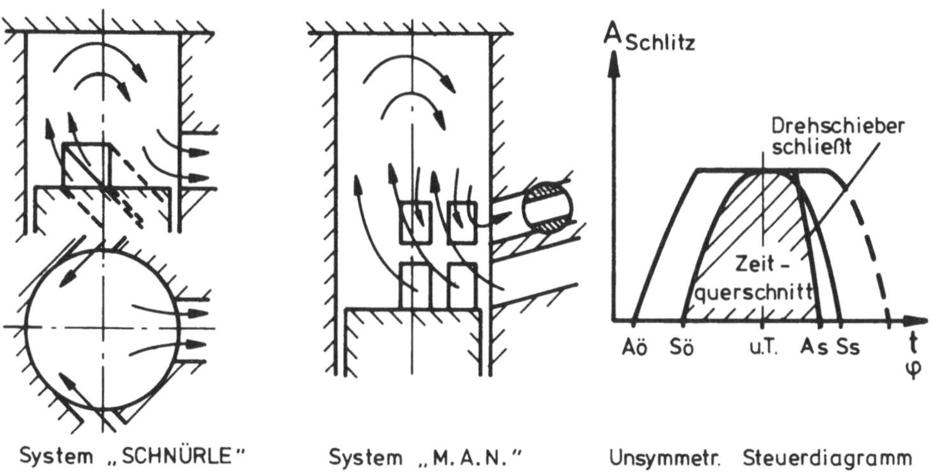

Bild 3.8. Umkehrspülung

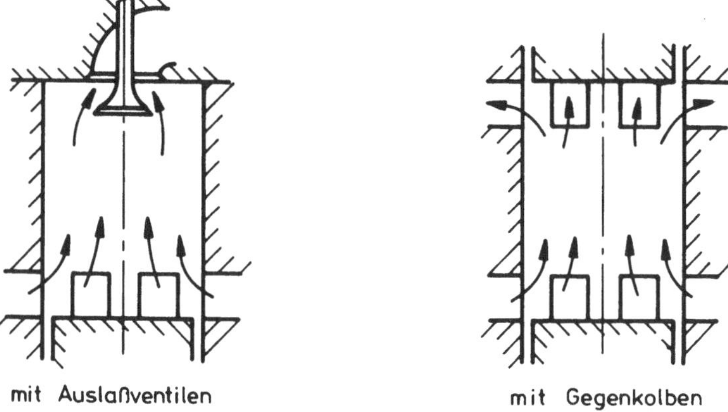

Bild 3.9. Gleichstromspülung

den. Im letzten Fall wird einer der Kolben über eine Traverse und zwei äußeren Schubstangen mit der Kurbelwelle verbunden.) Bei dieser Spülungsart wird das Frischgas meist mit einer tangentialen Strömungskomponente in den Zylinder eingeleitet, um die dadurch entstehende Rotation der Ladung später für die Gemischbildung zu nutzen und gleichzeitig auch eine bessere Verdrängungswirkung zu erreichen. Es versteht sich, daß man durch geeignete Wahl der Steuerzeiten der Auslaßventile oder - beim Gegenkolbenmotor - durch eine Phasenverschiebung im Bewegungsablauf der beiden Kolben hier in sehr einfacher Weise auch unsymmetrische Steuerdiagramme erzeugen kann.

Wir wollen jetzt auch für den Zweitaktmotor eine überschlägliche Berechnung des Liefergrades durchführen, wobei die Bezeichnungen σ_s und σ_a von Bild 3.4 für die relativen Schlitzhöhen verwendet werden. Für den Gesamtladegrad gilt hier

$$\lambda_G = \left(\frac{\varepsilon}{\varepsilon - 1} - \sigma_{a,s} \right) \frac{p_1}{p_0} \frac{T_0}{T_1} \; . \tag{3.25}$$

Darin sind p_1 und T_1 die nach Abschluß der Auslaßschlitze oder - bei unsymmetrischem Steuerdiagramm - die nach Schluß der Spülschlitze im Zylinder vorliegenden Gaszustandswerte. Bei Gebläsemaschinen kann der Anfangsdruck p_1 näherungsweise gleich dem Druck im Frischgassammler p_s gesetzt werden. Diesen Spüldruck kann man grob abschätzen, wenn man den Motor von den Spülschlitzen bis zum Abgassammelrohr (Druck p_a) als eine Drossel mit dem Durchflußbeiwert α auffaßt, die zum Durchsatz der Frischgasmasse m_F das Druckverhältnis p_a/p_s benötigt. Für die Durchsatzgeschwindigkeit erhält man aus dem Energiesatz bei isentroper Strömung ($\varkappa$ = Isentropenexponent der Frischgase)

$$w_{is} = \sqrt{2 h_{is}} = \sqrt{2 c_p (T_s - T_{is})} = \sqrt{\frac{2\varkappa}{\varkappa - 1} R T_s \left[1 - \left(\frac{p_a}{p_s} \right)^{\frac{\varkappa - 1}{\varkappa}} \right]} \; . \tag{3.26}$$

Für den realen Massendurchsatz pro Arbeitsspiel gilt dann

$$m_F = \alpha \, w_{is} \, \varrho_{is} \, A_Z \; .$$

Die Durchflußzahlen α können natürlich nur im Versuch bestimmt werden. Ersetzt man nun die Dichte ϱ_{is} im Durchflußzeitquerschnitt

$$A_Z = \int_{S_0}^{S_s \; bzw \; A_s} A_{Schlitz} \, dt \; , \tag{3.27}$$

siehe Bilder 3.7 und 3.8, durch

$$g_{is} = g_s \frac{p_a T_s}{p_s T_{is}} = \frac{p_s}{R T_s} \frac{p_a}{p_s} \left(\frac{p_s}{p_a}\right)^{\frac{\varkappa-1}{\varkappa}} = \frac{p_s}{R T_s} \left(\frac{p_a}{p_s}\right)^{\frac{1}{\varkappa}} ,$$

dann läßt sich der Spüldruck bei Vorgabe der pro Arbeitsspiel durchzusetzenden Frischgasmenge ermitteln aus der Gleichung

$$m_F = \alpha\, A_Z \sqrt{\frac{2}{R T_s}}\; p_s \sqrt{\frac{\varkappa}{\varkappa-1}\left[\left(\frac{p_a}{p_s}\right)^{\frac{2}{\varkappa}} - \left(\frac{p_a}{p_s}\right)^{\frac{\varkappa+1}{\varkappa}}\right]} . \tag{3.28}$$

Für die Durchflußzahlen kann man etwa folgende Werte einsetzen:

Tabelle 3.1. Durchflußzahlen verschiedener Spülsysteme

Spülart	Querspülung	Umkehrspülung	Gleichstromspülung
α	$\approx 0{,}65$	$\approx 0{,}55$	$\approx 0{,}70$

Für die isentrope spezifische Spülgasverdichtungsarbeit gilt

$$H_{V,is} = c_p \left(T_s - T_0 \right) . \tag{3.29}$$

Mit dem Verdichterwirkungsgrad $\eta_{V,is}$ ($\approx 0{,}8$) erhält man daraus für die reale, hubraumbezogene Kompressionsarbeit ($=$ mech. Teilverlust bei Motoren ohne Abgasturboaufladung)

$$p_V = \frac{m_F}{V_H\, \eta_{V,is}}\; c_p T_0 \left[\left(\frac{p_s}{p_0}\right)^{\frac{\varkappa-1}{\varkappa}} - 1\right] \tag{3.30}$$

und für die Spülgastemperatur

$$T_s = T_0 \left[1 + \frac{(p_s/p_0)^{\frac{\varkappa-1}{\varkappa}} - 1}{\eta_{V,is}}\right] . \tag{3.31}$$

Bei einem Motor mit Kurbelkastenspülung ist diese vereinfachte Rechnung nicht anwendbar, da sich der Spüldruck, d.h. hier der Kurbelkastendruck, ständig ändert. Außerdem kann der Ladungswechsel durch Gasschwingungen in den Einlaß- und Auslaßsystemen des Motors sehr stark beeinflußt werden. Läßt man solche Schwingungsabstimmungen, die übrigens auch bei Viertaktmotoren den Liefergrad erheblich verbessern können, unberücksichtigt, dann kann man zur groben Abschätzung folgende Erfahrungswerte annehmen:

$$p_1 \approx 1{,}10\, p_0, \quad p_s \approx 1{,}20\, p_0, \quad T_s \approx 1{,}15\, T_0, \quad \lambda_A \approx 0{,}70 \text{ bis } 0{,}90, \quad p_V \approx 0{,}3 \text{ bar.}$$

Dabei gelten die größeren Werte des Luftaufwandes für Motoren mit Membran- oder Schieberventilen, die den Ansaugkanal schon vor der Überdeckung durch den abwärtslaufenden Kolben verschließen und dadurch einen Ladungsrückschub verhindern.

Zur Berechnung der in Gleichung 3.25 einzusetzenden Hochdruckprozeß-Anfangstemperatur T_1 wird jetzt angenommen, daß von dem in den Zylinder einströmenden Frischgaselement dm_F die Teilmenge $k\,dm_F$ durch einen Kurzschluß unmittelbar in den Auspuff gelangt und die übrige Frischgasmasse einen sofortigen Wärmeaustausch mit der Zylinderladung vollzieht. Bei Vernachlässigung der etwas unterschiedlichen R- und c_p-Werte der Frischgase und der Abgase lautet die Wärmebilanz

$$- m_Z\,d\,T_Z = (1-k)\,dm_F\,(T_Z - T_s) \ . \tag{3.32}$$

(Der Wandwärmeaustausch bleibt hier ebenfalls unberücksichtigt.) Zur weiteren Vereinfachung wird für den Spülvorgang mit dem Mittelwert des Zylindervolumens

$$V_{Zm} = \left(\frac{\varepsilon}{\varepsilon-1} - \frac{\sigma_s}{2} \right) V_H = z_m\,V_H$$

und mit dem mittleren Gasdruck im Zylinder

$$p_{Zm} \approx \frac{1}{2}\,(p_s + p_a)$$

gerechnet. Die Zylindergasmasse

$$m_Z = \frac{p_{Zm}\,V_{Zm}}{R\,T_Z}$$

sei also nur noch eine Funktion der Zylindergastemperatur. Mit der Abkürzung

$$b = \frac{p_0\,T_s}{p_{Zm}\,T_0}\,\frac{1-k}{z_m}$$

und mit

$$\frac{dm_F}{\varrho_0 V_H} = d\,\lambda_A$$

gilt dann für die Wärmebilanz

$$- \frac{dT_Z}{(T_Z - T_s)\, T_Z / T_s} = b\, d\lambda_A \;. \tag{3.33}$$

Die Integration von $T_Z = T_{ZSö}$ bis $T_Z = T_{ZSs} \approx T_1$ (die bei einem symmetrischen Steuerdiagramm noch auftretende, kleine Temperaturänderung auf dem Wege von Ss bis As bleibt hier unberücksichtigt) ergibt für die Hochdruckprozeß-Anfangstemperatur

$$T_1 \approx T_{ZSs} = T_s \, \frac{e^{b\,\lambda_A}}{e^{b\lambda_A} + (T_s / T_{ZSö}) - 1} \;. \tag{3.34}$$

Anhaltswerte für $T_s / T_{ZSö}$ im Vollastbereich:

$$(T_s / T_{ZSö})_{Otto} \approx 0{,}28, \quad (T_s / T_{ZSö})_{Diesel} \approx 0{,}40.$$

Der durch den Spülgrad ausgedrückte Spülerfolg ist abhängig vom Spülverfahren und von dem Verdrängungsvolumen, das von dem einströmenden Frischgas im Zylinder bei den Gaszustandswerten p_Z und T_Z eingenommen wird. Rechnet man nun wieder mit einem Kurzschlußanteil $k\,dm_F$ und mit sofortigem Wärmeaustausch zwischen Frischgas und Abgas, dann gilt für die Massenbilanz

$$dm_{FZ} = (1-k)\, dm_F - \frac{m_{FZ}}{m_Z}\, \varphi\, (1-k)\, dm_F \;. \tag{3.35}$$

Dabei wird mit dem zweiten Ausdruck auf der rechten Gleichungsseite die in der Mischung aus dem Auslaß entweichende Frischgasmenge und mit dem Faktor $\varphi \leq 1$ der Durchmischungsgrad berücksichtigt. ($\varphi = 1$: Vollständige Vermischung der Frischgaselemente mit der Zylinderladung, $\varphi = 0$: Reine Verdrängungsspülung.) Mit

$$\frac{m_{FZ}}{m_Z} = \lambda_S, \qquad \frac{dm_{FZ}}{m_Z} = d\lambda_S, \qquad dm_F = g_o V_H d\lambda_A, \qquad m_Z = g_Z z_m V_H$$

erhält man

$$d\lambda_S = d\lambda_{AZ} - \varphi\, \lambda_S d\lambda_{AZ} \;. \tag{3.36}$$

In dieser Gleichung ist λ_{AZ}, berechnet aus

$$\lambda_{AZ} = \frac{p_0 T_z}{p_{zm} T_0} \frac{1-k}{z_m} \lambda_A \, , \tag{3.37}$$

der auf den Zylindergaszustand und auf das mittlere Zylindervolumen bezogene, spülende Luftaufwand [11]. (Für den Grenzfall der reinen Verdrängungsspülung, d.h. für $\varphi = 0$, wird $\lambda_S = \lambda_{AZ}$ mit $\lambda_{Smax} = 1$). Nach Gleichung 3.33 war

$$-\frac{dT_z}{T_z - T_s} = \frac{T_z}{T_0} \frac{p_0}{p_{zm}} \frac{1-k}{z_m} d\lambda_A \, .$$

Daraus wird mit Gleichung 3.37

$$-\frac{dT_z}{T_z - T_s} = d\lambda_{AZ} \, .$$

Die Integration ergibt für den spülenden Luftaufwand

$$\lambda_{AZ} = \ln \frac{(T_{ZS\ddot{o}} / T_s) - 1}{(T_{ZSs} / T_s) - 1} \, . \tag{3.38}$$

Aus der Integration der Gleichung 3.36 erhält man schließlich für den Spülgrad

$$\lambda_S = \frac{1}{\varphi} (1 - e^{-\varphi \lambda_{AZ}}) \, . \tag{3.39}$$

mit $\lambda_{Smax} = 1$. Damit liegen alle Werte fest zur Berechnung des Liefergrades mit Gleichung 3.12.

Mit den unten angegebenen k- und φ-Werten erhält man recht gute Übereinstimmungen zwischen den mit (3.39) berechneten und experimentell ermittelten [11] Spülgraden.

Tabelle 3.2. Kurzschluß- und Mischungsfaktoren bei verschiedenen Spülsystemen

Spülart	Querspülung	Umkehrspülung	Gleichstromspülung
k	$\approx 0{,}05$	0	0
φ	$\approx 1{,}0$	$\approx 0{,}9$	$\approx 0{,}8$

Mit der Kenntnis des Liefergrades kann nun auch der mittlere indizierte Druck angegeben werden:

$$p_i = p_v \eta_g \lambda_L = H_{ug} \eta_v \eta_g \lambda_L \; . \tag{3.40}$$

3.3 Der mechanische Wirkungsgrad

Die am Schwungrad verfügbare, effektive Nutzarbeit ist um die Summe aller mechanischen Verluste ΔW_m geringer als die innere Arbeit. Die mechanischen Verluste setzen sich zusammen aus

den Reibungsverlusten an den Gleitstellen (Kolben, Kolbenbolzen, Pleuel-, Kurbelwellen-, Nockenwellenlager usw.),

der Arbeit zum Antrieb des Ventiltriebs und der Zusatzgeräte (Einspritz-, Kühlwasser-, Schmieröl-, Spülluftpumpe, Lüfter, Lichtmaschine usw.),

den Strömungsverlusten (Pumparbeit der Kolbenunterseiten, Ventilationsarbeit der umlaufenden Bauelemente, Ölplanscharbeit).

Wir wollen auch die mechanische Verlustarbeit mit dem Hubraum relativieren und den mittleren mechanischen Verlustdruck

$$p_m = \frac{\Delta W_m}{V_H} \tag{3.41}$$

definieren. Für den mechanischen Wirkungsgrad gilt dann

$$\eta_m = \frac{p_i - p_m}{p_i} = 1 - \frac{p_m}{p_i} \; . \tag{3.42}$$

Eine korrekte Ermittlung der mechanischen Verlustarbeiten ist nur möglich durch eine Druckindizierung, die den p_i-Wert liefert, während der p_e-Wert durch eine Messung des nach außen abgegebenen Drehmomentes bestimmt werden kann. An die Gasdruckmessung sind allerdings hohe Genauigkeitsansprüche zu stellen. Für Vergleichsuntersuchungen sind aber auch andere, einfache Meßmethoden oft schon sehr hilfreich.

Eine dieser Methoden ist die in Bild 3.10 dargestellte Extrapolation der *Willans*-Linie, das ist der bei konstanter Motordrehzahl am Prüfstand ermittelte Verlauf des zeitlichen Kraft-

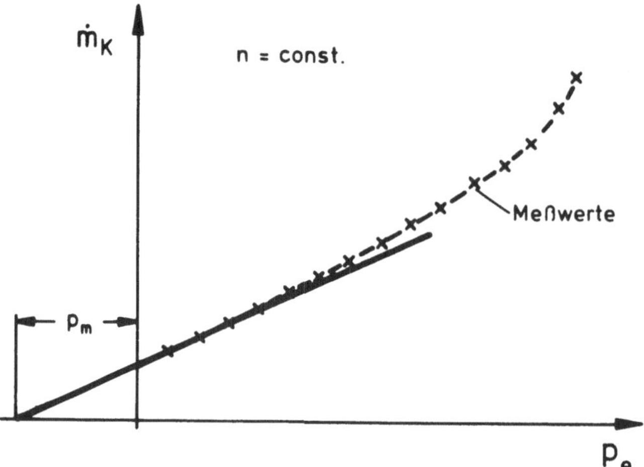

Bild 3.10. *Willans*-Linie

stoffverbrauchs in Abhängigkeit vom mittleren effektiven Druck. Wenn sich die inneren Wirkungsgrade mit der Belastung nur wenig ändern, was im unteren Lastbereich eines Dieselmotors meist der Fall ist, dann erhält man hier einen etwa linearen Verlauf der Kraftstoffverbrauchskurve, deren Verlängerung bis zum Schnittpunkt mit der Abszissenachse, d.h. bei $\dot{m}_K = 0$, den mittleren mechanischen Verlustdruck für die jeweils untersuchte Motordrehzahl ergibt. Dieser Wert gilt natürlich nur für den Schwachlastbereich. Bei Vollast ergeben sich Abweichungen durch die höhere Gasdruckbelastung und vor allem durch die Unterschiede in den Kolbenlaufspielen und in den Temperaturen des Schmierölfilms an den Kolbenlaufflächen.

Eine andere und auch noch recht einfache Methode zur Abschätzung des p_m-Wertes von Mehrzylindermotoren ist die Zylinderabschaltung. Hierbei wird die Kraftstoffzufuhr eines Zylinders unterbrochen und die Belastung so weit verringert, bis sich wieder die Ausgangsdrehzahl einstellt. Aus der Lastdifferenz kann dann p_m berechnet werden. Zur Mittelwertbildung sollte man diese Prozedur mit allen anderen Zylindern wiederholen. Für die Übertragung der Meßergebnisse auf den Normalbetrieb sind hier zunächst einmal die gleichen Einschränkungen zu machen wie oben. Es kommt aber noch hinzu, daß die nicht dem p_m-Wert zugeordneten Ladungswechsel-, Kühl- und inneren Strömungsverlustarbeiten des abgeschalteten Zylinders die Bilanz verfälschen. (Bei Motoren mit Abgasturboaufladung kann der abgeschaltete Zylinder durch eine Störung der Abgasströmungen auch noch die Leistung der übrigen Zylinder recht deutlich beeinflussen.)

Als drittes Meßverfahren sei hier noch die Schleppmethode angeführt, bei der die zum Durchdrehen des ungezündeten Motors notwendige Antriebsleistung ermittelt wird. Sie ist mit allen bisher genannten Fehlern behaftet, erlaubt aber durch wiederholte Messungen mit einer schrittweisen Demontage des Motors eine sehr weitgehende Aufteilung der mechanischen Verluste. Die Auswertung solcher Schleppversuche ergibt für den mittleren mechanischen Verlustdruck von Viertaktdieselmotoren als Näherungswert

$$p_m \approx 0{,}07\,(\varepsilon - 4) + 0{,}4\,\frac{n}{1000} + 0{,}4\left(\frac{c_m}{10}\right)^2 \qquad (3.43)$$

mit den Dimensionen

p_m in bar, n in 1/min, c_m in m/s.

3.4 Effektive Motorbetriebsdaten

Unter Berücksichtigung aller vorstehend diskutierten Verluste erhält man für den mittleren effektiven Druck

$$p_e = H_u\,g\,\eta_v\,\eta_g\,\lambda_L\,\eta_m \qquad (3.44)$$

und für den effektiven Wirkungsgrad

$$\eta_e = \eta_v\,\eta_g\,\left\{\eta_{Kzu.Otto}\right\}\eta_m \;. \qquad (3.45)$$

Die effektive Leistung berechnet sich mit den üblichen Dimensionen - P_e in kW, p_e in bar, V_H in l, n in 1/min - aus

$$P_e = \frac{p_e\,V_H\,z\,n}{600\cdot i} = \frac{p_e\,V_{Hg}\,n}{600\cdot i} \;. \qquad (3.46)$$

Hierin bedeuten:

z = Zylinderzahl,
V_{Hg} = Gesamthubraum,
i = Kurbelwellenumdrehungen pro Arbeitsspiel (Zweitakter: i = 1; Viertakter: i = 2).

Zur Kennzeichnung des energetischen Nutzungsgrades wird anstelle des effektiven Wirkungsgrades oft der auf die Zeit- und Leistungseinheit bezogene, effektive spezifische Kraftstoffverbrauch b_e in g/kWh angegeben (H_u in J/kg):

$$b_e = \frac{\dot{m}_K}{P_e} = \frac{3,6 \cdot 10^9}{H_u \eta_e} \ . \tag{3.47}$$

Schließlich gilt noch für das am Schwungrad verfügbare Drehmoment M in Nm:

$$M = \frac{60}{2\pi n} \ P_e \cdot 10^3 = 50 \ \frac{P_e V_{Hg}}{\pi \cdot i} \ . \tag{3.48}$$

In der nachfolgenden Tabelle 3.3 sind die Bereichswerte (bzw. in Klammern die Mittelwerte) der wichtigsten Kenndaten ausgeführter Verbrennungsmotoren zusammengestellt. Diese Übersicht zeigt auch die hauptsächlichen Einsatzgebiete der verschiedenen Motoren, die sich aus sehr einsichtigen Gründen ergeben. So werden die im Aufbau sehr einfachen und in der Wartung recht anspruchslosen, kurbelkastengespülten Zweitakt-Ottomotoren bei allen Kleinstkrafträdern und auch bei den meisten Motorrädern der unteren Hubraumklassen verwendet, weil hiermit große Leistungskonzentrationen kostengünstig darzustellen sind, wohingegen der relativ schlechte Wirkungsgrad dieser Motoren, der u.a. bedingt ist durch Kraftstoffverluste beim Ladungswechsel, wegen des absolut geringen Kraftstoffverbrauchs von untergeordneter Bedeutung ist. Das gilt im Augenblick auch noch für die verhältnismäßig hohe Kohlenwasserstoffemission, die bei weiterer Verschärfung der Abgasgesetzgebung Schwierigkeiten bereiten könnte [12].

Wenn neben der Leistungsdichte auch der spezifische Kraftstoffverbrauch (und die Abgasqualität) ein wichtiges Beurteilungskriterium darstellt, wie es bei den Pkw-Motoren der Fall ist, dann ist der Viertakt-Ottomotor die geeignetste Antriebsmaschine.

Rückt der effektive Wirkungsgrad bei der Bewertung noch weiter in den Vordergrund, dann kommt nur noch der Dieselmotor zum Einsatz. Bei Fahrzeugmotoren (Pkw- und Nutzfahrzeugantriebe) und bei Mittelschnelläufern handelt es sich heute fast ausnahmslos um Viertakter. Vor allem wegen der für die Spülung aufzuwendenden Leistung ist es nämlich bei Motoren dieser Größenordnung kaum möglich, mit einem Zweitakter die guten Kraftstoffverbrauchswerte eines Viertakters zu erreichen. Es kommt noch hinzu, daß die höhere thermische Belastung des Kolbens und bei einer Spritzölschmierung auch das in die Steuerschlitze gelangende Schmieröl große Probleme aufwerfen können. Schließlich erschweren die bei einfachen Spülsystemen für einen guten Spülerfolg erforderlichen, relativ großen Spülluftmengen durch die Verkleinerung der Abgastemperaturen eine wirkungsvol-

Typ		Haupteinsatz-gebiet	V_H l/Zyl	s/D —	n 1/min	c_m m/s	P_e bar	P_e/V_{Hg} kW/l	G/P_e kg/kW
Ohne Aufladung	2-T-Otto	Kleinkraftrad	<0,1	(1,1)	4000-8000	5-12	(5,0)	(35)	-
		Motorrad	0,1-0,3	0,9-1,1	5000-10000	9-18	(5,7)	(65)	(1,6)
	4-T-Otto	Motorrad	0,1-0,5	0,8-1,0	5000-10000	12-20	(9,5)	(60)	(1,6)
		PkW	0,3-0,6	0,8-1,0	4500-7000	10-16	(8,5)	(40)	(1,8)
	4-T.-Diesel	PkW	0,3-0,6	1,0-1,1	4200-5000	(13,5)	(6,3)	(25)	(3,2)
		LkW,Bus	1,0-2,0	(1,2)	2000-3000	(11,5)	(7,5)	(20)	(4,0)
Mit Aufladung		Lok,Schiff	10-200	1,0-1,3	400-800	(8,0)	16-26	6-12	8-20
	2-T-Diesel	Schiff	100-1600	1,7-3,2	80-200	(6,0)	(13)	2-5	20-50

Tabelle 3.3. Konstruktions- und Betriebsdaten heutiger Serienmotoren

le Abgasturboaufladung (siehe Kap. 6.2), die bei allen Mittelschnelläufern und in zunehmendem Maße auch bei kleineren Dieselmotoren angewandt wird.

Als Großmotor (Schiffsmotor) wird aber-nur noch der abgasturboaufgeladene Zweitakt-Dieselmotor eingesetzt. Hier entfallen nämlich alle die gegen den kleineren Zweitakter angeführten Argumente. Da die geringen Kolbengeschwindigkeiten und die langhubige Bauweise große hubraumspezifische Spülzeitquerschnitte ergeben, benötigt man nur verhältnismäßig kleine Spüldruckgefälle. Weiterhin garantieren die hervorragenden Spültechniken - man arbeitet meist nur noch mit der zwar aufwendigen, aber äußerst wirkungsvollen Gleichstromspülung - einen sehr guten Spülerfolg und zwar schon bei mäßigen Spülluftdurchsätzen, womit auch ausreichende Abgastemperaturen für den Einsatz des Abgasturboladers vorhanden sind. (Die bei der Abgasturboaufladung eines Zweitakters für den Start und für den Schwachlastbereich erforderlichen Zusatz-Luftverdichter erhöhen natürlich ebenfalls den Bauaufwand, was aber bei einem Großmotor von wesentlich geringerer Bedeutung ist als z.B. bei einem Lkw-Motor.) Insgesamt kann hier also der durch die doppelte Arbeitsspielzahl erreichbare Leistungsvorteil gegenüber dem Viertakter gut ausgenutzt werden. Schließlich ist durch den Betrieb mit großen Luftverhältniszahlen ($\lambda \geq 1,8$) auch die thermische Belastung der - intensiv mit Wasser gekühlten - Kolben zu beherrschen und das oben angedeutete Schmierungsproblem durch die Verwendung spezieller Zylinderschmieröle, die der Kolbenlaufbahn mit Ölern genau dosiert zugeführt werden, weitgehend eliminiert. Der effektive Wirkungsgrad der großen Dieselzweitakter mit einem derzeitigen Bestwert von $\eta_e \approx 0,53$ wird heute von keiner anderen Verbrennungskraftmaschine überboten.

Die in der tabellarischen Übersicht wiedergegebenen Kenngrößen dokumentieren den gegenwärtigen Entwicklungsstand normaler Serienmotoren. Sie sind auch die wichtigsten Beurteilungskriterien für einen Vergleich unterschiedlicher Motorkonzepte. So ist der mittlere effektive Druck, der in erster Linie die Ausnutzung des Hubraums widerspiegelt, bei gleicher Prozeßführung und gleichem mechanischen Wirkungsgrad auch ein Maß für die spezifische Gaskraftbeanspruchung geometrisch ähnlicher Motoren. Bei einem korrekten Vergleich müssen aber auch die spezifischen Massenkraftbeanspruchungen σ_m berücksichtigt werden. Mit den Bezeichnungen

m = Masse der Triebwerkselemente,
a = Beschleunigung der Triebwerksteile,
l = charakteristische Längenabmessung (z.B. Kolbendurchmesser d)

kann man anschreiben

$$\sigma_m = \frac{m\,a}{l^2}\ .$$

Bei geometrischer Ähnlichkeit gilt nun

$$m \sim l^3 \, , \quad a \sim l \, n^2 \sim l \left(\frac{c_m}{l} \right)^2 \, .$$

Damit erhält man

$$\sigma_m = const \; c_m^{\,2} \, . \tag{3.49}$$

Eine Ähnlichkeit der mechanischen Bauteilbeanspruchung liegt also nur dann vor, wenn die mittleren effektiven Drücke und die mittleren Kolbengeschwindigkeiten gleich groß sind. Außerdem sind auch bezüglich der erreichbaren Liefergrade und der mechanischen Wirkungsgrade ähnliche Voraussetzungen nur bei gleichen c_m-Werten gegeben. Schließlich müssen auch die thermischen Belastungen miteinander verglichen werden. Sie können in erster Näherung quantifiziert werden durch die Kolbenflächenleistung

$$\frac{P_e}{z A_K} = const \; \frac{p_e \, z \, s \, D^2 \, n}{z \, D^2} = const \; p_e \, c_m \, . \tag{3.50}$$

Bei gleichem Arbeitsverfahren wird demnach auch die thermische Bauteilbelastung durch die Kenngrößen p_e und c_m beschrieben. Neben der Kolbenflächenleistung ist natürlich auch die Motorgröße ein wesentlicher Einflußfaktor für die thermische Beanspruchung, denn bei Vergrößerung der Brennraumabmessungen nehmen mit den Wärmeleitwegen bei gleichen p_e- und c_m-Werten die Temperaturdifferenzen und damit die Wärmespannungen zu. Diesem Geometrieeinfluß wirken bei Großmotoren also auch die sehr mäßigen Kolbengeschwindigkeiten entgegen, die aber vor allem den Zylinder- und Kolbenringverschleiß mindern, was bei diesen Motoren neben der Kraftstoffwirtschaftlichkeit von entscheidender Bedeutung ist.

Eine geometrische Ähnlichkeit verlangt u.a. die Gleichheit des

Hub-Bohrungsverhältnisses $\xi = s/d$.

Auch diese Kenngröße kann die Motorbetriebsdaten stark beeinflussen. Bei gleichem Arbeitsverfahren gilt für die Hubraumleistung

$$\frac{P_e}{V_{Hg}} \sim \frac{p_e \, c_m}{s} \, .$$

Bei Einführung des ξ-Wertes in die Hubraumgleichung, d.h. mit

58

$$V_{Hg} \sim D^2 s\, z = \frac{s^3}{\xi^2}\, z$$

oder

$$s \sim \frac{\xi^{\frac{2}{3}}\, V_{Hg}^{\frac{1}{3}}}{z^{\frac{1}{3}}} \quad ,$$

wird dann

$$\frac{P_e}{V_{Hg}} = \text{const.} \ \frac{P_e\ c_m\ z^{\frac{1}{3}}}{\xi^{\frac{2}{3}}\ V_{Hg}^{\frac{1}{3}}} \quad . \tag{3.51}$$

Bei unveränderten Werten für p_e, c_m, V_{Hg} und z erhält man für die Hubraumleistung

$$\left(\frac{P_e}{V_{Hg}}\right)_{P_e,\,c_m,\,z,\,V_{Hg}} = \text{const.} \ \frac{1}{\xi^{\frac{2}{3}}} \quad . \tag{3.52}$$

Die Hubraumleistung wächst also mit abnehmendem ξ-Wert. Das gilt allerdings nur unter der Voraussetzung, daß dabei die p_e-Werte wirklich konstant - oder zumindest fast konstant - bleiben. Bei kurzhubigen Motoren wird aber erstens das Oberflächen-Volumenverhältnis des Brennraums und damit der Kühlverlust größer. Zweitens verschlechtern die flachen Brennräume und die zunehmenden Totraumanteile das Durchbrennverhalten der Zylinderladung und bei Dieselmotoren die innere Gemischbildung, so daß bei Viertaktern auch der Vorteil, zur Erhöhung des Liefergrades etwas größere Ventilquerschnitte unterbringen zu können, durch die Verringerung des Gütegrads bald überkompensiert wird. Bei Zweitaktern wird der ξ-Wert nach unten hin noch früher begrenzt durch den bei gleichen Spülstromquerschnitten abnehmenden Nutzhubraum.

Den Tabellenwerten ist noch zu entnehmen, daß sowohl die auf den Hubraum bezogene Leistung als auch das leistungsspezifische Motorgewicht mit wachsender Baugröße ungünstiger werden. Das ist sehr einfach zu deuten, denn bei konstanten Mitteldrücken und Zylinderzahlen erhält man schon bei Vorgabe unveränderter c_m- und ξ-Werte für die Hubraumleistung als Funktion des Hubraums aus (3.51)

$$\left(\frac{P_e}{V_{Hg}}\right)_{P_e,\,c_m,\,\xi,\,z} = \text{const.} \ \frac{1}{V_{Hg}^{\frac{1}{3}}} \quad . \tag{3.53}$$

und für das Leistungsgewicht mit

$$\frac{G}{P_e} \sim \frac{V_{Hg}}{P_e}$$

den Zusammenhang

$$\left(\frac{G}{P_e}\right)_{P_e, c_m, \xi, z} = const. \ V_{Hg}^{\frac{1}{3}} . \qquad (3.54)$$

Betrachten wir nun auch noch den Einfluß der Zylinderzahl auf die Hubraumleistung bei Vorgabe des Gesamthubvolumens und konstanten Werten für p_e, c_m und ξ. Hier gilt

$$\left(\frac{P_e}{V_{Hg}}\right)_{P_e, c_m, \xi, V_{Hg}} = const. \ z^{\frac{1}{3}} . \qquad (3.55)$$

Wie diese Gleichung zeigt, bieten vielzylindrige Motoren mit kleineren Zylindereinheiten gegenüber weniger und größervolumigen Zylindern neben ihren Vorzügen hinsichtlich des Massenausgleichs und der Gleichmäßigkeit des Drehmomentenverlaufs auch die Möglichkeit, höhere Hubraumleistungen zu realisieren (bei $p_e \approx$ const !). Dem stehen aber die Nachteile größerer Fertigungs-, Wartungs- und Reparaturkosten gegenüber. Darüberhinaus ist auch das Verschleißverhalten ungünstiger, denn der zeitliche Zylinderbüchsen- und Kolbenringverschleiß wird, abgesehen von den Schmierverhältnissen, im wesentlichen bestimmt durch die Gasdruckbelastung des Kolbens (p_e) und durch den in der Zeiteinheit zurückgelegten Reibungsweg (c_m), ist also bei gleichen Mitteldrücken und gleichen Kolbengeschwindigkeiten weitgehend unabhängig von der Zylindergröße. Das gilt jedoch nur für die absolute Verschleißrate. Die für die Lebensdauer maßgebliche relative, auf den Zylinderdurchmesser bezogene Abnutzung wird mit wachsendem Zylindervolumen kleiner. Ist das Verschleißverhalten eines der wichtigsten Beurteilungskriterien, dann ist es also vorteilhafter, den Gesamthubraum auf weniger bzw. größere Zylinder aufzuteilen.

Zur Ergänzung der bisherigen Wirkungsgrad- und Leistungsanalysen sollen jetzt noch einige Überlegungen angestellt werden über die Betriebsdatenveränderung bei Variation der Motordrehzahl und der Motorbelastung.

Bild 3.11 zeigt zunächst den für Otto- und Dieselmotoren in den Absolutwerten zwar unterschiedlichen, qualitativ aber ziemlich ähnlichen Verlauf der Vollast-Wirkungsgrade und -Mitteldrücke über der Motordrehzahl. Geht man in erster Näherung davon aus, daß mit einer von der Drehzahl unabhängigen Luftverhältniszahl gefahren wird, dann bleiben auch

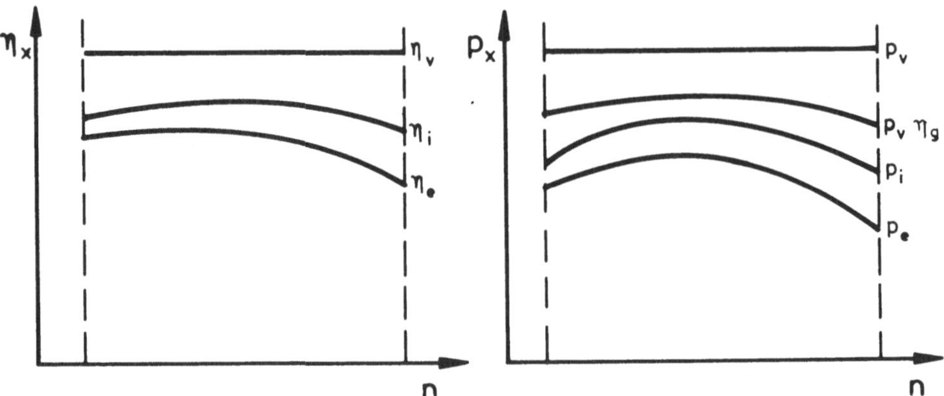

Bild 3.11. Vollastbetriebsdaten bei Drehzahländerung

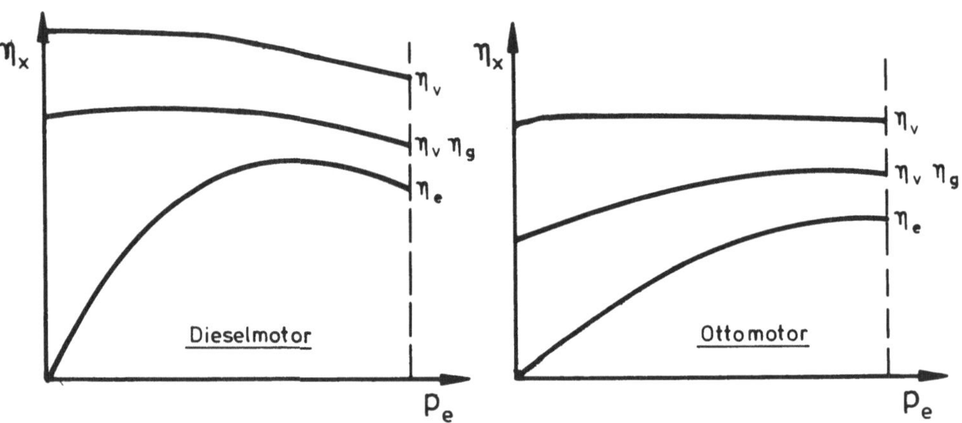

Bild 3.12. Wirkungsgrade bei Laständerung

die η_v- und p_v-Werte über der Drehzahl konstant. Der Gütegrad wird bei mittleren Drehzahlen ein Maximum erreichen. Kleinere Drehzahlen verschlechtern ihn durch die abnehmende Intensität der im Brennraum auftretenden Ladungsbewegungen, die für den Verbrennungsablauf von größter Bedeutung sind. Dazu kommt noch ein kleiner Anstieg der Kühlverluste, weil die Wärmeübergangszahlen mit den Gasgeschwindigkeiten bzw. mit der Motordrehzahl weniger stark verkleinert als die für den Wärmeübergang verfügbaren Zeiten vergrößert werden. Auch bei höheren Drehzahlen fällt der Gütegrad im allgemeinen wieder etwas ab, bedingt durch die Zunahme der Ladungswechselverlustarbeit und durch eine weiter verschleppte Verbrennung. Für den inneren Wirkungsgrad und für das Produkt $p_v \eta_g$ erhält man also die in Bild 3.11 skizzierten Verläufe. Der mittlere indizierte Druck wird auch noch durch den Liefergrad mitbestimmt, der sowohl bei wachsender Drehzahl durch die ansteigenden Drosselverluste als auch bei fallender Drehzahl durch das Verschwinden des dynamischen Nachladeeffektes (siehe Kap. 3.2.1) kleiner wird. (Die Lage des λ_L-Maximums ist allerdings sehr stark abhängig von der Auslegung des Ansaugsystems.) Die mit der Drehzahl zunehmende Abweichung der effektiven Betriebsdaten von den indizierten Werten ist auf den Anstieg der mechanischen Verluste zurückzuführen.

Bei einer Diskussion der Wirkungsgrad-Lastabhängigkeit ist auch schon bei einer nur qualitativen Darstellung, Bild 3.12, zwischen Diesel- und Ottomotoren zu unterscheiden. Beim Dieselmotor wird mit fallender Last die Luftverhältniszahl ständig größer, was - bis zum Erreichen der Gleichraumgrenze in verstärktem Maße - einen Zuwachs der η_v-Werte zur Folge hat, siehe Kap. 2.3. Demgegenüber ist der Ottomotor wegen der bereits angedeuteten Schwierigkeiten einer Entflammung magerer Gemische nur mit mäßigem Luftüberschuß zu betreiben (z.Zt. $\lambda_{max} \approx 1{,}25$), so daß der Wirkungsgrad des vollkommenen Motors bei Verringerung der Last durch eine λ-Erhöhung nur noch leicht zunehmen kann.

Große Unterschiede ergeben sich auch im Verlauf des Gütegrades, der beim Dieselmotor mit kleiner werdender Last durch die relativ etwas höheren Kühlverluste nur leicht abfällt. Beim Ottomotor kommt aber noch hinzu, daß die zur Lastverringerung notwendige Drosselung des angesaugten Luft-Kraftstoffgemisches die Ladungswechselarbeit vergrößert und im untersten Teillastgebiet durch den erhöhten Restgasanteil auch der η_{gBV}-Wert verschlechtert wird, siehe Kap. 3.1.4. Insgesamt fällt hier also der Gütegrad mit der Last wesentlich stärker als bei einem Dieselmotor.

Berücksichtigt man jetzt noch die mit der Motorbelastung etwas abnehmenden mechanischen Verluste, dann erhält man die Kurven für die effektiven Wirkungsgrade, die bei einem Dieselmotor gerade in dem für einen Fahrzeugantrieb so wichtigen Teillastgebiet die ottomotorischen Werte deutlich übertreffen.

Werden die bei verschiedenen Motordrehzahlen ermittelten Wirkungsgradkurven in einem Diagramm zusammengefaßt, dann gelangt man zu einer Kennfelddarstellung, in der neben dem Verlauf der Vollast-Mitteldrücke über der Drehzahl die effektiven Wirkungsgrade bzw. die effektiven spezifischen Kraftstoffverbrauchswerte als Kurvenparameter angegeben sind. In Bild 3.13 sind Beispiele solcher Kraftstoffverbrauchskennfelder für einen Pkw-Ottomotor und für einen Nutzfahrzeug-Dieselmotor wiedergegeben. Sie bestätigen sehr deutlich die oben angestellten Überlegungen.

Es sei an dieser Stelle noch kurz erwähnt, daß man sich heute sehr intensiv bei den schon angesprochenen "Magerkonzepten" darum bemüht, einen Ottomotor im Teillastgebiet mit größerem Luftüberschuß zu betreiben, um so zumindest partiell die wirkungsgradmäßigen Vorzüge der Qualitätsregelung nutzen zu können [13]. (Konzepte für einen extremen Magerbetrieb sind die sogenannten Schichtladungsmotoren, bei denen versucht wird, auch bei

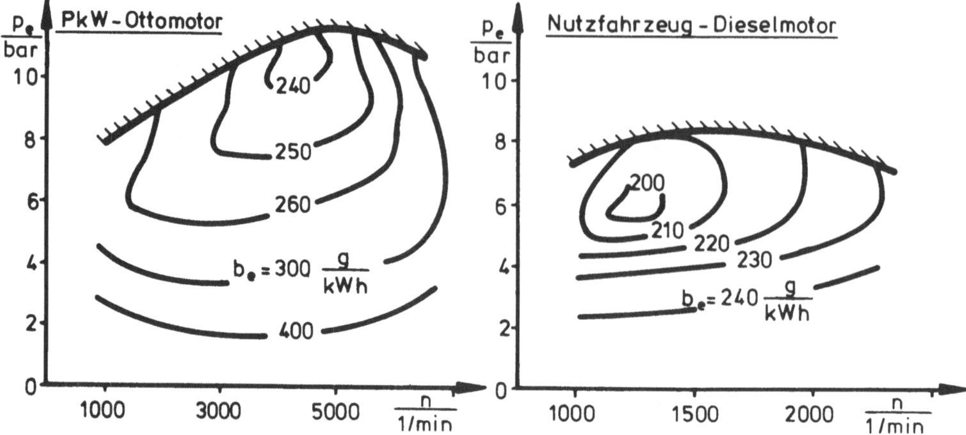

Bild 3.13. Kraftstoffverbrauchskennfelder ausgeführter Motoren

einem im Mittel sehr großen Luftüberschuß durch eine "Schichtung" der Ladung den Zündkerzenbereich immer mit einer zündfähigen Mischung zu versorgen [14].) Dabei entfällt aber die Möglichkeit, die NO_x-Emission durch eine katalytische Abgasnachbehandlung zu verringern. Die heutige Katalysatortechnik verlangt nämlich für eine weitestgehende und in nur einem Katalysatorbett vollzogene Umwandlung der drei Schadstoffe Kohlenmonoxid, Kohlenwasserstoffe und Stickoxide in unschädliche Abgasinhaltsstoffe (Dreiwegkatalysator) einen ständigen Motorbetrieb mit einer Gemischzusammensetzung, die nur ganz minimal von der stöchiometrischen Mischung ($\lambda = 1$) abweichen darf. Bei größeren λ -Werten bleibt der Katalysator für die Stickoxidreduktion wirkungslos. (Bei zu kleinen λ -Werten ist die Oxidation der unverbrannten Abgasbestandteile unzureichend.) Wenn nun im Teillastgebiet der Stadtfahrten, auf die die derzeitige Abgasgesetzgebung zugeschnitten ist, auch ohne eine katalytische Stickoxidreduktion die derzeit in den USA für alle Pkw-Größen und in Europa vorerst nur für die oberen Hubraumklassen gültigen NO_x-Grenzwerte erreicht werden sollen, dann müßte das Gemisch sehr stark abgemagert werden ($\lambda \approx 1,5$), um durch die damit verbundene Absenkung der Verbrennungstemperatur schon die Stickoxidbildung in ausreichendem Maße zu unterbinden. (Für den Abbau der HC-Emission ist dann nur noch ein auch ohne λ -Regelung funktionierender Oxidationskatalysator erforderlich.) Aber selbst wenn ein so magerer Betrieb - serienmäßig! - realisiert werden könnte, bliebe der entscheidende Nachteil solcher Motorkonzepte, bei Annäherung an die Vollast wieder große Stickoxidmengen zu emittieren. Möglich wäre natürlich auch eine Kombination von Dreiwegkatalysator mit einem Magerbetrieb bei Teillast und einem Betrieb mit $\lambda \approx 1$ im oberen Lastbereich.

Eine weitere Möglichkeit zur Verbesserung des ottomotorischen Teillastkraftstoffverbrauchs besteht darin, die bei Teillast anwachsenden Ladungswechselverluste (und bei untersten Lasten auch die η_{gBV}-Abnahme) zu verringern. Das kann in relativ einfacher Weise dadurch geschehen, daß man die Kraftstoffzufuhr einer Zylindergruppe abschaltet. (Zum Beispiel durch Unterbrechung der Kraftstoffbelieferung von zwei Zylindern eines Vierzylindermotors oder von drei Zylindern eines Sechszylinders. Die Abschaltung einer ganzen Zylindergruppe ist mit Rücksicht auf die Gleichmäßigkeit der Zündfolge, die die Laufkultur des Motors mitbestimmt, zwingend erforderlich.) Die übrigen Zylinder müssen dann bei weiter geöffneter Drosselklappe mit höherer Last arbeiten, wodurch der Wirkungsgrad verbessert wird.

Die Ergebnisse werden noch etwas günstiger, wenn man mit zwei getrennten Ansaugsystemen und Gemischbildungseinrichtungen und mit zwei Drosselklappen arbeitet. Hierbei kann die Drossel der nicht arbeitenden Zylinder voll geöffnet werden, womit die Ladungswechselarbeit noch kleiner wird. Weiterhin könnte man auch den nicht feuernden Zylindern die heißen Abgase der übrigen Zylinder zuführen, um so ein zu starkes Auskühlen der abgeschalteten Zylindergruppe zu verhindern. Die beste, aber auch aufwendigste Methode wäre die partielle Sperrung der Kraftstoffzufuhr bei gleichzeitiger Stillegung der Ventilbetätigung der nicht arbeitenden Zylinder, weil dann deren Ladungswechselarbeit völlig entfiele.

Wie Versuche gezeigt haben [15], könnte man mit einer Zylinderabschaltung je nach Verfahrensprinzip im Teillastbereich eine 10 bis 20-prozentige Kraftstoffeinsparung erzielen. Durch die bei einer Zylinderabschaltung größere Ungleichförmigkeit der Drehmomentenabgabe wird aber das komfortable Laufverhalten vielzylindriger Motoren stark beeinträchtigt und es bliebe abzuwarten, ob solche Verschlechterungen der Laufkultur vom Markt akzeptiert würden.

Der Teillastkraftstoffverbrauch könnte schließlich auch dadurch verbessert werden, daß man das Verdichtungsverhältnis bei abnehmender Last, die die Gefahr einer klopfenden Verbrennung verringert (siehe Kap. 4.2), zum Beispiel durch einen im Zylinderkopf verschiebbaren Nebenkolben vergrößert [16], wobei die erhöhte Arbeitsgasdichte auch einen etwas magereren Motorbetrieb zuließe. Weitere Verbesserungen wären möglich, wenn zusätzlich noch die Drosselregelung ersetzt würde durch eine mit variablen Ventilsteuerzeiten realisierte Veränderung der Frischgasmengen [17]. Hält man etwa die Einlaßventile bei Teillast so lange auf, daß die nicht benötigte Ladungsmenge wieder ausgeschoben wird, die Kompression also vielleicht erst in der letzten Hälfte des Kolbenhubs beginnt, durch Anpassung des Verdichtungsraums aber wieder bis auf den ursprünglichen Endwert geführt wird, dann würden die gegenüber der Kompression relativ verlängerte Expansion und die weitgehende Eliminierung der Ansaugdrosselverluste den Wirkungsgrad im Schwachlastbereich um bis zu ca.20 % erhöhen. (Eine nahezu verlustfreie Verringerung der Ladungsmenge ist selbstverständlich auch mit einem verfrühten Schluß der Einlaßventile zu erreichen. Im übrigen ergäbe eine Steuerzeiten-Verdichtungs-Regelung auch bei einem Dieselmotor noch etwas bessere Teillastwirkungsgrade als die Qualitätsregelung.)

Obschon auf diesen Wegen also recht deutliche Kraftstoffeinsparungen zu erzielen sind - und variable Ventilsteuerzeiten zum Beispiel auch die Motordrehmomentcharakteristik oder bei einem Dieselmotor das Kaltstartverhalten verbessern würden -, müßte natürlich sehr genau geprüft werden, ob derart komplizierte Konstruktionen unter dem Aspekt der Gesamtwirtschaftlichkeit noch sinnvoll sein könnten.

3.5 Ausgeführte Motoren

Zur ersten Information über die in dieser Schrift nicht behandelte Motorkonstruktion sind in den Bildern 3.14 bis 3.39 die Schnittzeichnungen einiger moderner Verbrennungsmotoren zusammengestellt. Dabei wurde versucht, ein möglichst breites Motortypenspektrum zu berücksichtigen, um dem Leser dieses Grundlagenbuches auch schon einen Überblick zu geben über die vielfältigen Gestaltungsvarianten.

Die Schnittbilder sollen hier in den Unterschriften nur ganz kurz kommentiert werden. Die neben der Motorenart, dem Einsatzgebiet, der Typbezeichung, dem Hersteller und den Hauptabmessungen angegebenen Leistungen sind entweder Fahrzeugleistungen nach DIN 70020 oder - bei den Stationär- und Schiffsmotoren - Dauerleistungen nach DIN 6271. Die Zahlenwerte für die mittleren effektiven Drücke beziehen sich jeweils auf die Nenndrehzahl.

(Fahrzeugleistung nach DIN 70020: Leistung an der Kupplung des in allen Teilen einschließlich der Ansaug- und Auspuffanlage serienmäßigen Kraftfahrzeugmotors unter bestimmungsgemäßen Betriebsbedingungen. Bezugszustand: $p_0 = 1013$ mbar, $T_0 = 293$ K.

Dauerleistung nach DIN 6271: Größte Leistung, die unter Einhaltung der vom Motorenhersteller angegebenen Wartungsvorschriften dauernd abgegeben werden kann. Bezugszustand: $p_0 = 1000$ mbar, $T_0 = 300$ K.)

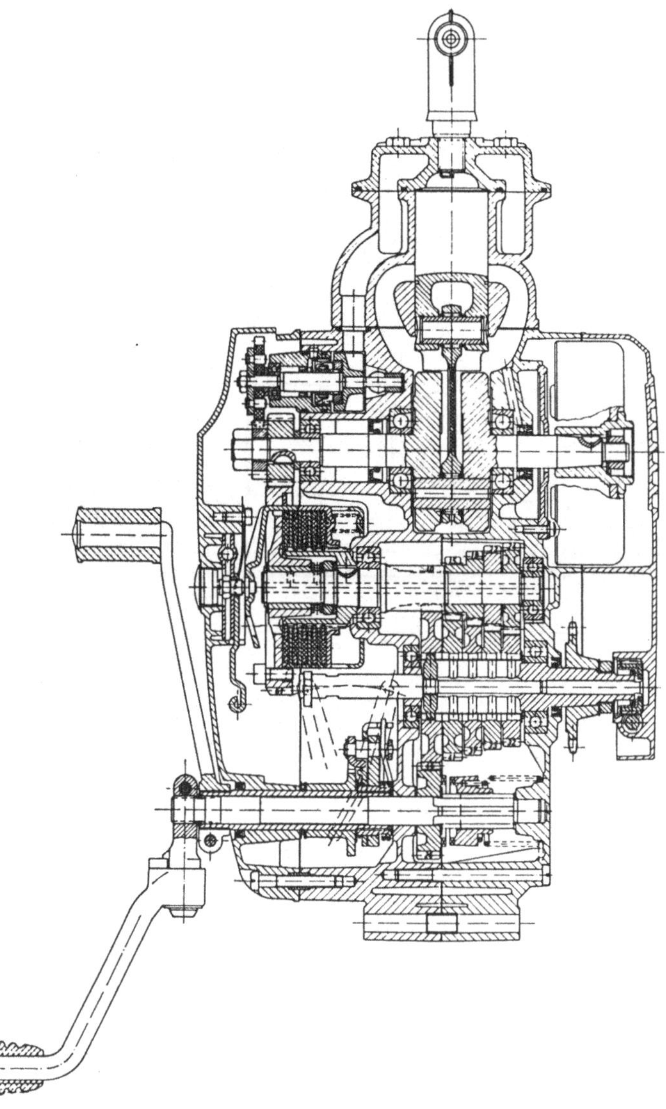

Bild 3.14. Längsschnitt des wassergekühlten Einzylinder-Zweitakt-Mokick-Ottomotors, Typ SACHS 50/5 WKF, der *Fichtel & Sachs AG*, Schweinfurt. Der Motor arbeitet mit einem Vergaser und mit einer Kurbelkasten-Umkehrspülung.

Hauptabmessungen: d = 38 mm, s = 44 mm.
Leistung: P_e = 3 kW bei n = 6000 1/min (p_e = 6,01 bar, P_e/V_{Hg} = 60,2 kW/l)

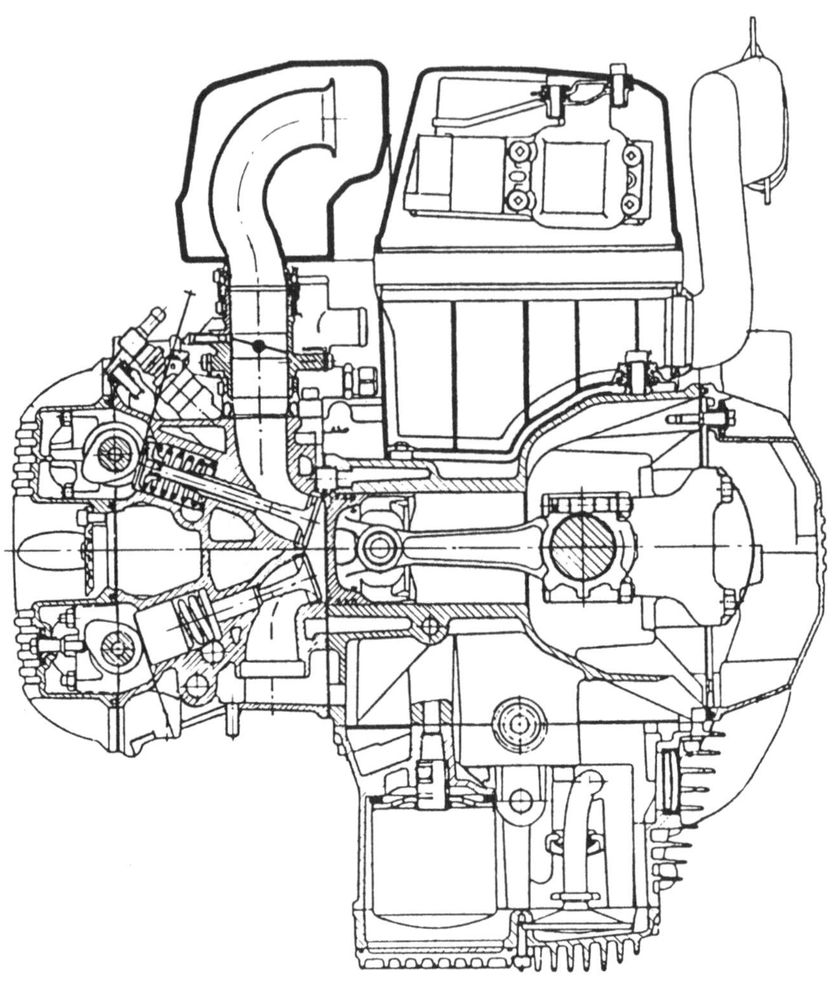

Bild 3.15. Querschnitt des wassergekühlten Vierzylinder-Viertakt-Otto-Motorradmotors, Typ K 100, der *Bayerische Motorenwerke AG*, München. Der Motor arbeitet mit einer elektronisch gesteuerten Benzineinspritzung.

Hauptabmessungen: d = 67 mm, s = 70 mm.
Leistung: P_e = 66 kW bei n = 8000 1/min (p_e = 10,03 bar, P_e/V_{Hg} = 66,9 kW/l)

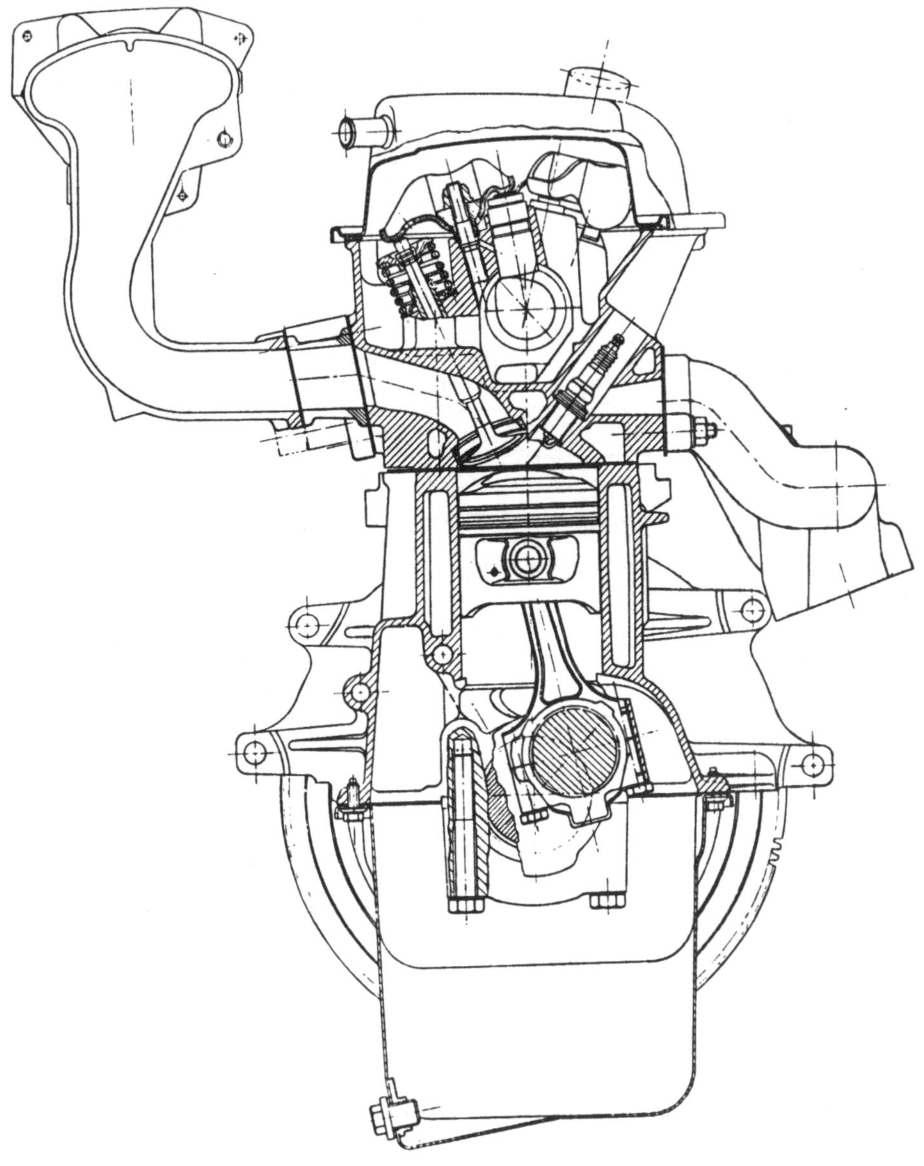

Bild 3.16a. Querschnitt des Vierzylinder-Viertakt-Pkw-Ottomotors, Typ CVH, der *Ford-Werke AG*, Köln-Deutz. Die Gemischbildung erfolgt durch einen Vergaser.

Hauptabmessungen: d = 80 mm, s = 64,5 mm.

Leistung: P_e = 51 kW bei n = 6000 1/min (p_e = 7,86 bar, P_e/V_{Hg} = 39,3 kW/l)

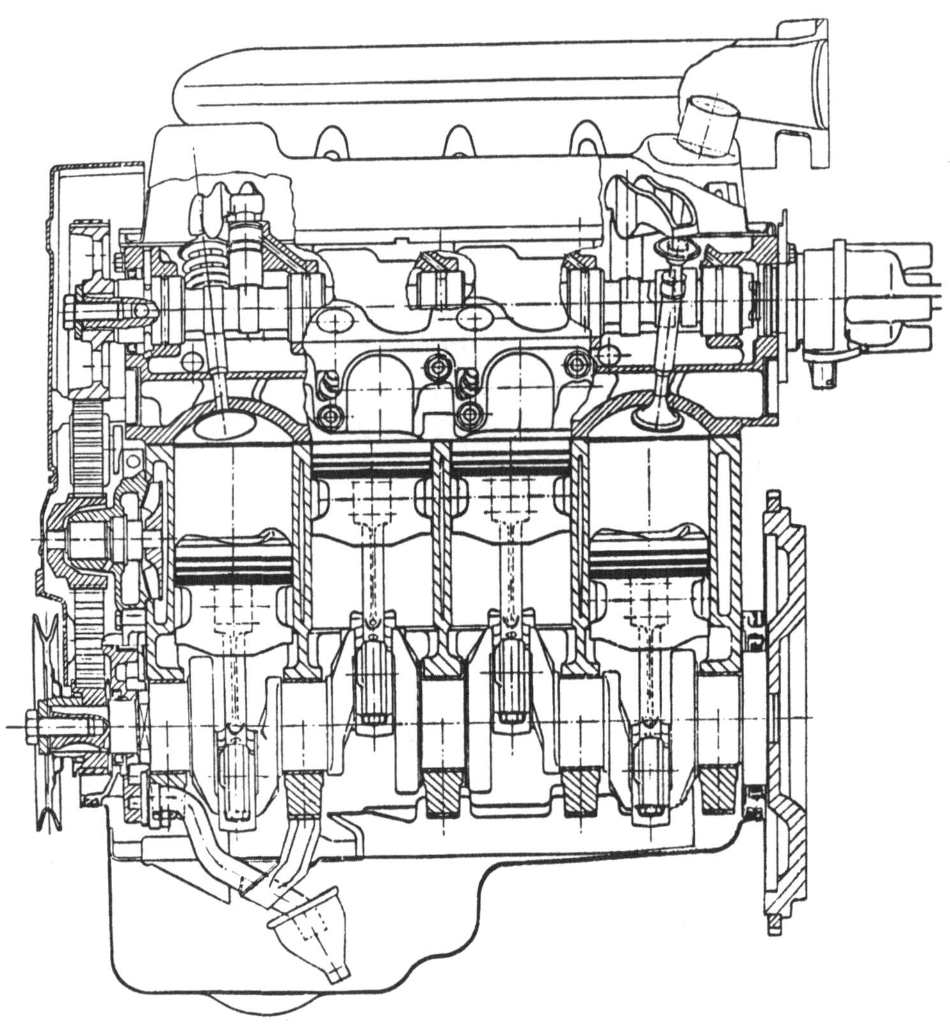

Bild 3.16b. Längsschnitt des Motors nach Bild 3.16a

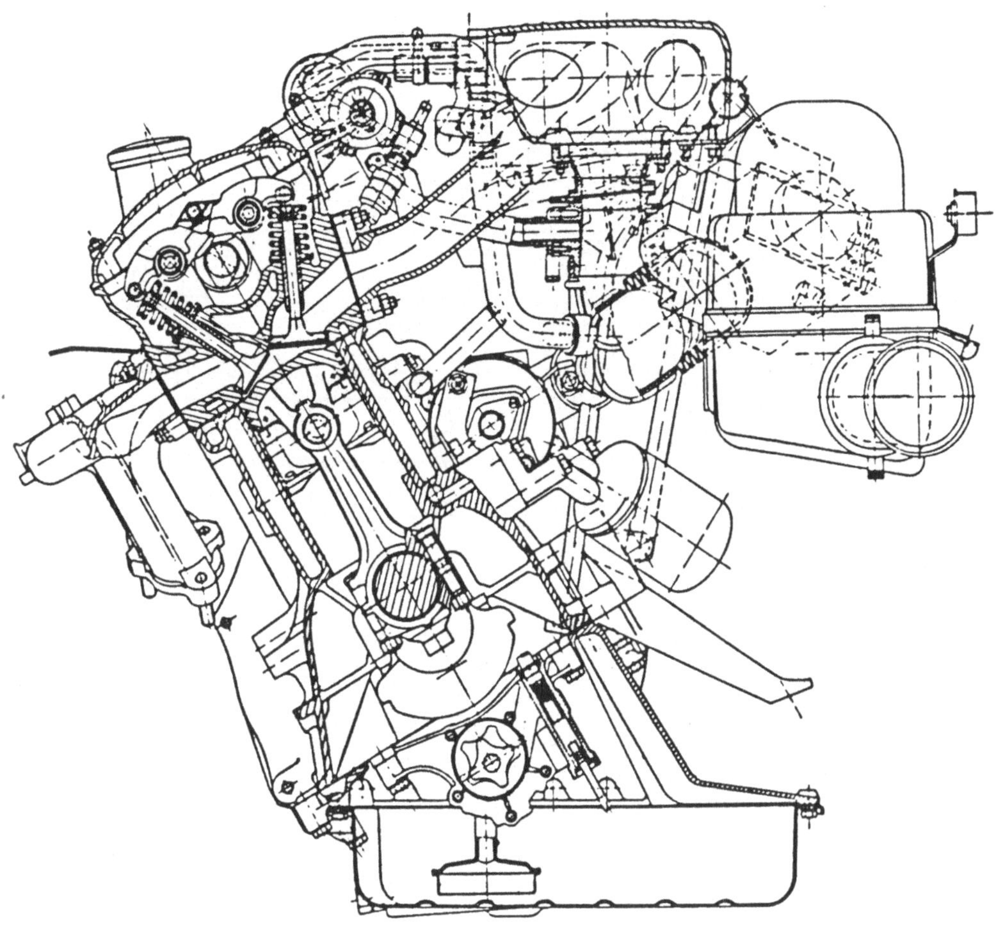

Bild 3.17a. Querschnitt des Vierzylinder-Viertakt-Pkw-Ottomotors für den Fahrzeugtyp 318 i der *Bayerische Motorenwerke AG*, München. Der Motor wird mit einer elektronisch gesteuerten Benzineinspritzung betrieben.

Hauptabmessungen: d = 89 mm, s = 71 mm.
Leistung: P_e = 77 kW bei n = 5800 1/min (p_e = 9,02 bar, P_e/V_{Hg} = 43,6 kW/l)

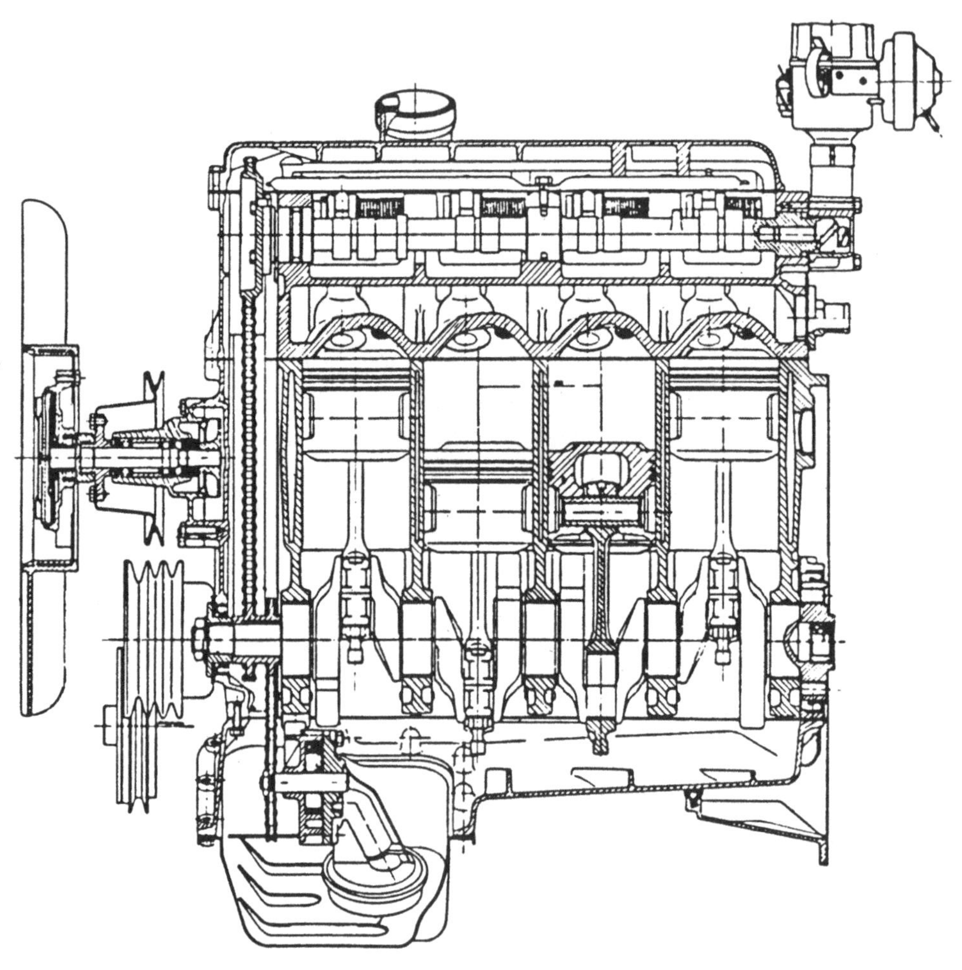

Bild 3.17b. Längsschnitt des Motors nach Bild 3.17a

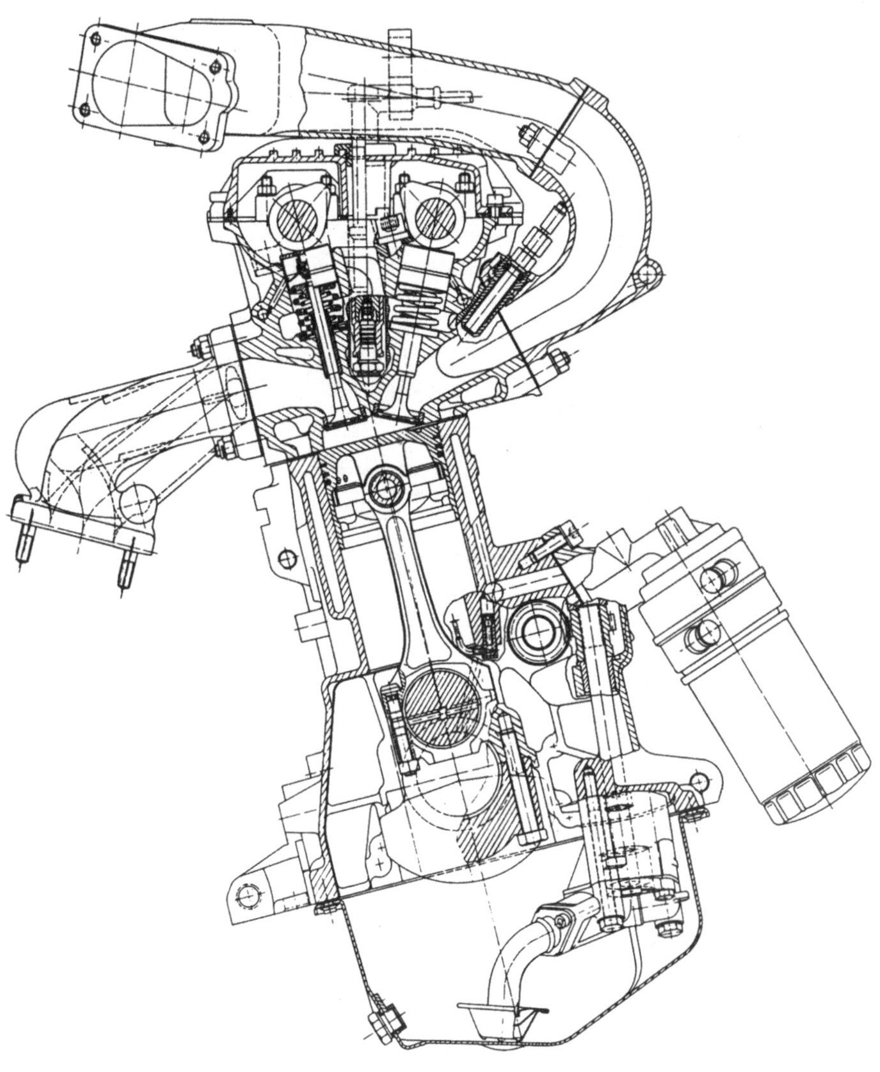

Bild 3.18a. Querschnitt eines Vierzylinder-Viertakt-Pkw-Ottomotors für die Fahrzeugtypen Golf GTI, Jetta und Scirocco der *Volkswagen AG*, Wolfsburg. Der mit Benzineinspritzung arbeitende Motor ist mit jeweils zwei Einlaß- und Auslaßventilen ausgerüstet (16-Ventil-Motor).

Hauptabmessungen: d = 81 mm, s = 86,4 mm.
Leistung: P_e = 102 kW bei n = 6100 1/min (p_e = 11,27 bar, P_e/V_{Hg} = 57,3 kW/l)

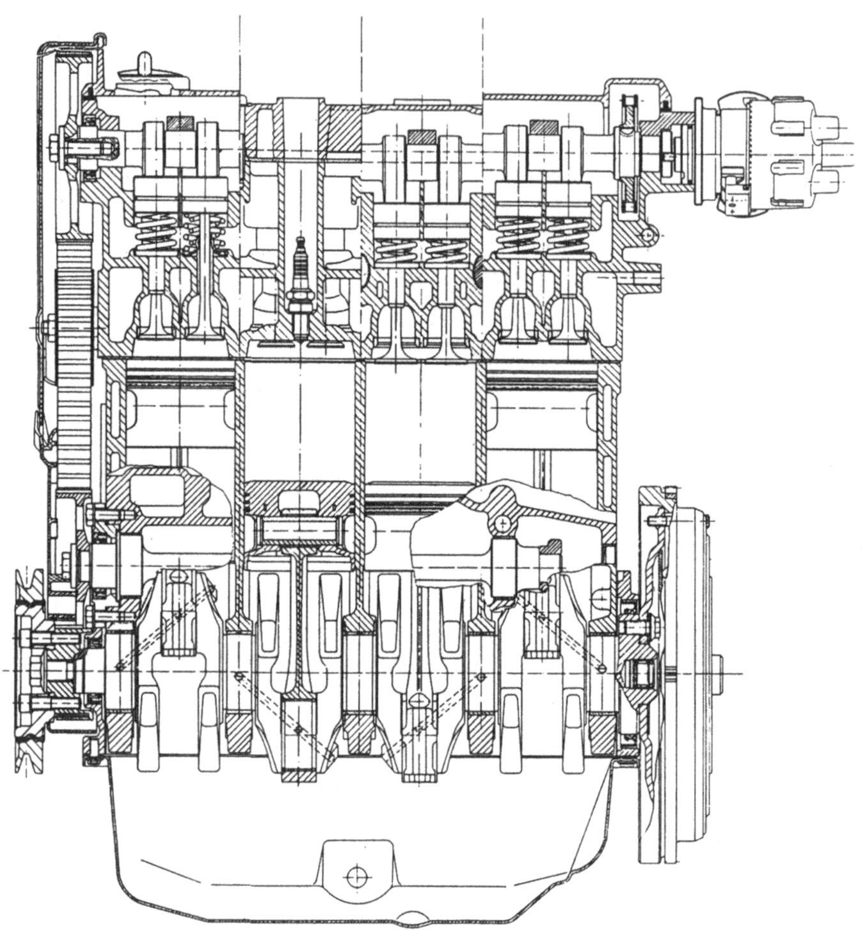

Bild 3.18b. Längsschnitt des Motors nach Bild 3.18a

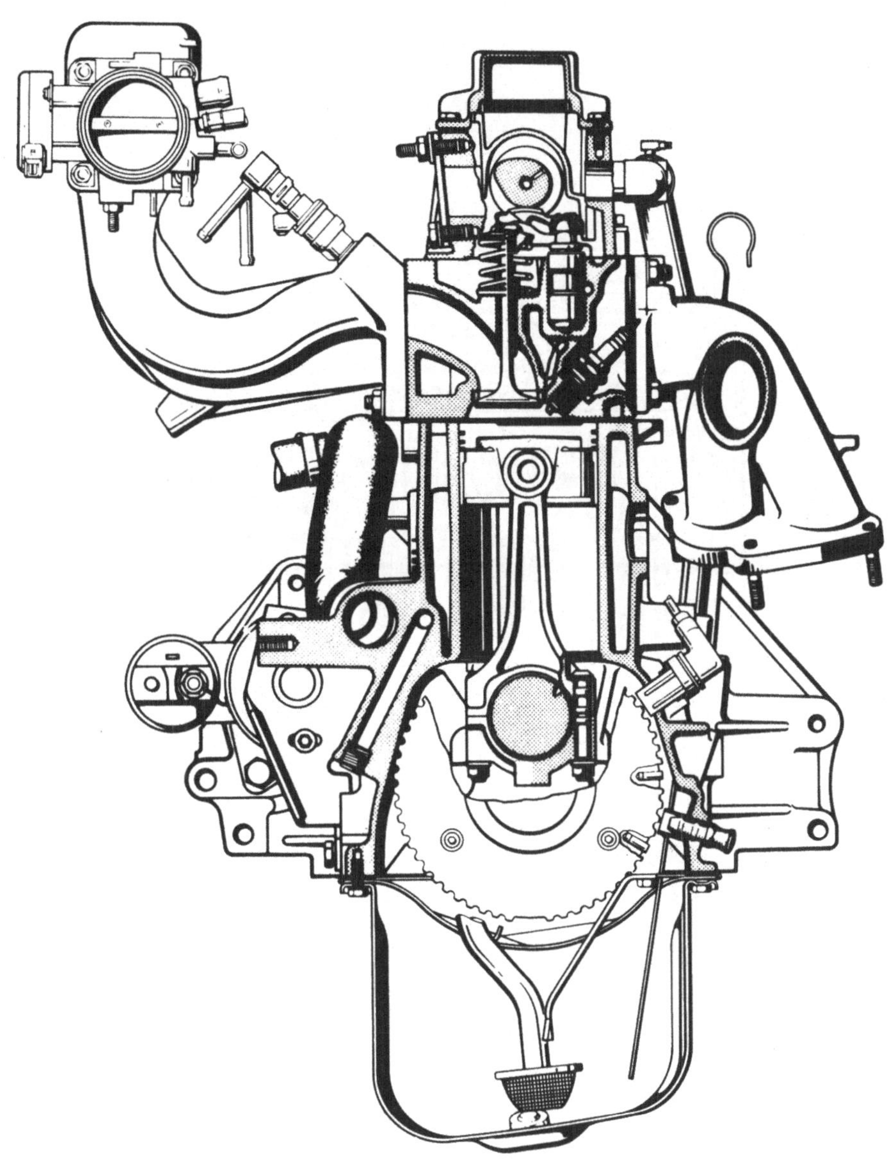

Bild 3.19a. Querschnitt des Vierzylinder-Viertakt-Pkw-Ottomotors, Typ SEH, der *Adam Opel AG*, Rüsselsheim. Der Motor arbeitet mit Benzineinspritzung.

Hauptabmessungen: d = 84,8 mm, s = 79,5 mm.

Leistung: P_e = 85 kW bei n = 5600 1/min (p_e = 10,14 bar, P_e/V_{Hg} = 47,3 kW/l)

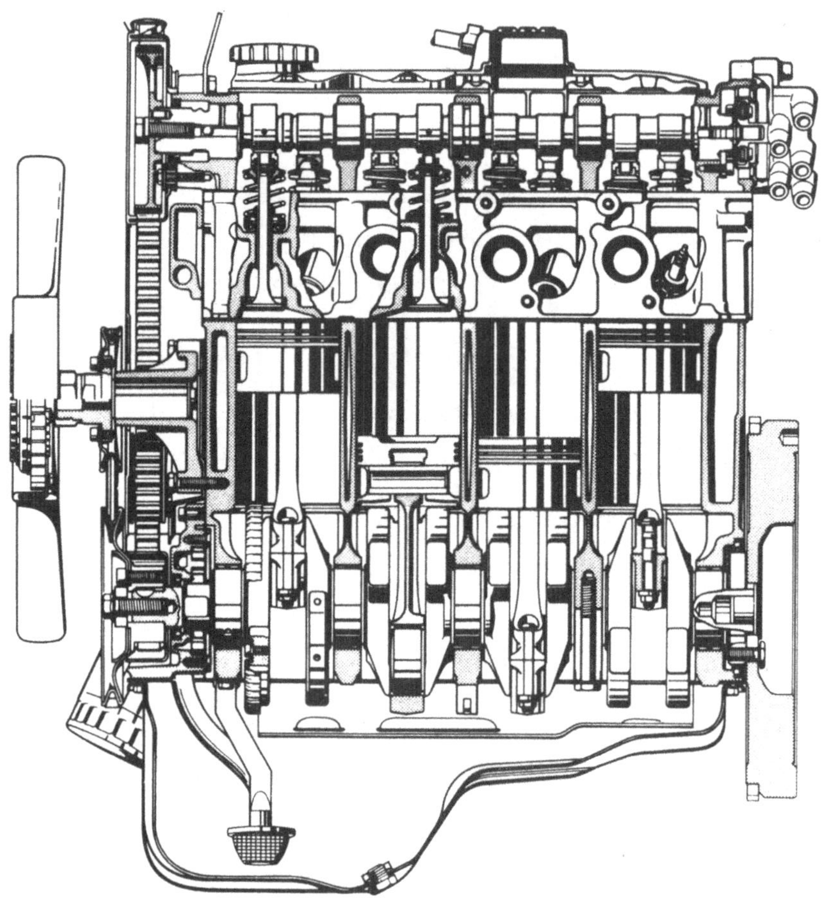

Bild 3.19b. Längsschnitt des Motors nach Bild 3.19a

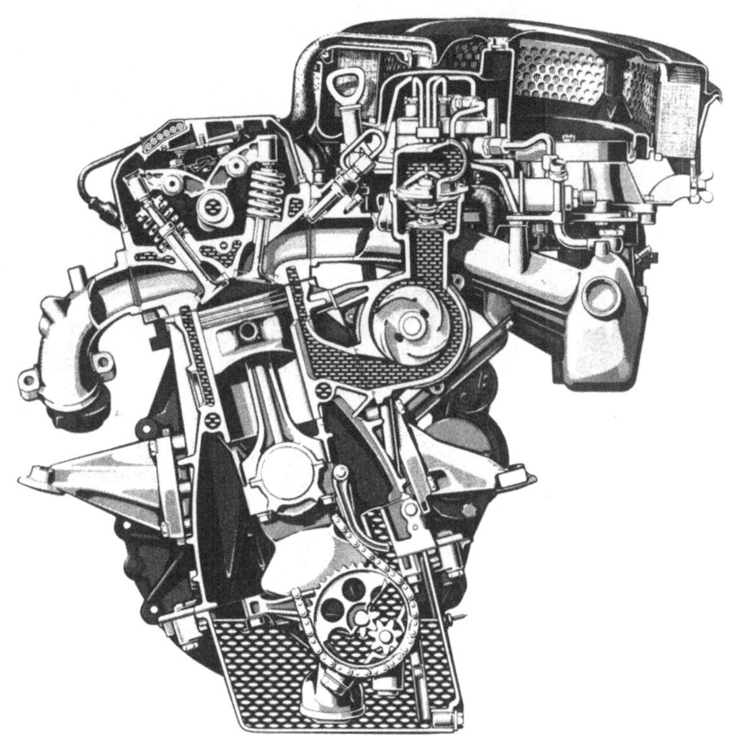

Bild 3.20a. Querschnitt des Sechszylinder-Viertakt-Pkw-Ottomotors, Typ M 103, der *Daimler-Benz AG*, Stuttgart-Untertürkheim. Der Motor arbeitet mit Benzineinspritzung.

Hauptabmessungen: d = 88,5 mm, s = 80,3 mm.

Leistung: P_e = 138 kW bei n = 5600 1/min (p_e = 9,98 bar, P_e/V_{Hg} = 46,6 kW/l)

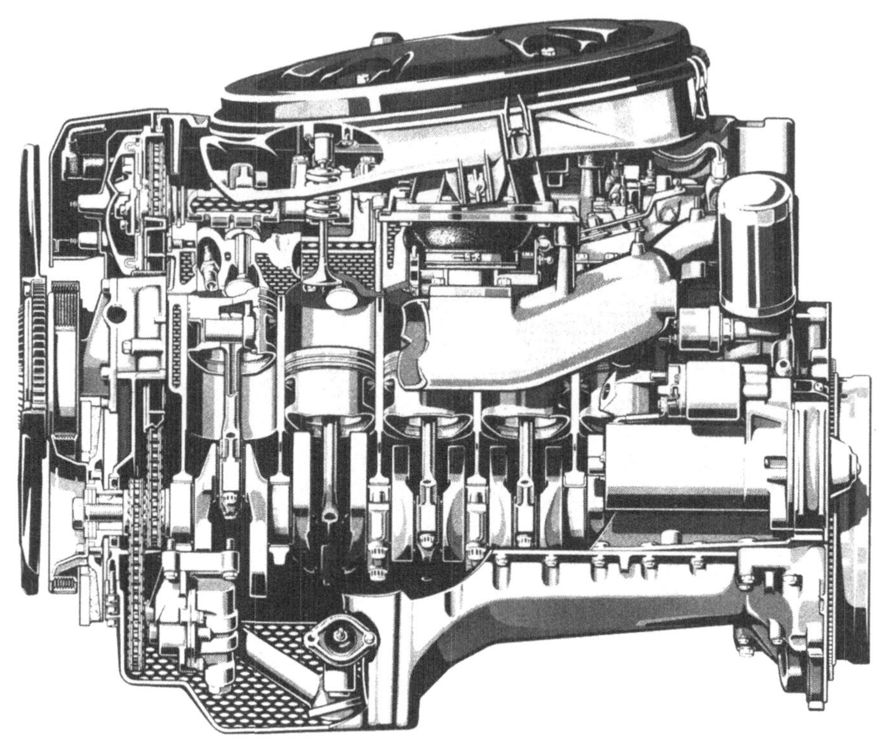

Bild 3.20b. Längsschnitt des Motors nach Bild 3.20a

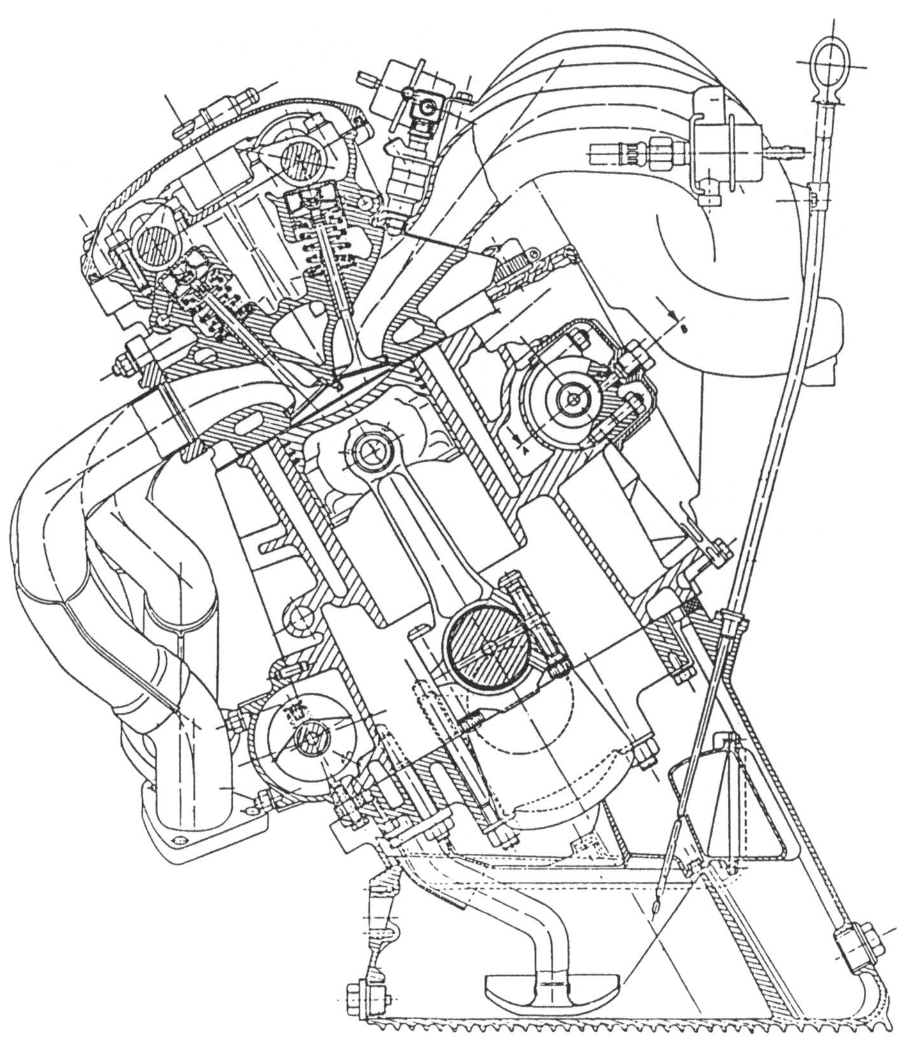

Bild 3.21a. Querschnitt des Vierzylinder-Viertakt-Pkw-Ottomotors für den Fahrzeugtyp 944 S der *Dr. Ing. h.c. Porsche AG*, Stuttgart-Zuffenhausen. Auch dieser Einspritzmotor ist mit jeweils zwei Ein- und Auslaßventilen ausgestattet.

Hauptabmessungen: d = 100 mm, s = 78,9 mm.

Leistung: P_e = 140 kW bei n = 6000 1/min (p_e = 11,30 bar, P_e/V_{Hg} = 56,5 kW/l)

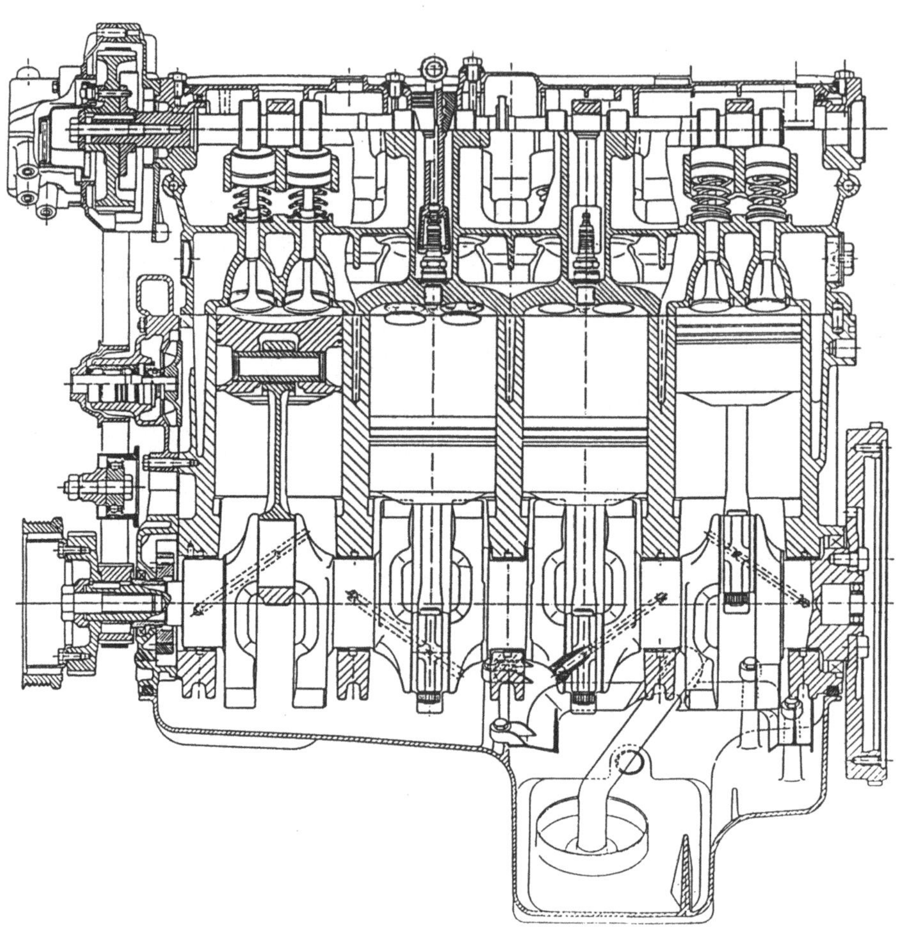

Bild 3.21b. Längsschnitt des Motors nach Bild 3.21a

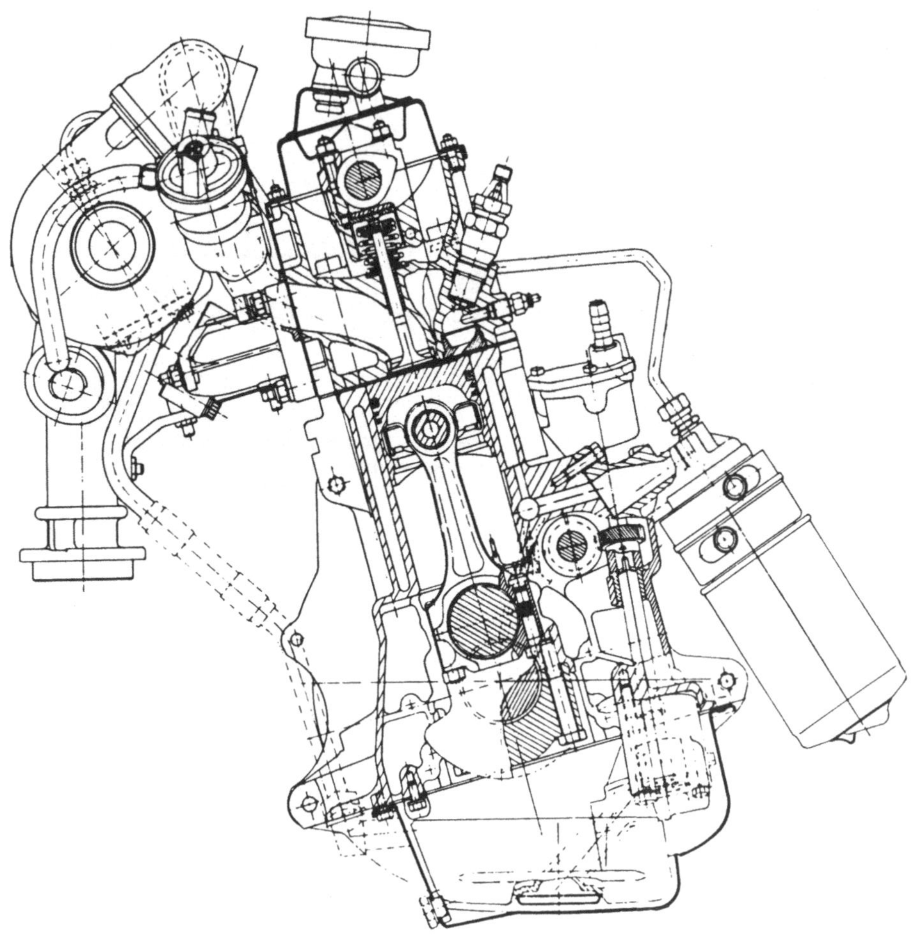

Bild 3.22a. Querschnitt des abgasturboaufgeladenen Vierzylinder-Viertakt-Pkw-Dieselmotors z.B. für die Fahrzeugtypen Golf und Jetta der *Volkswagen AG*, Wolfsburg. Die Gemischbildung erfolgt nach dem Wirbelkammerprinzip.

Hauptabmessungen: $d = 76{,}5$ mm, $s = 86{,}4$ mm.

Leistung: $P_e = 51$ kW bei $n = 4500$ 1/min ($p_e = 8{,}56$ bar, $P_e/V_{Hg} = 32{,}1$ kW/l)

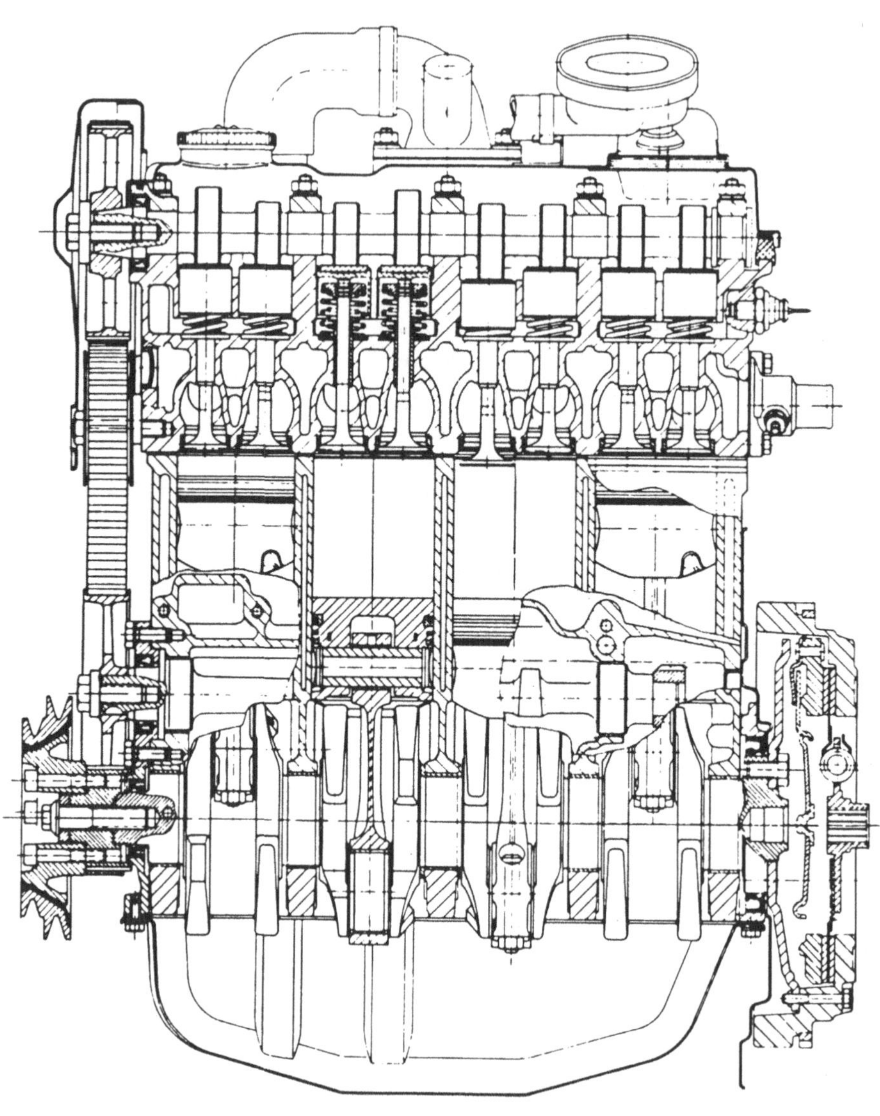

Bild 3.22b. Längsschnitt des Motors nach Bild 3.22a

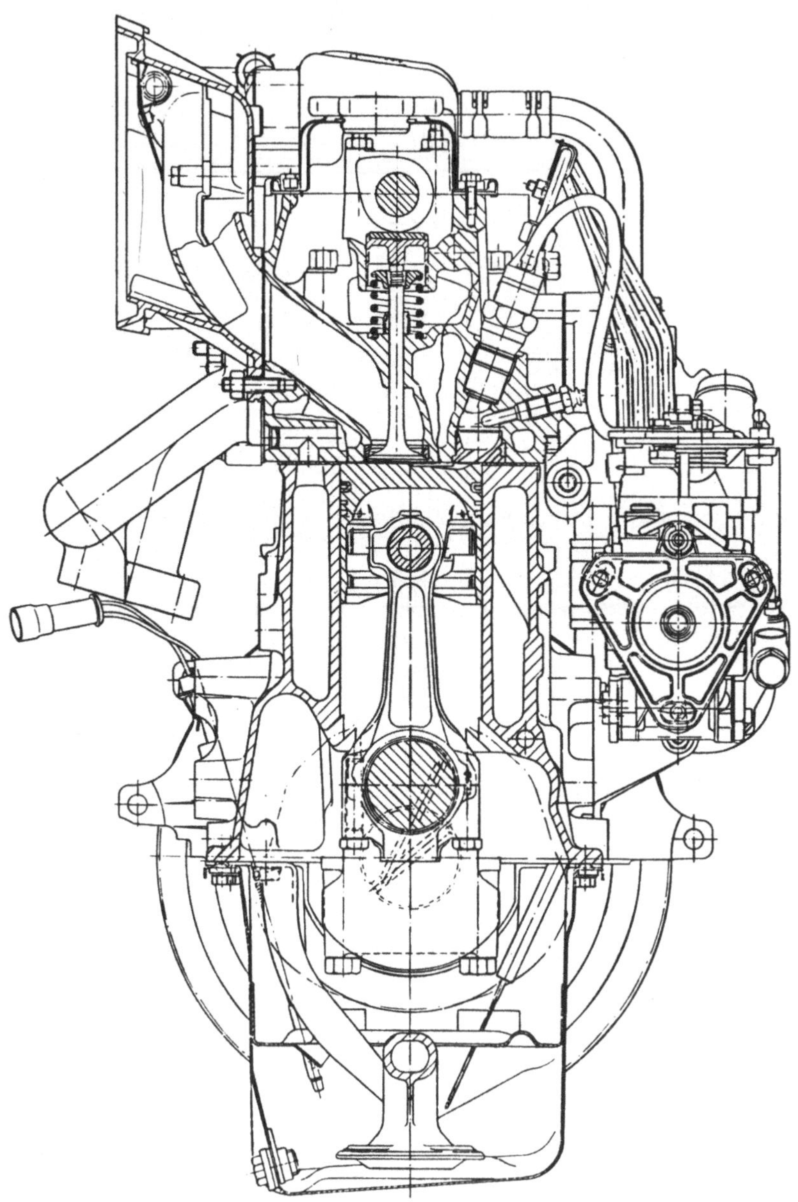

Bild 3.23a. Querschnitt eines Vierzylinder-Viertakt-Pkw-Dieselmotors z.B. für den Fahrzeugtyp Fiesta der *Ford-Werke AG*, Köln-Deutz. Auch dieser Motor arbeitet nach dem Wirbelkammerverfahren.

Hauptabmessungen: d = 80 mm, s = 80 mm.

Leistung: P_e = 40 kW bei n = 4800 1/min (p_e = 6,22 bar, P_e/V_{Hg} = 24,9 kW/l)

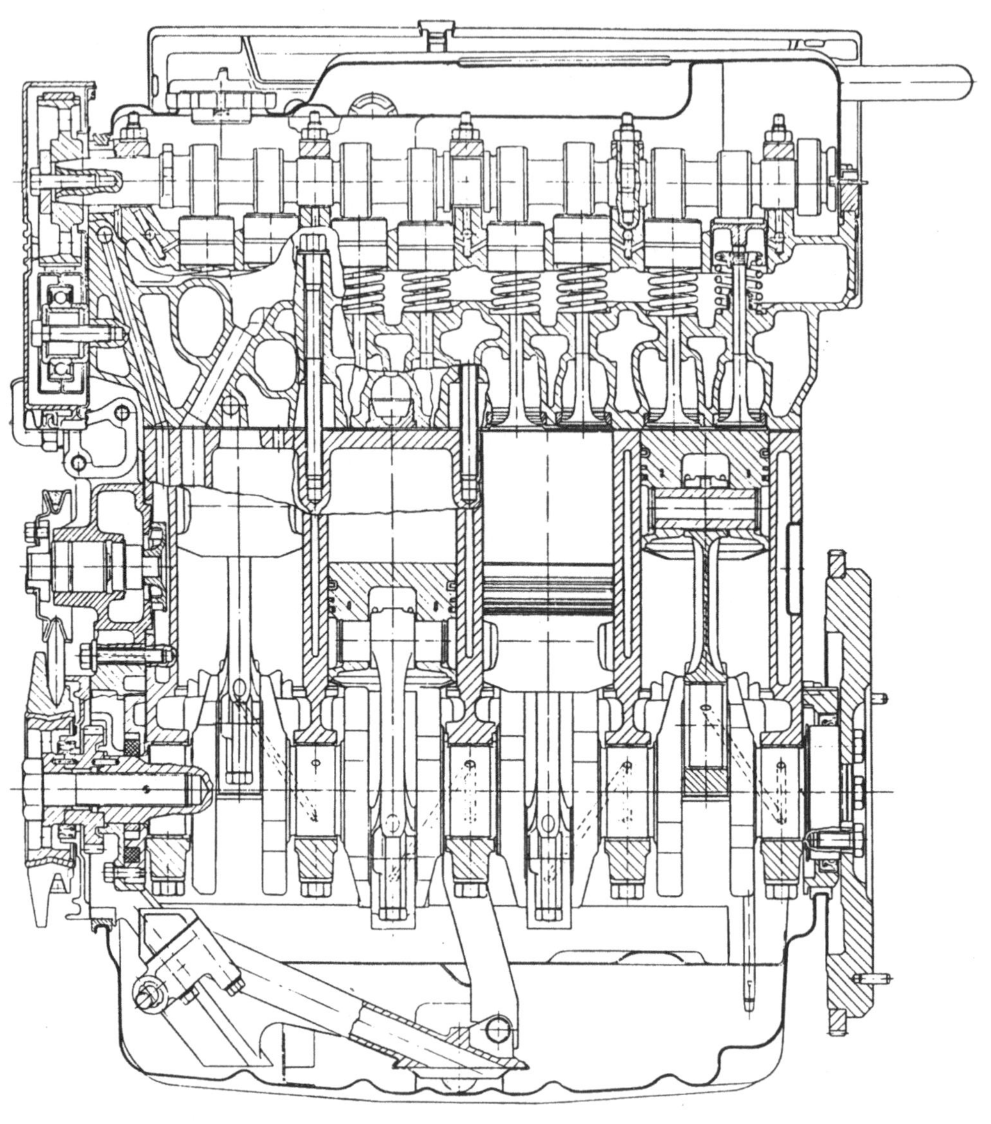

Bild 3.23b. Längsschnitt des Motors nach Bild 3.23a

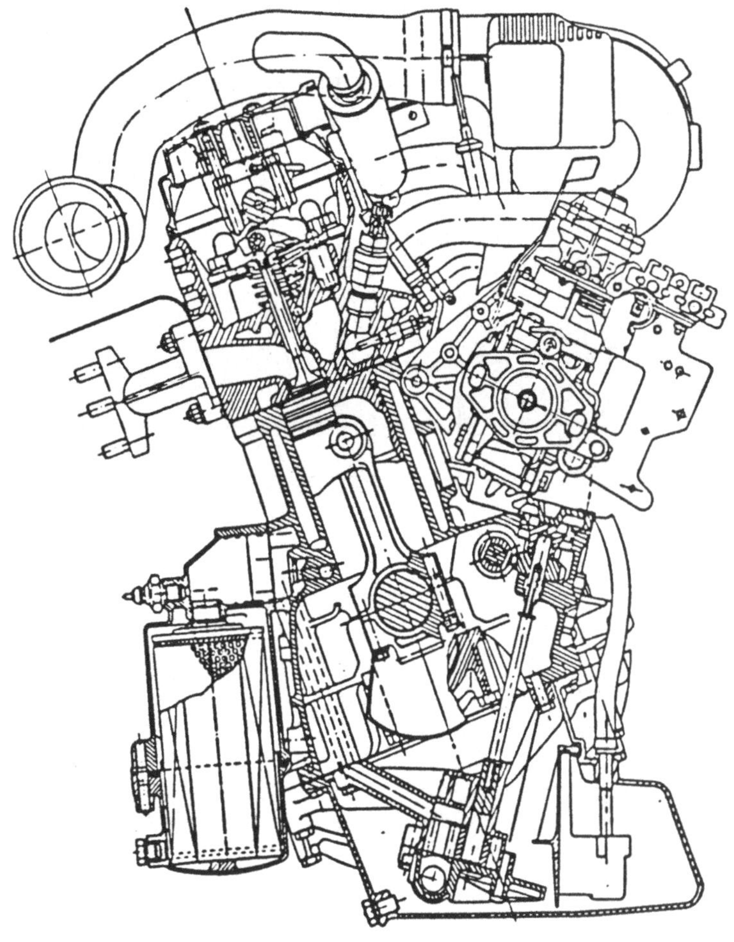

Bild 3.24a. Querschnitt des Sechszylinder-Viertakt-Pkw-Dieselmotors für den Fahrzeugtyp 324 d der *Bayerische Motorenwerke AG*, München. Es ist ebenfalls ein Wirbelkammermotor.

Hauptabmessungen: d = 80 mm, s = 81 mm.
Leistung: P_e = 63 kW bei n = 4600 1/min (p_e = 6,73 bar, P_e/V_{Hg} = 25,8 kW/l)

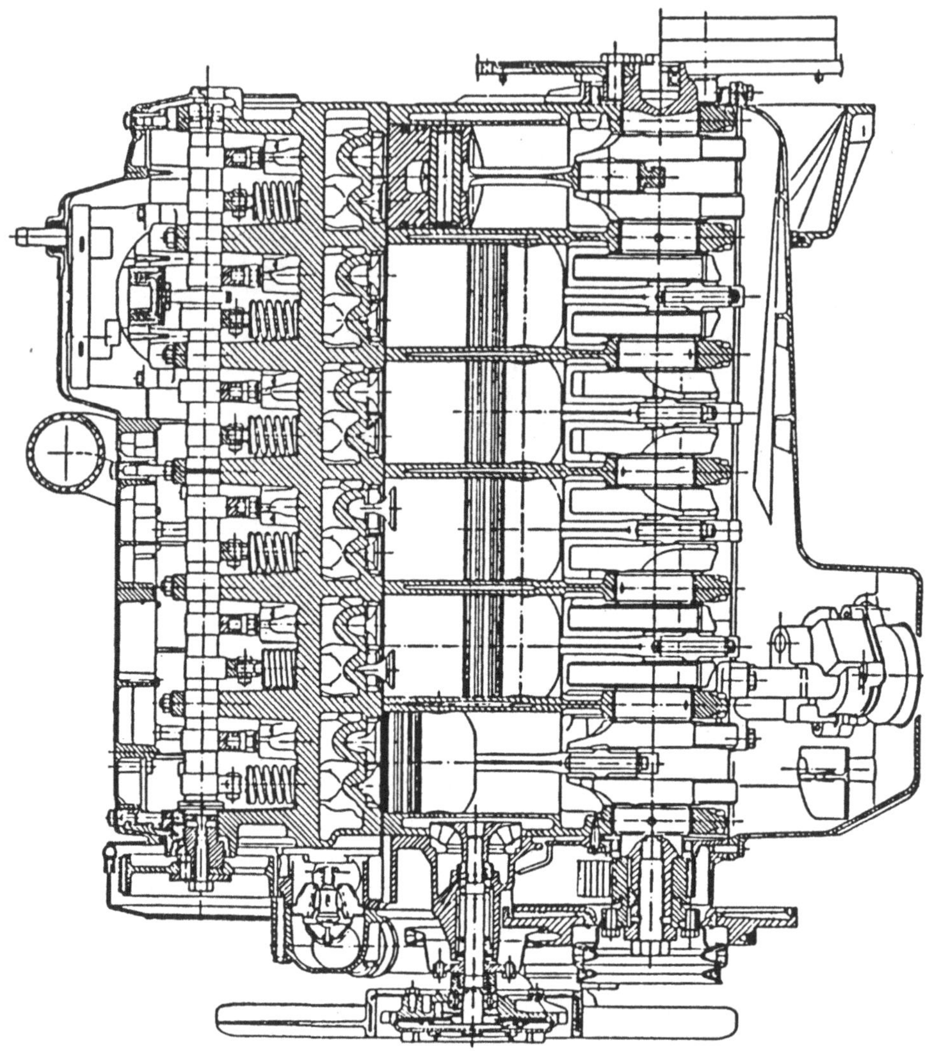

Bild 3.24b. Längsschnitt des Motors nach Bild 3.24a

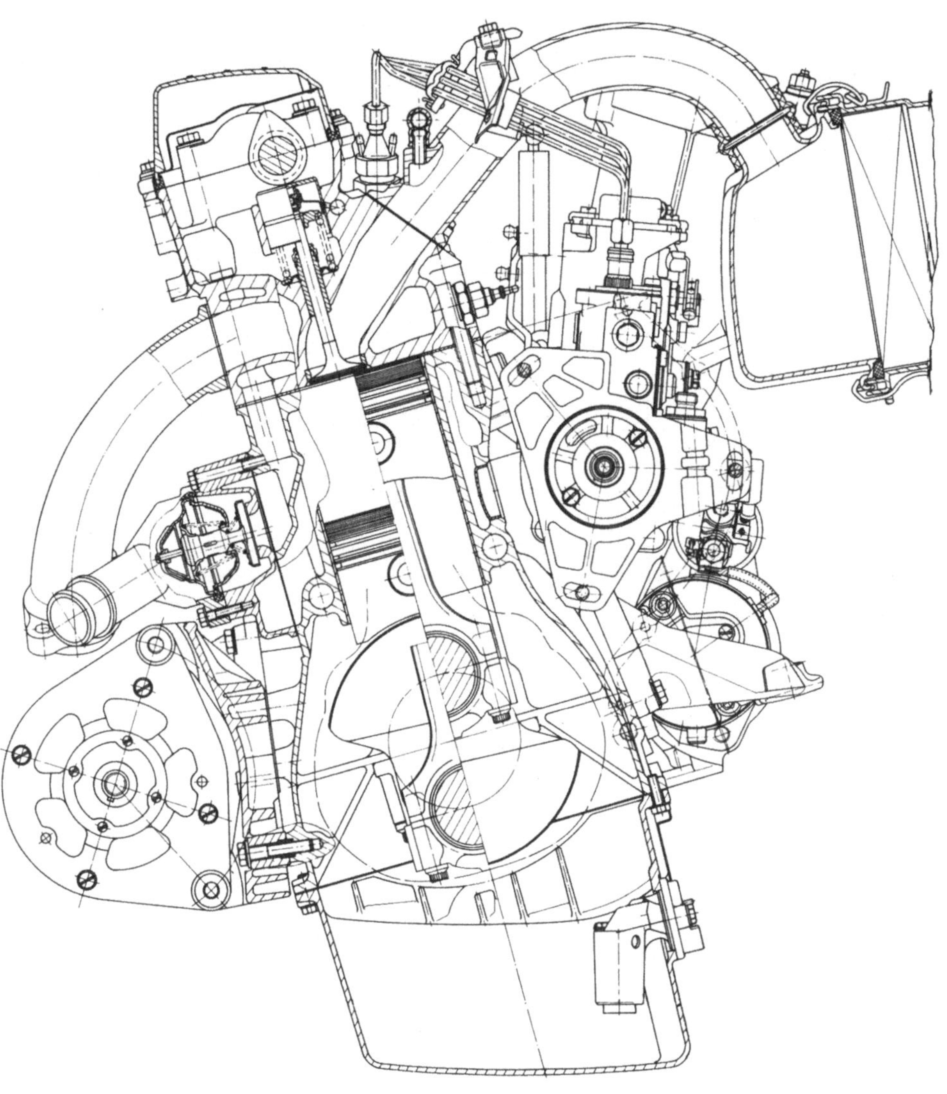

Bild 3.25a. Querschnitt des Vierzylinder-Viertakt-Pkw-Dieselmotors, Typ OM 601, der *Daimler-Benz AG*, Stuttgart-Untertürkheim. Bei diesem Motor wird das Vorkammerverfahren angewandt.

Hauptabmessungen: d = 87 mm, s = 84 mm.

Leistung: P_e = 53 kW bei n = 4600 1/min (p_e = 6,92 bar, P_e/V_{Hg} = 26,5 kW/l)

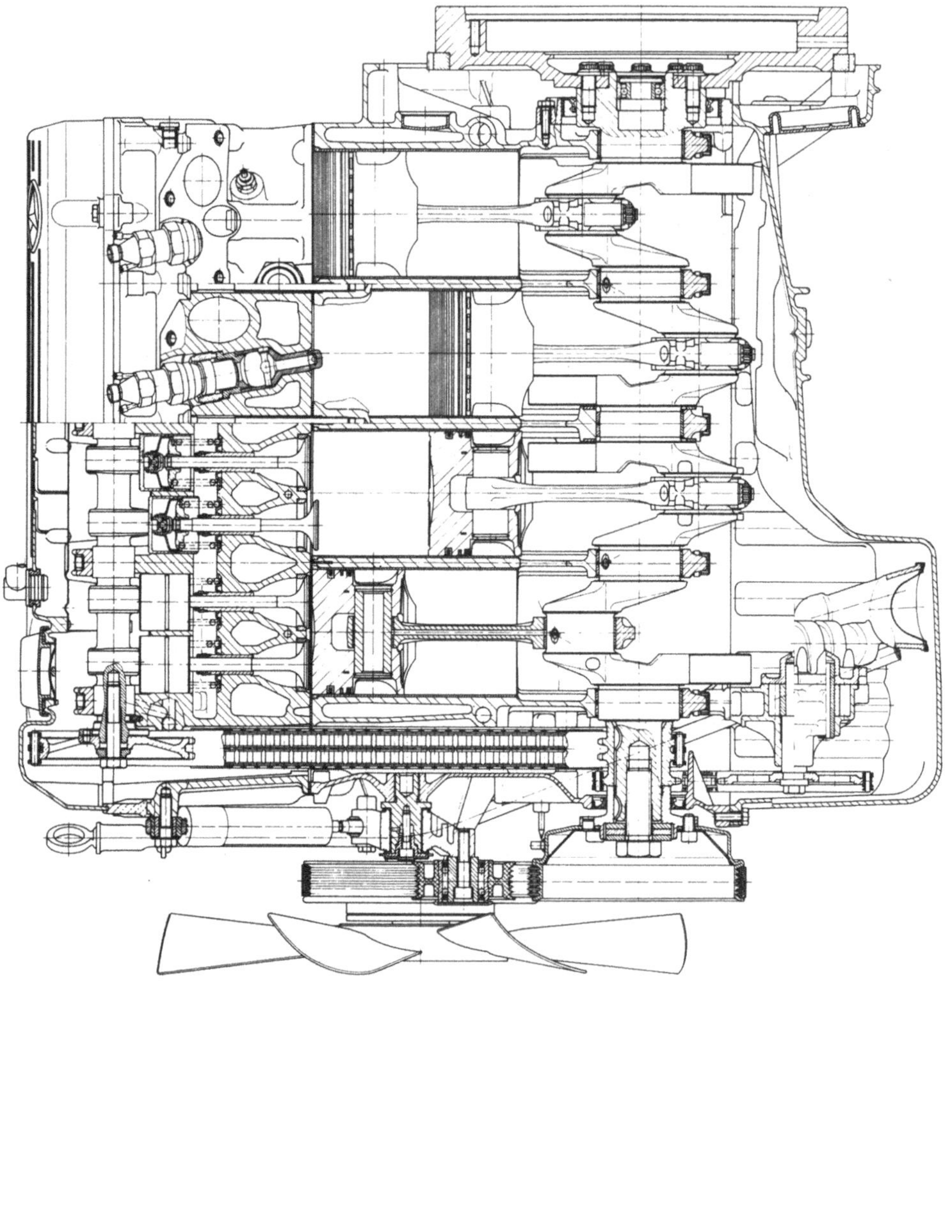

Bild 3.25b. Längsschnitt des Motors nach Bild 3.25a

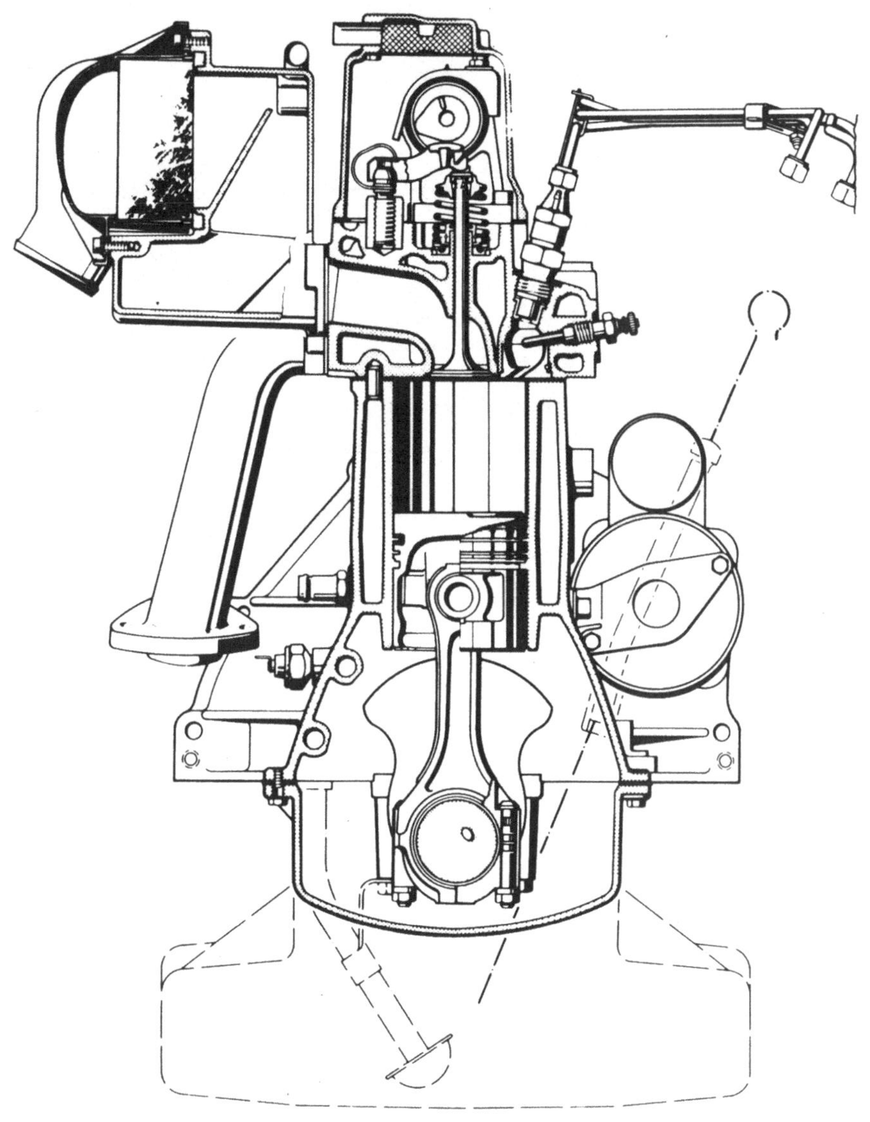

Bild 3.26a. Querschnitt des Vierzylinder-Viertakt-Pkw-Dieselmotors, Typ 23 YD, der *Adam Opel AG*, Rüsselsheim. Der Motor arbeitet nach dem Wirbelkammerprinzip.

Hauptabmessungen: d = 92 mm, s = 85 mm.
Leistung: P_e = 54 kW bei n = 4400 1/min (p_e = 6,52 bar, P_e/V_{Hg} = 23,9 kW/l)

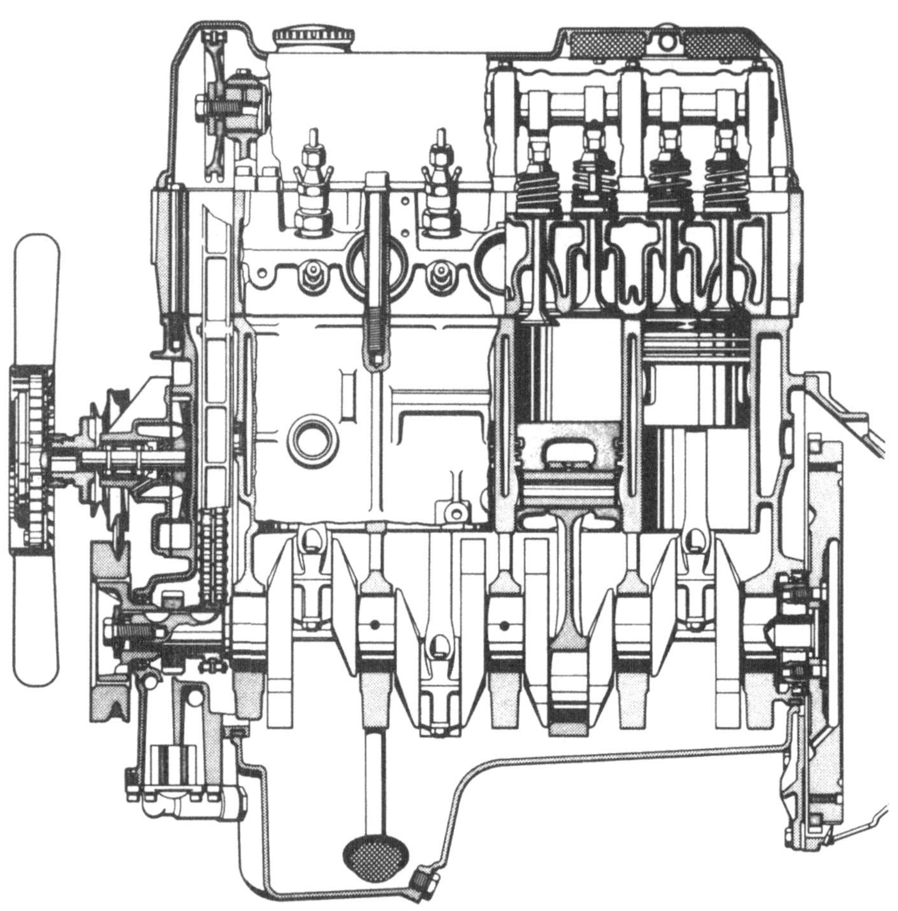

Bild 3.26b. Längsschnitt des Motors nach Bild 3.26a

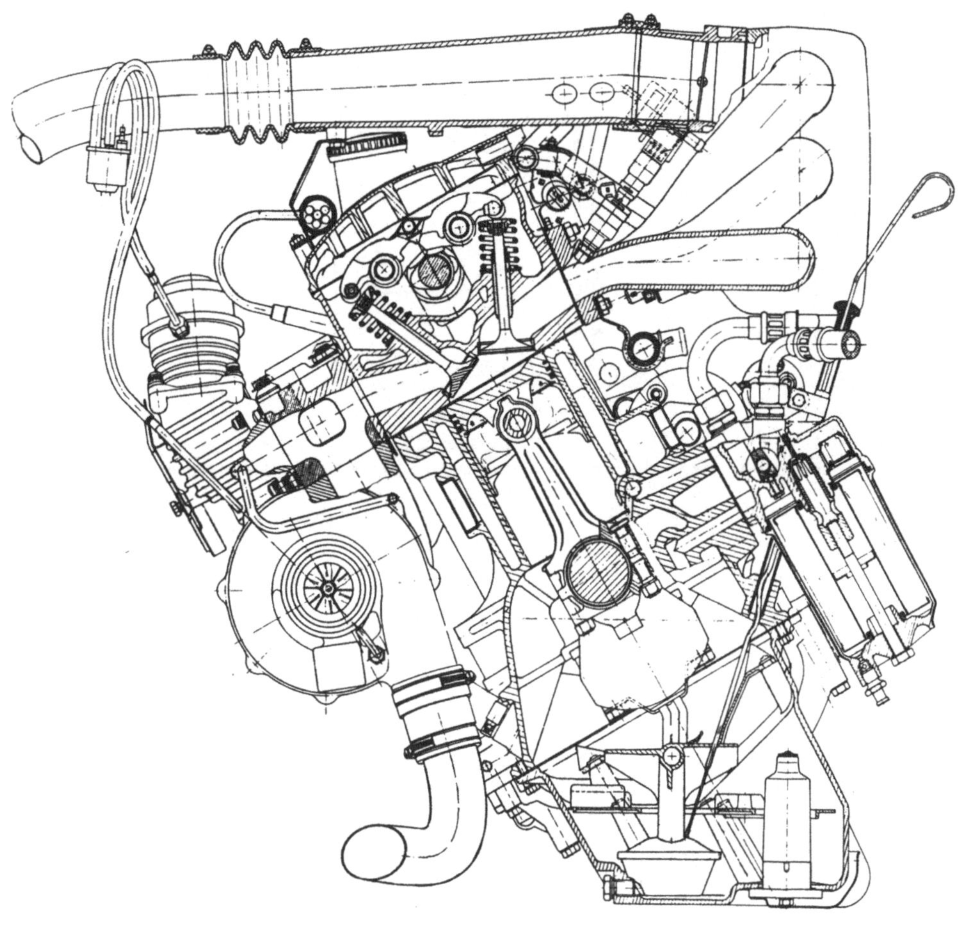

Bild 3.27a. Querschnitt des Sechszylinder-Viertakt-Boots-Dieselmotors, Typ D 636, der *BMW Marine GmbH*, München. Dieser Wirbelkammermotor arbeitet mit Abgasturboaufladung.

Hauptabmessungen: d = 92 mm, s = 90 mm.

Leistung: P_e = 132 kW bei n = 3800 1/min (p_e = 11,61 bar, P_e/V_{Hg} = 36,8 kW/l)

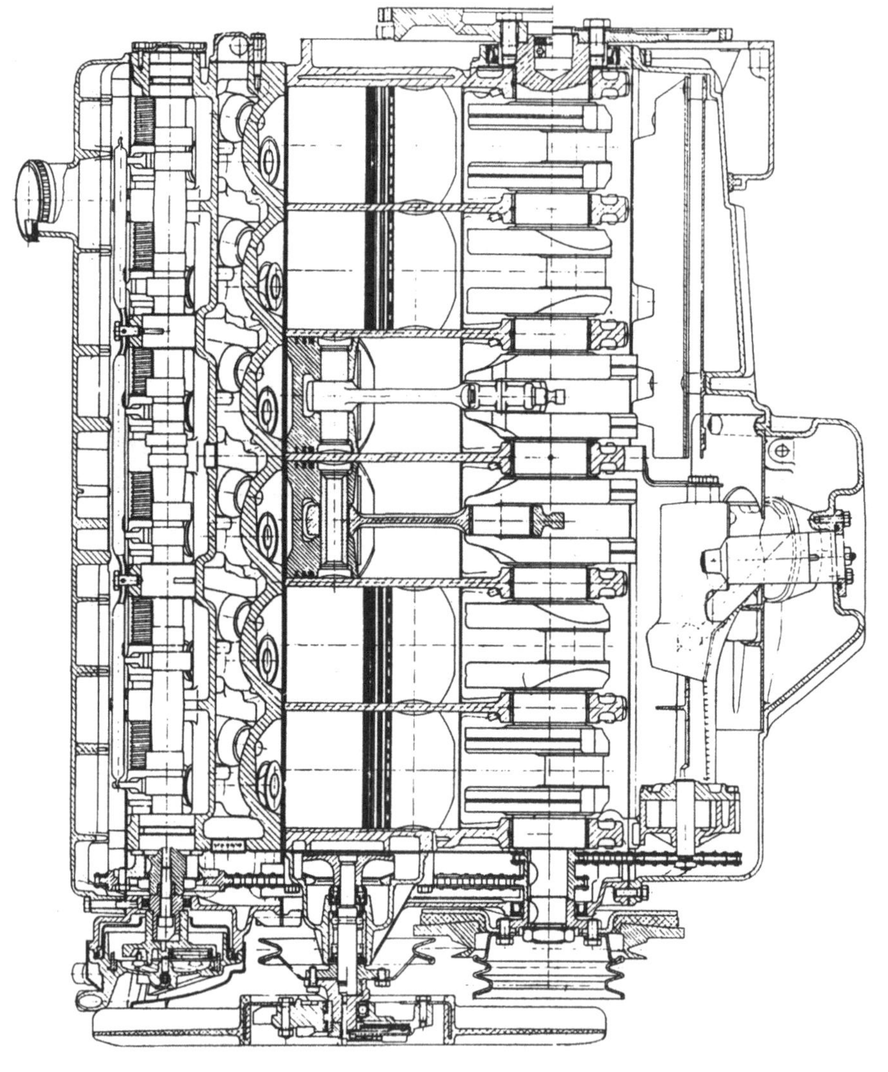

Bild 3.27b. Längsschnitt des Motors nach Bild 3.27a

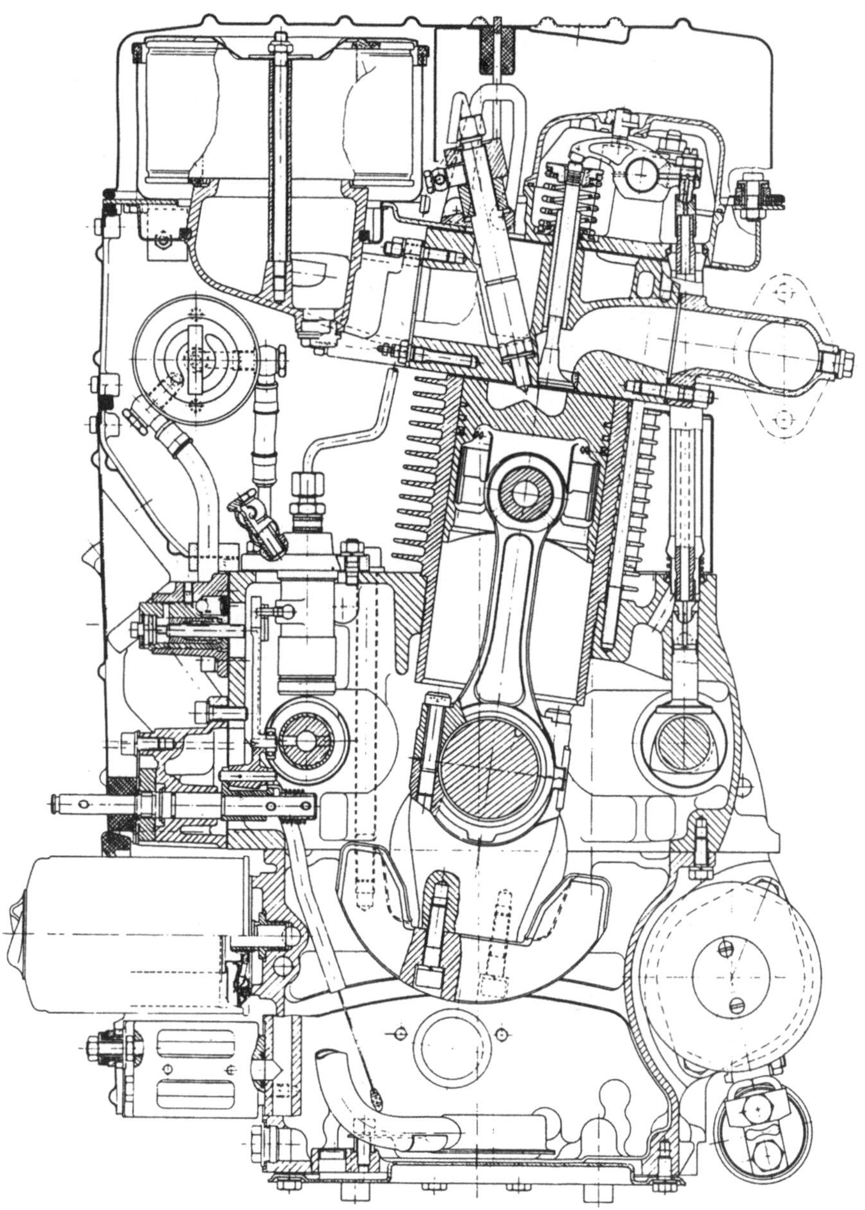

Bild 3.28a. Querschnitt des Zweizylinder-Viertakt-Einbau-Dieselmotors, Typ 2L 30 S, der *Motorenfabrik Hatz GmbH u. Co KG*, Ruhstorf a.d. Rott. Der Motor ist luftgekühlt und arbeitet mit direkter Einspritzung.

Hauptabmessungen: d = 95 mm, s = 100 mm.

Leistung: P_e = 22 kW bei n = 3000 1/min (p_e = 6,21 bar, P_e/V_{Hg} = 15,5 kW/l)

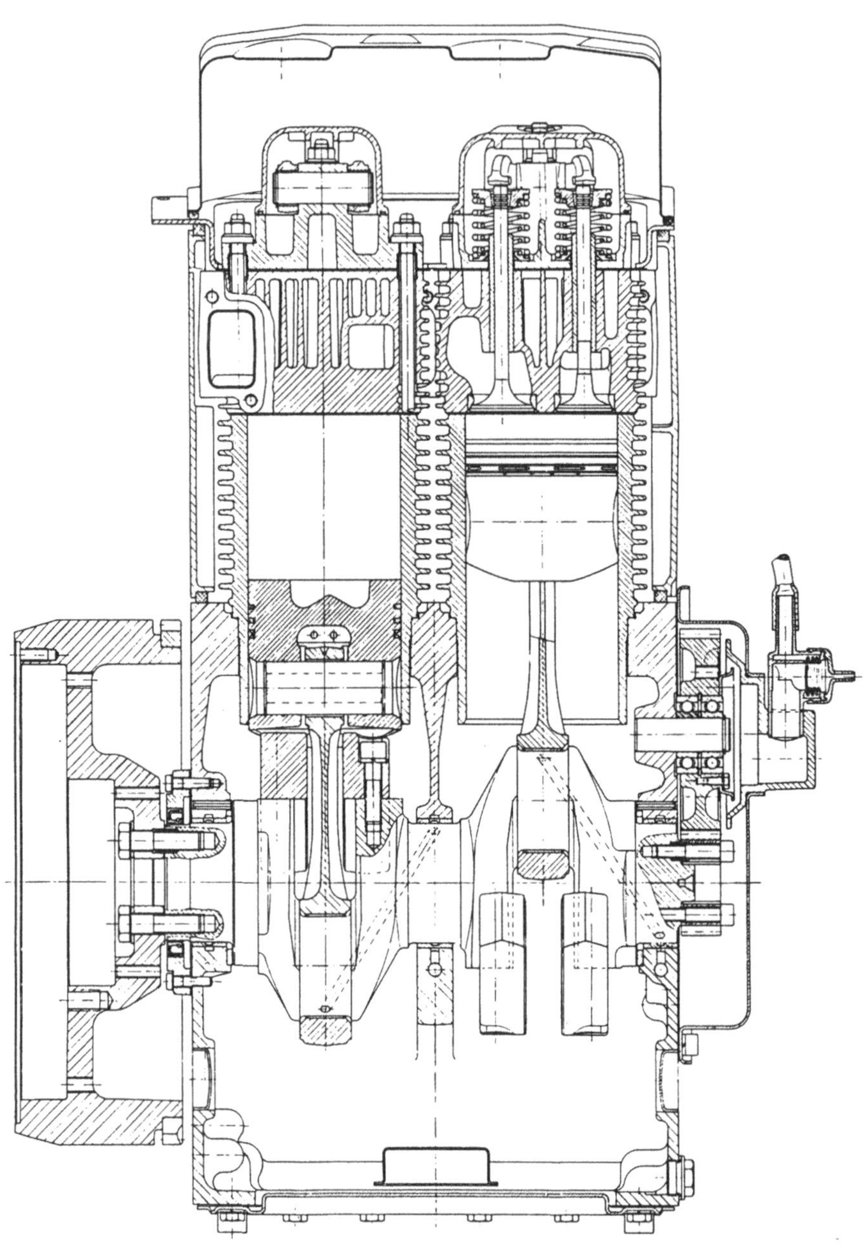

Bild 3.28b. Längsschnitt des Motors nach Bild 3.28a

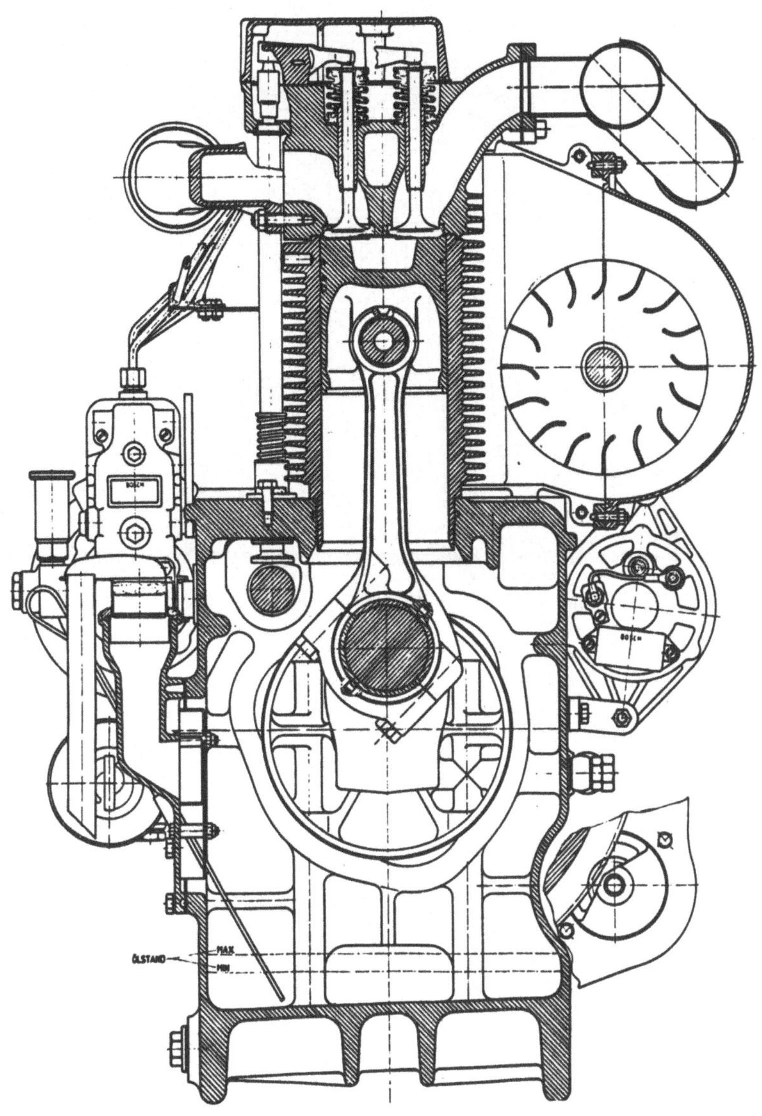

Bild 3.29. Querschnitt des Sechszylinder-Viertakt-Traktor-Dieselmotors, Typ EDL 6-6, der *Eicher GmbH*, Landau/Isar. Dieser luftgekühlte Direkteinspritzer arbeitet mit Abgasturboaufladung.

Hauptabmessungen: d = 100 mm, s = 125 mm.

Leistung: P_e = 107 kW bei n = 2200 1/min (p_e = 9,91 bar, P_e/V_{Hg} = 18,2 kW/l)

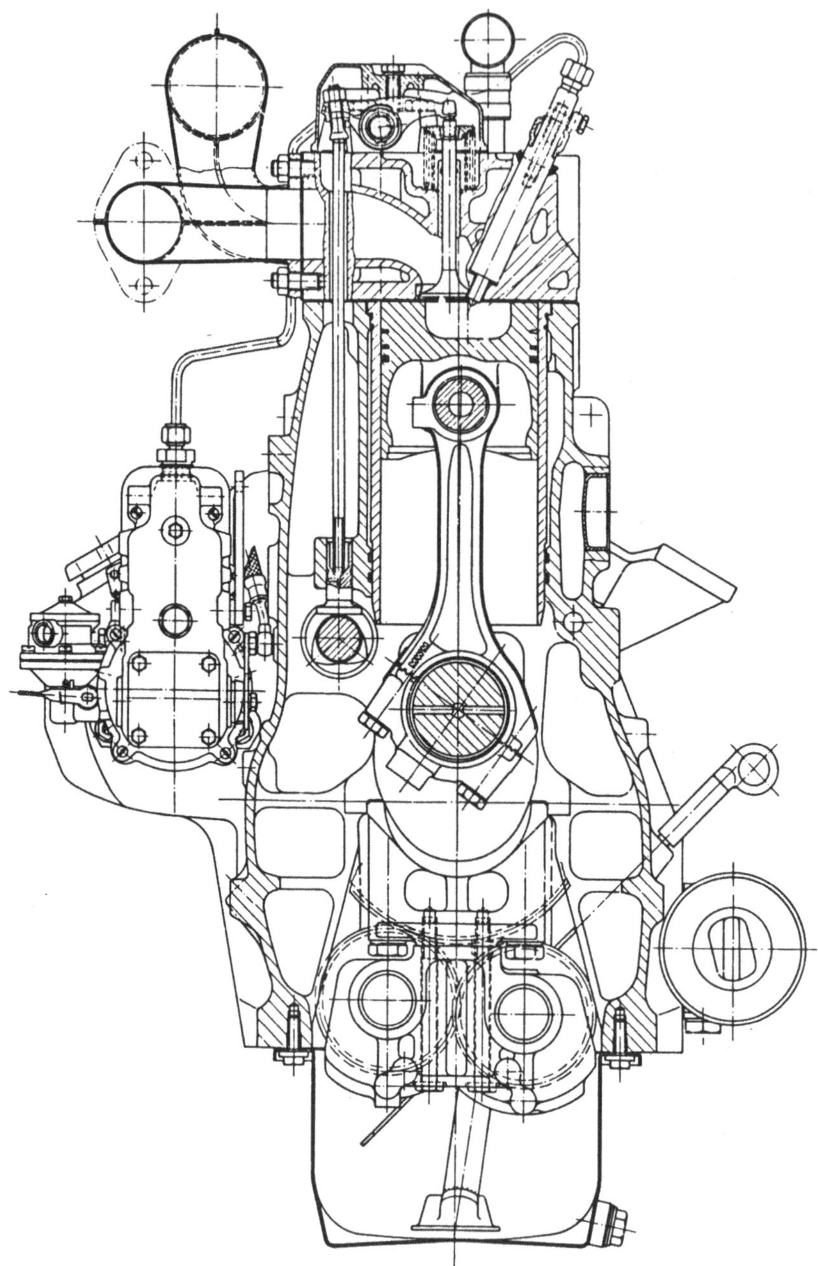

Bild 3.30a. Querschnitt des direkteinspritzenden Vierzylinder-Viertakt-Traktor-Dieselmotors, Typ D 226 B-4, der *Motoren-Werke Mannheim AG*, Mannheim.

Hauptabmessungen: d = 105 mm, s = 120 mm.
Leistung: P_e = 73,5 kW bei n = 3000 1/min (p_e = 7,07 bar, P_e/V_{Hg} = 17,7 kW/l)

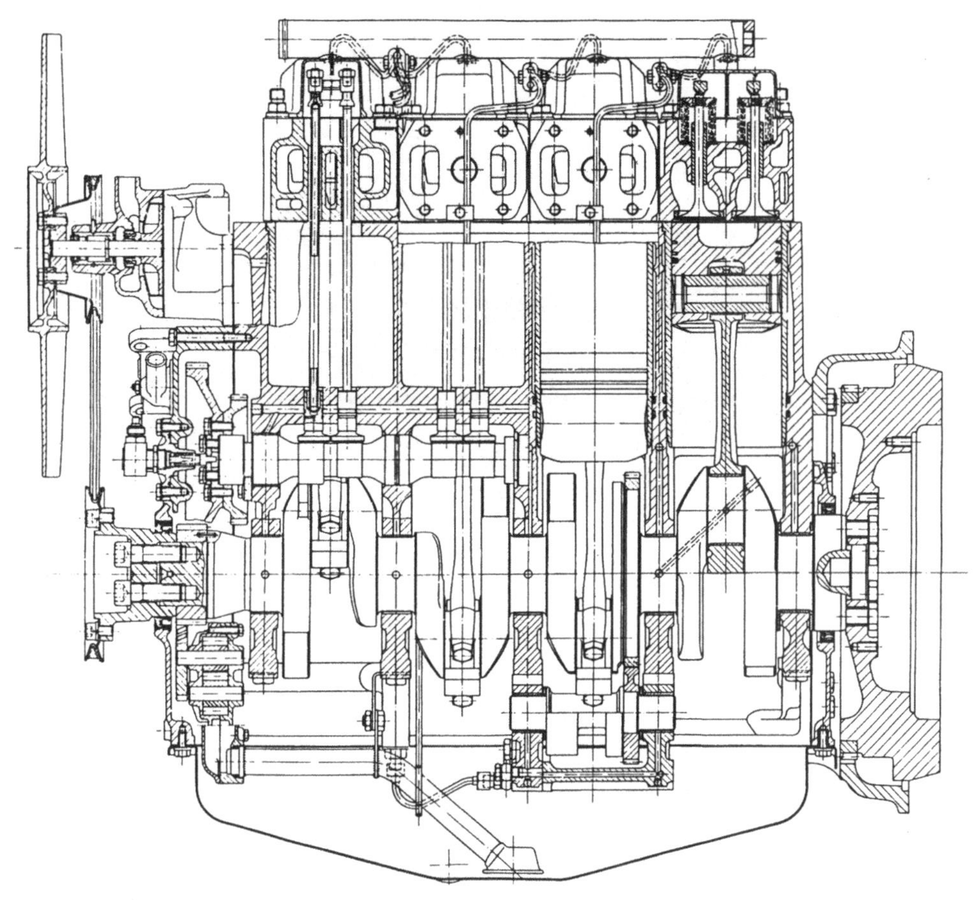

Bild 3.30b. Längsschnitt des Motors nach Bild 3.30a

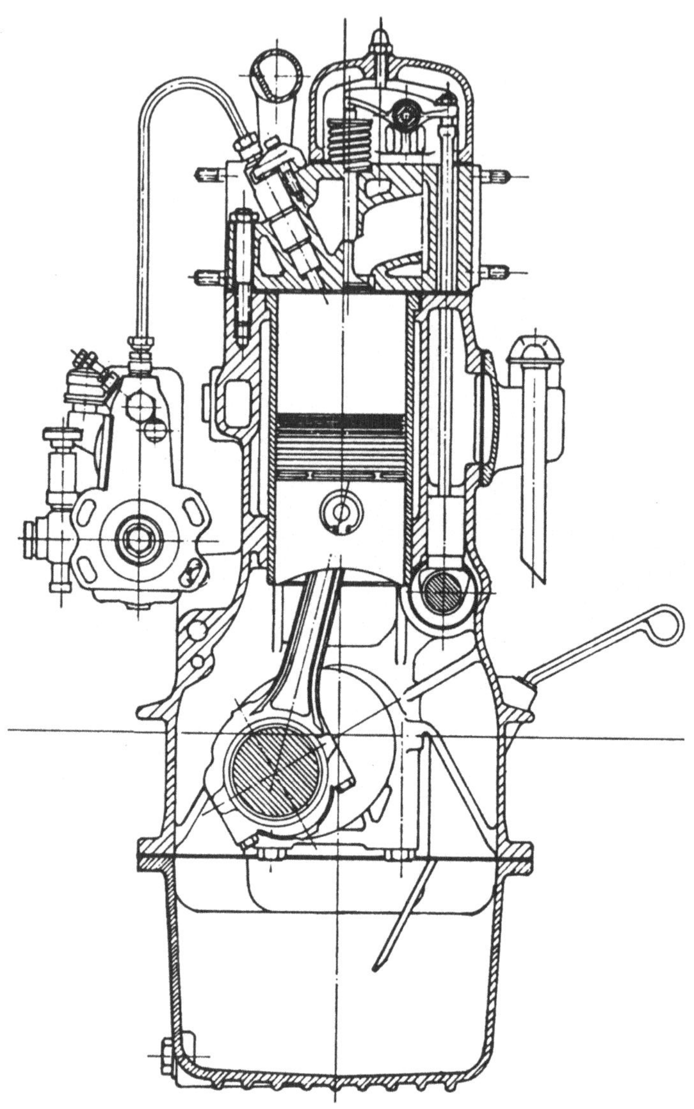

Bild 3.31a. Querschnitt des direkteinspritzenden Sechszylinder-Viertakt-Traktor-Dieselmotors, Typ SDMW 6, der *Motorenfabrik Anton Schlüter München*, Freising.

Hauptabmessungen: d = 112 mm, s = 125 mm.

Leistung: P_e = 96 kW bei n = 2000 1/min (p_e = 7,8 bar, P_e/V_{Hg} = 13 kW/l)

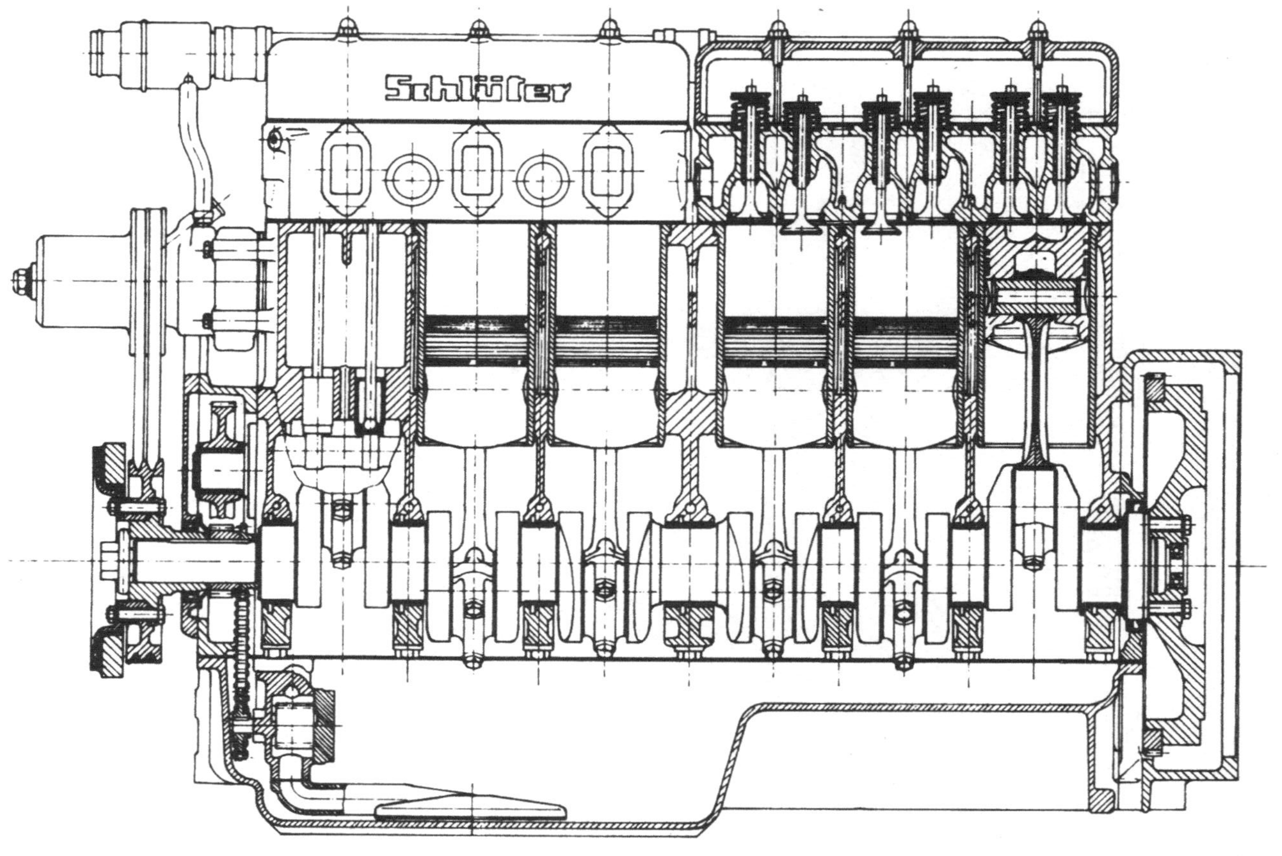

Bild 3.31b. Längsschnitt des Motors nach Bild 3.31a

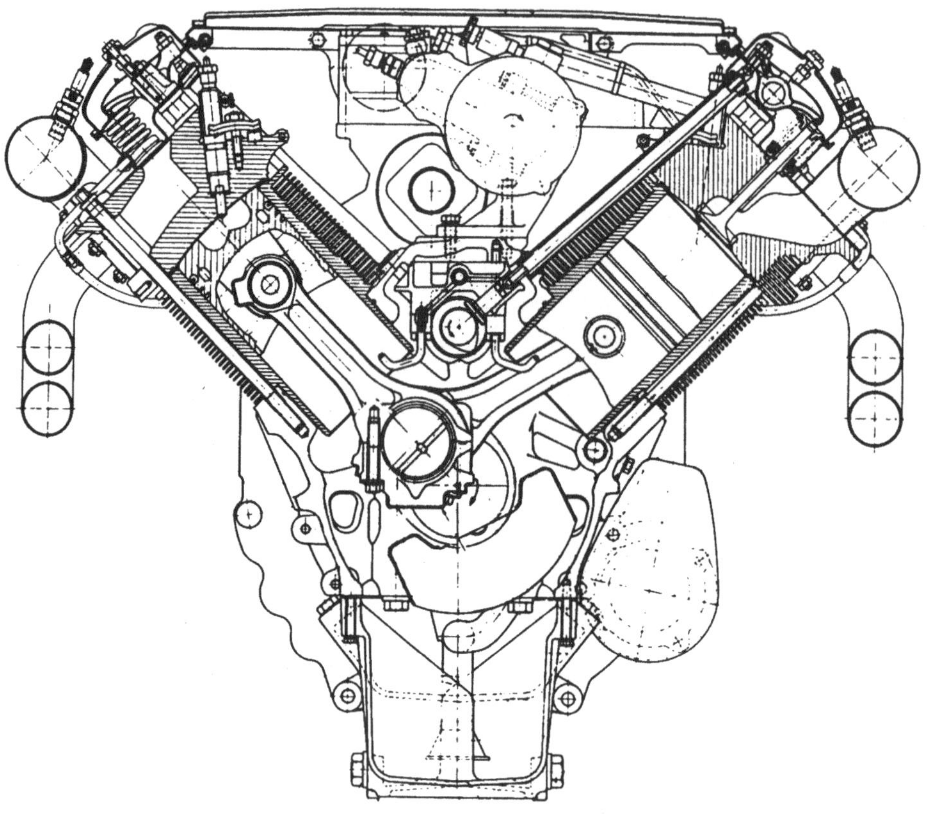

Bild 3.32a. Querschnitt des V-Achtzylinder-Viertakt-Nutzfahrzeug-Dieselmotors, Typ BF 8L 513, der *Klöckner-Humboldt-Deutz AG*, Köln-Deutz. Der direkteinspritzende und luftgekühlte Motor arbeitet mit Abgasturboaufladung.

Hauptabmessungen: d = 125 mm, s = 130 mm.

Leistung: P_e = 235 kW bei n = 2300 1/min (p_e = 9,61 bar, P_e/V_{Hg} = 18,4 kW/l)

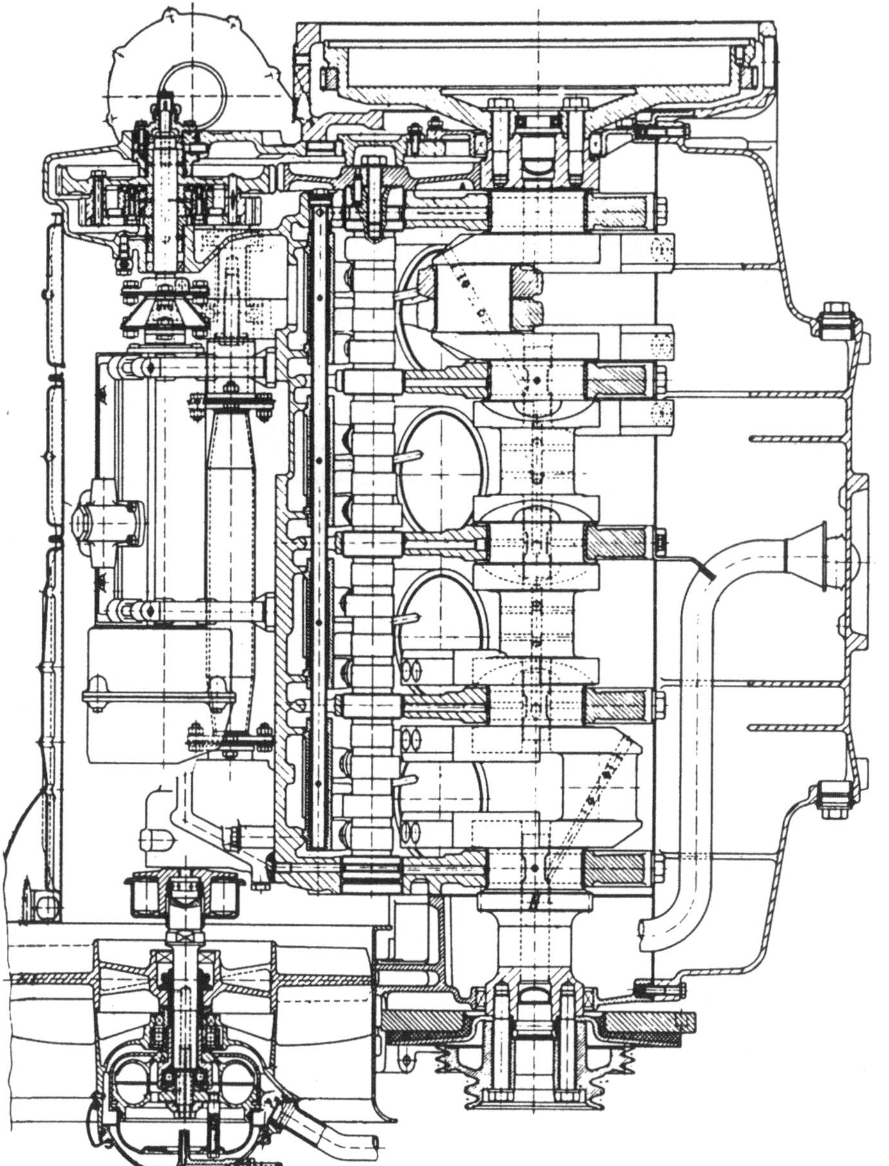

Bild 3.32 b. Längsschnitt des Motors nach Bild 3.32a

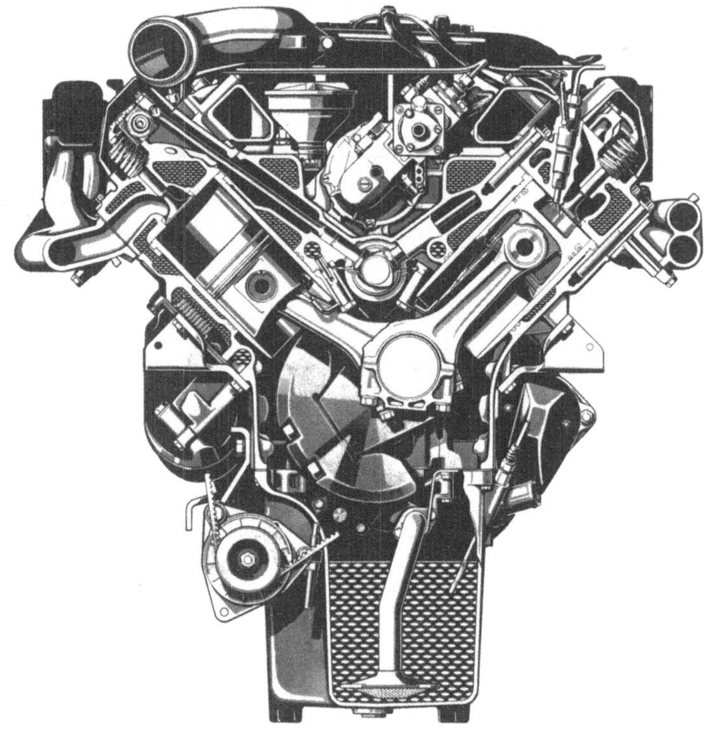

Bild 3.33a. Querschnitt des V-Achtzylinder-Viertakt-Nutzfahrzeug-Dieselmotors, Typ OM 422 LA, der *Daimler-Benz AG*, Stuttgart-Untertürkheim. Der Direkteinspritzer ist abgasturboaufgeladen.

Hauptabmessungen: d = 128 mm, s = 142 mm.
Leistung: P_e = 320 kW bei n = 2100 1/min (p_e = 12,51 bar, P_e/V_{Hg} = 21,9 kW/l)

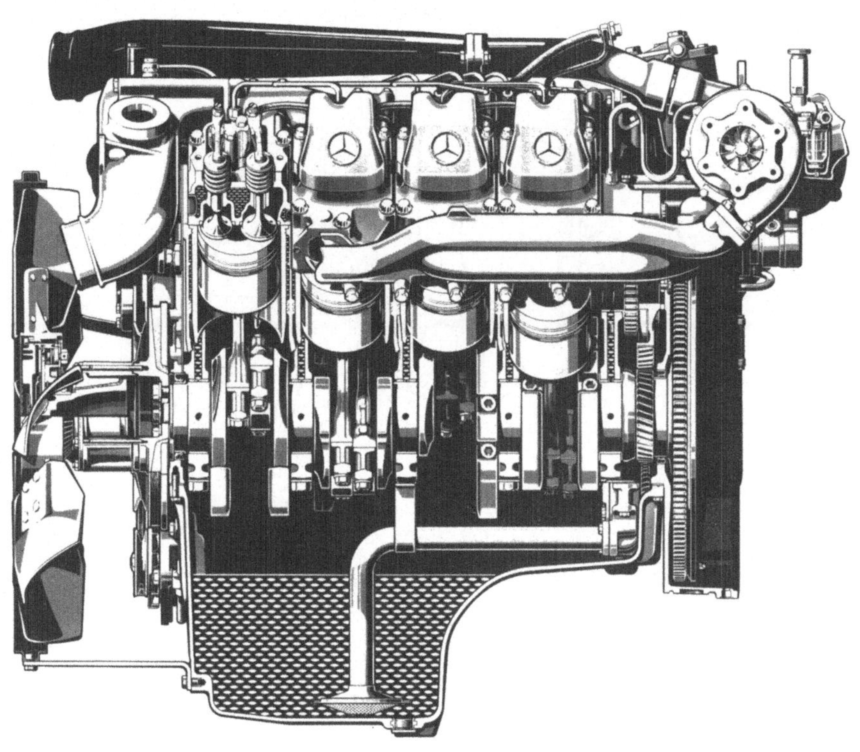

Bild 3.33b. Längsschnitt des Motors nach Bild 3.33a

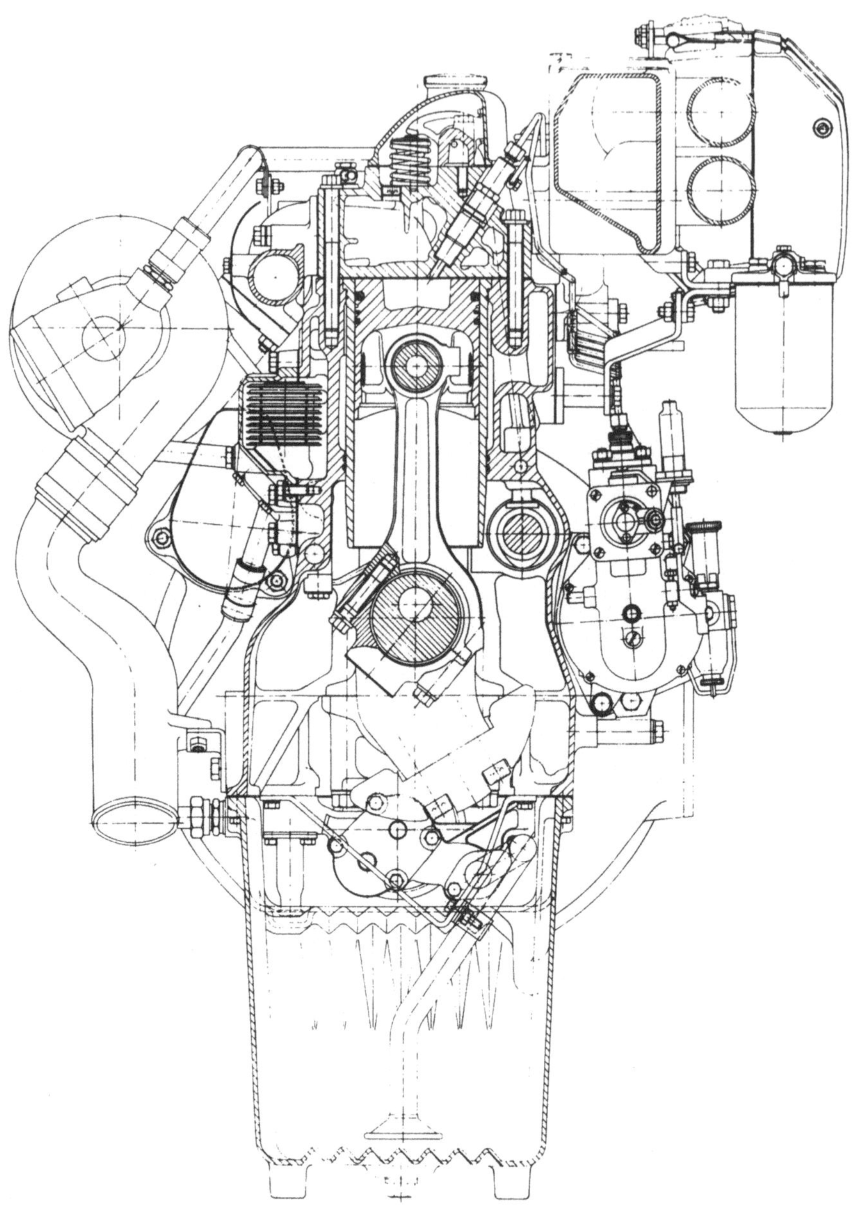

Bild 3.34a. Querschnitt des Sechszylinder-Viertakt-Nutzfahrzeug-Dieselmotors, Typ D 2866 KFZ, der *MAN Nutzfahrzeuge GmbH*, Nürnberg. Dieser Direkteinspritzer arbeitet mit Abgasturboaufladung in Kombination mit einer Schwingungsaufladung.

Hauptabmessungen: d = 128 mm, s = 155 mm.
Leistung: P_e = 265 kW bei n = 2200 1/min (p_e = 12,08 bar, P_e/V_{Hg} = 22,1 kW/l)

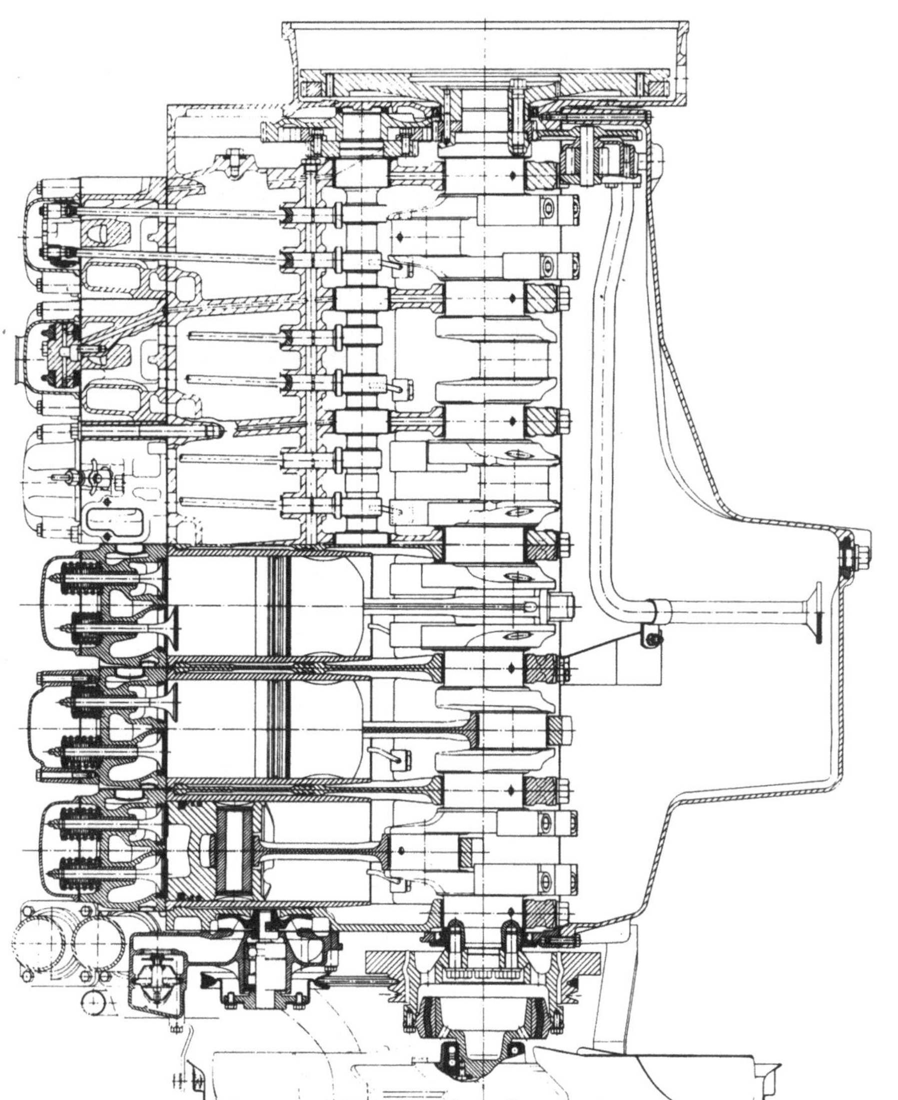

Bild 3.34b. Längsschnitt des Motors nach Bild 3.34a

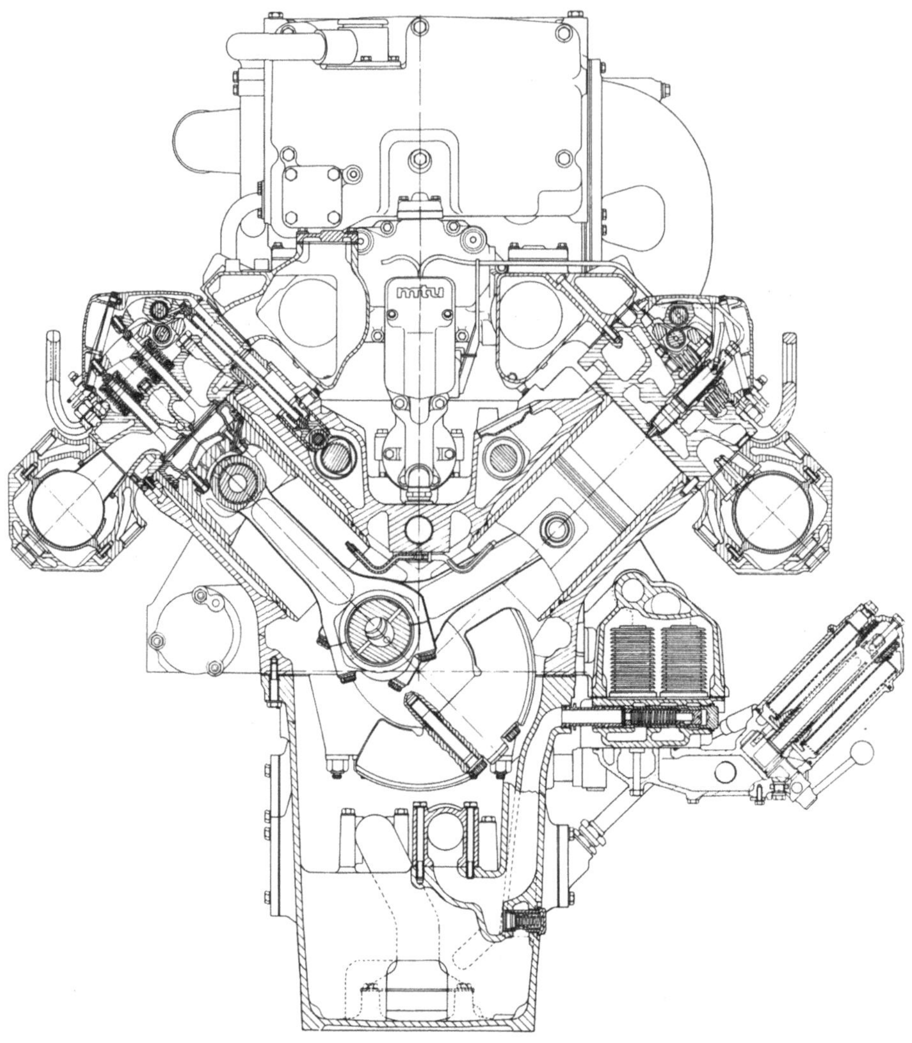

Bild 3.35a. Querschnitt des V-Sechzehnzylinder-Viertakt-Dieselmotors, Typ 16 V 396 T..4, der *MTU Motoren- und Turbinen-Union Friedrichshafen GmbH*, Friedrichshafen. Dieser direkteinspritzende und abgasturboaufgeladene Motor wird z.B. in Schiffen oder bei der Eisenbahn eingesetzt.

Hauptabmessungen: d = 165 mm, s = 185 mm.
Leistung: P_e = 2130 kW bei n = 1975 1/min (p_e = 20,45 bar, P_e/V_{Hg} = 33,7 kW/l)

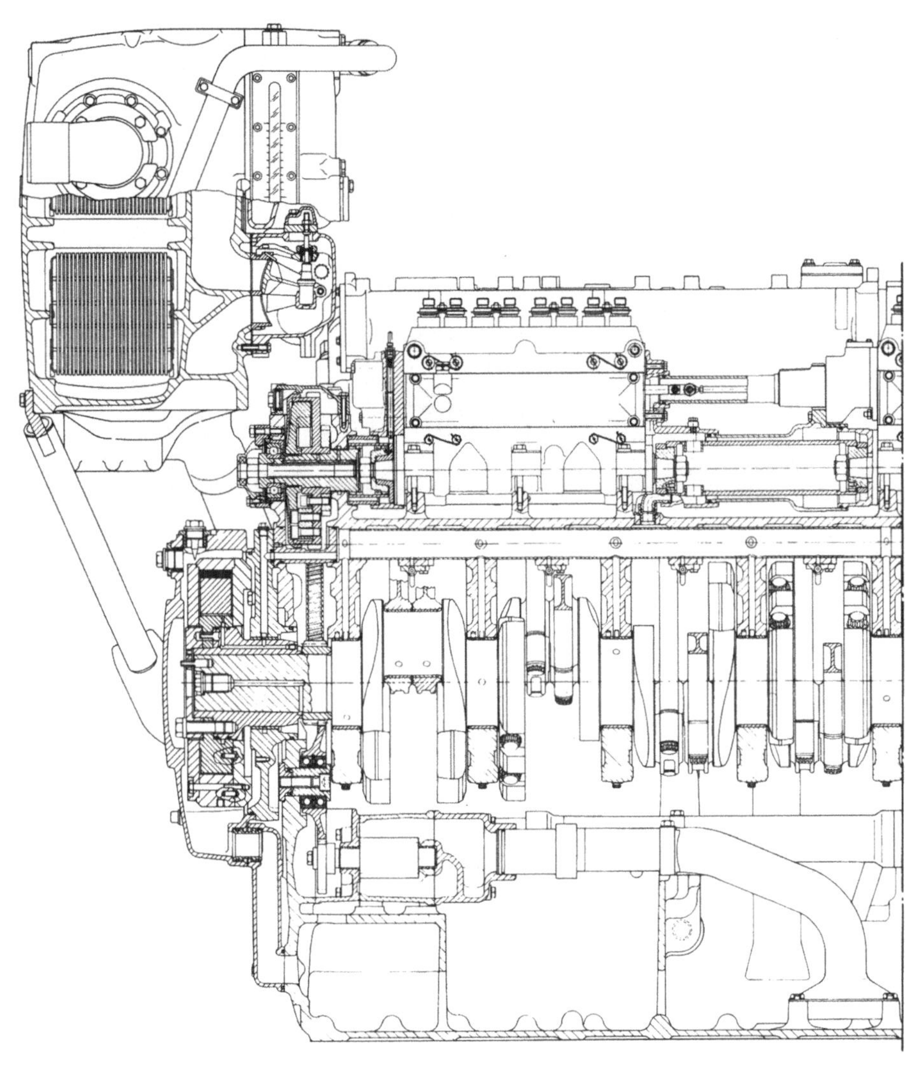

Bild 3.35b. Teillängsschnitt des Motors nach Bild 3.35a

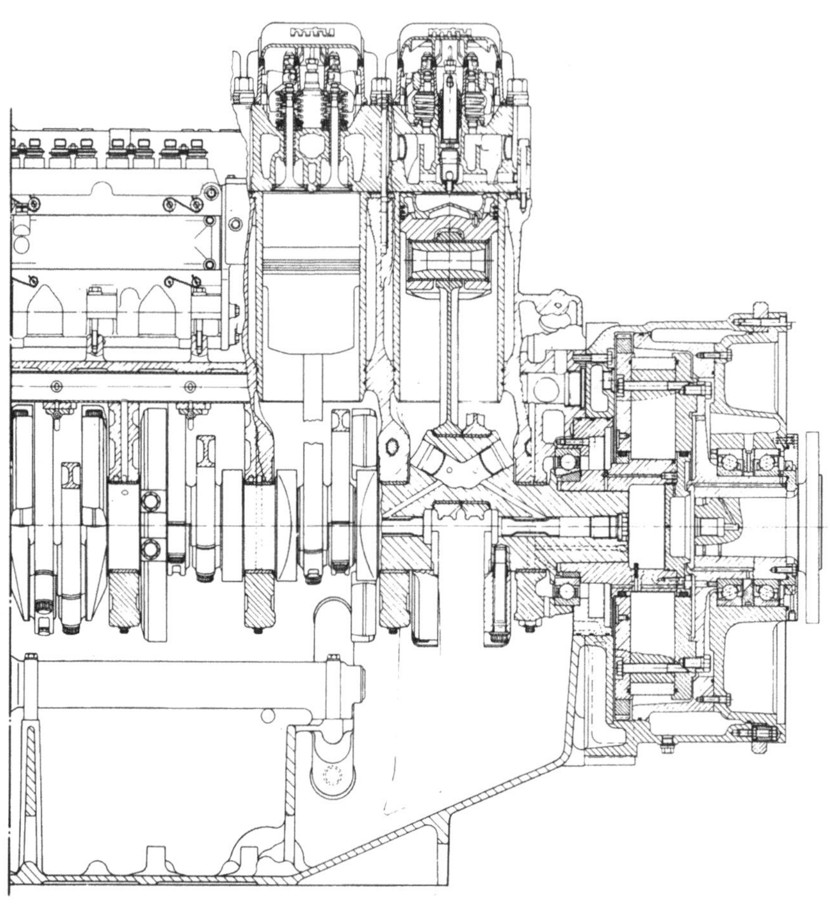

Bild 3.35c. Teillängsschnitt des Motors nach Bild 3.35a

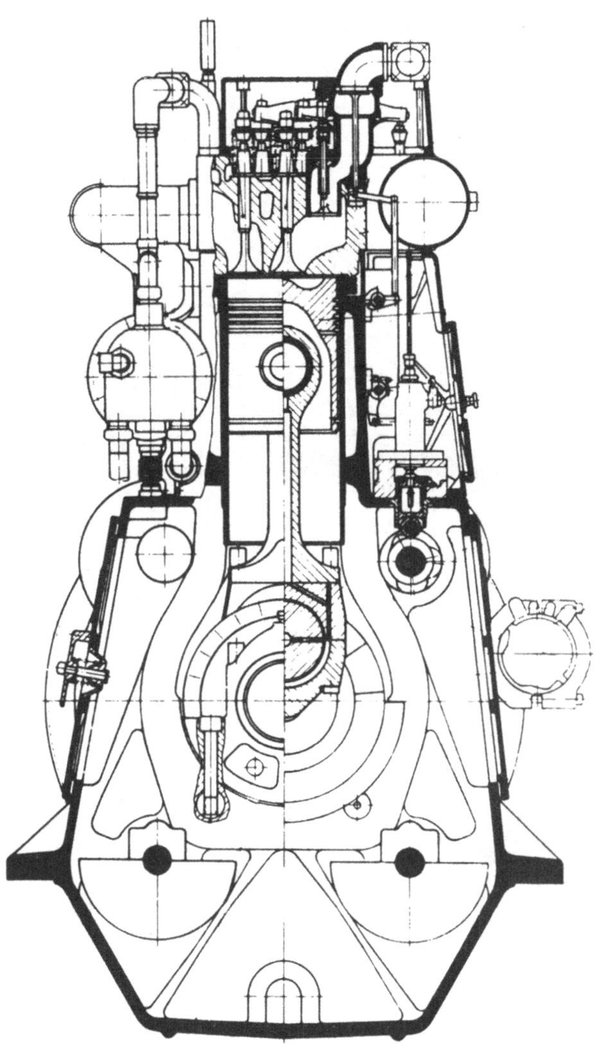

Bild 3.36a. Querschnitt des direkteinspritzenden und abgasturboaufgeladenen Zweizylinder-Viertakt-Stationär-Dieselmotors, Typ 2 A 27, der *Spillingwerk GmbH*, Hamburg.

Hauptabmessungen: d = 250 mm, s = 270 mm.

Leistung: P_e = 220 kW bei n = 1000 1/min (p_e = 9,96 bar, P_e/V_{Hg} = 8,3 kW/l)

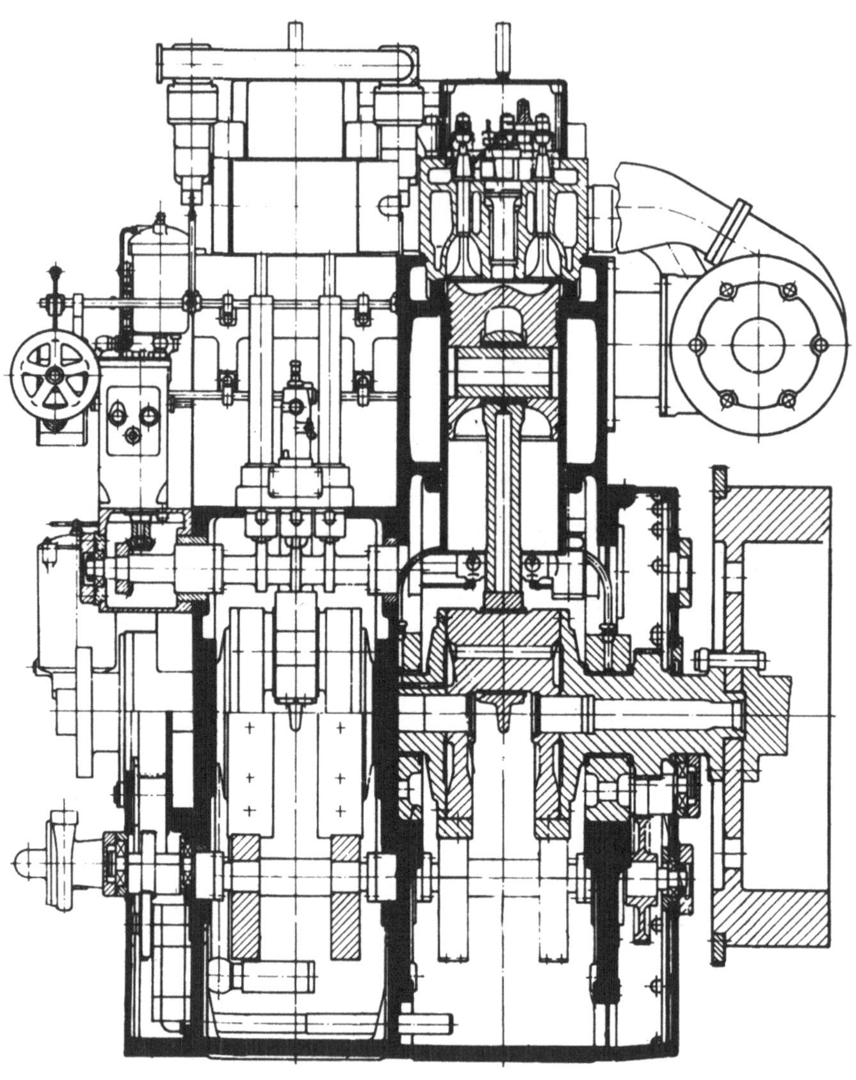

Bild 3.36b. Längsschnitt des Motors nach Bild 3.36a

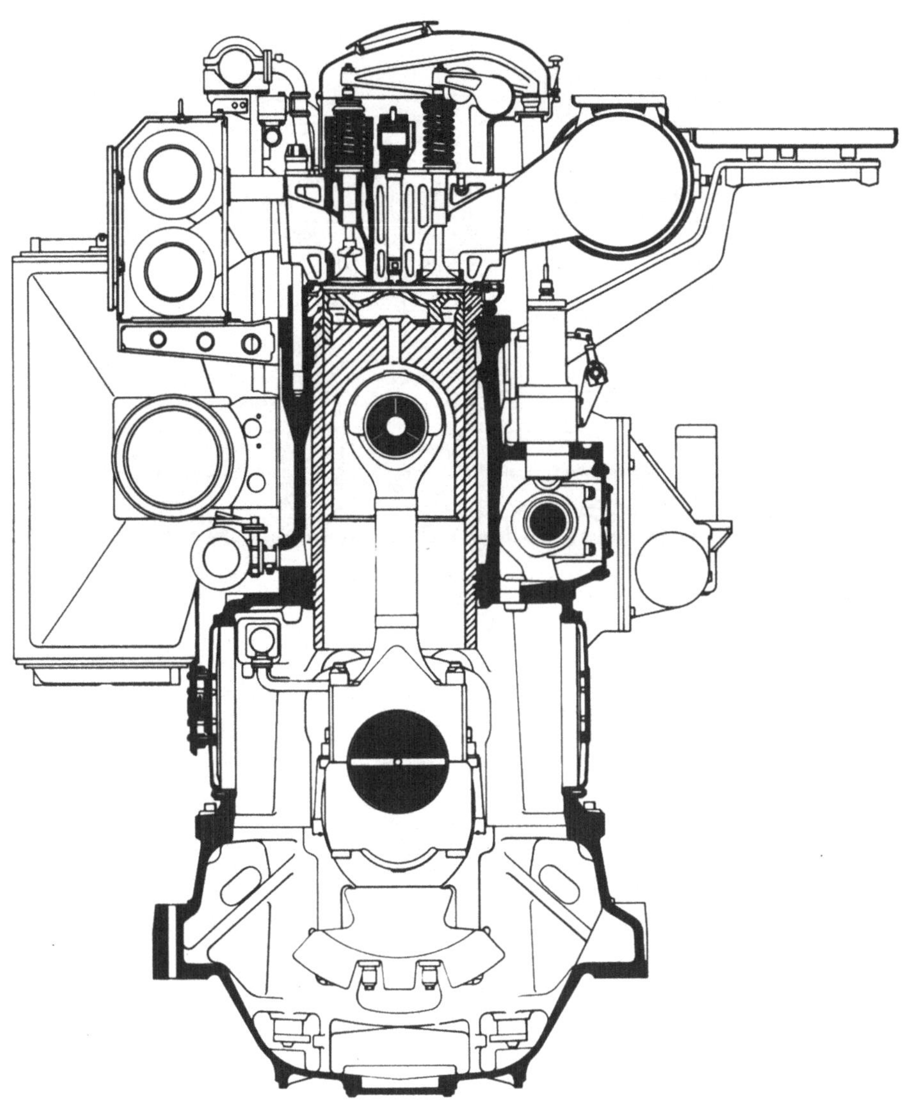

Bild 3.37. Querschnitt des direkteinspritzenden, abgasturboaufgeladenen Viertakt-Schiffs-Dieselmotors, Typ M 601, der *Krupp MaK Maschinenbau GmbH*, Kiel-Friedrichsort. Er wird als Sechs-, Acht- und Neunzylindermotor ausgeführt.

Hauptabmessungen: d = 580 mm, s = 600 mm.
Leistung: P_e = 1100 kW/Zyl. bei n = 425 1/min (p_e = 19,59 bar, P_e/V_{Hg} = 6,9 kW/l)

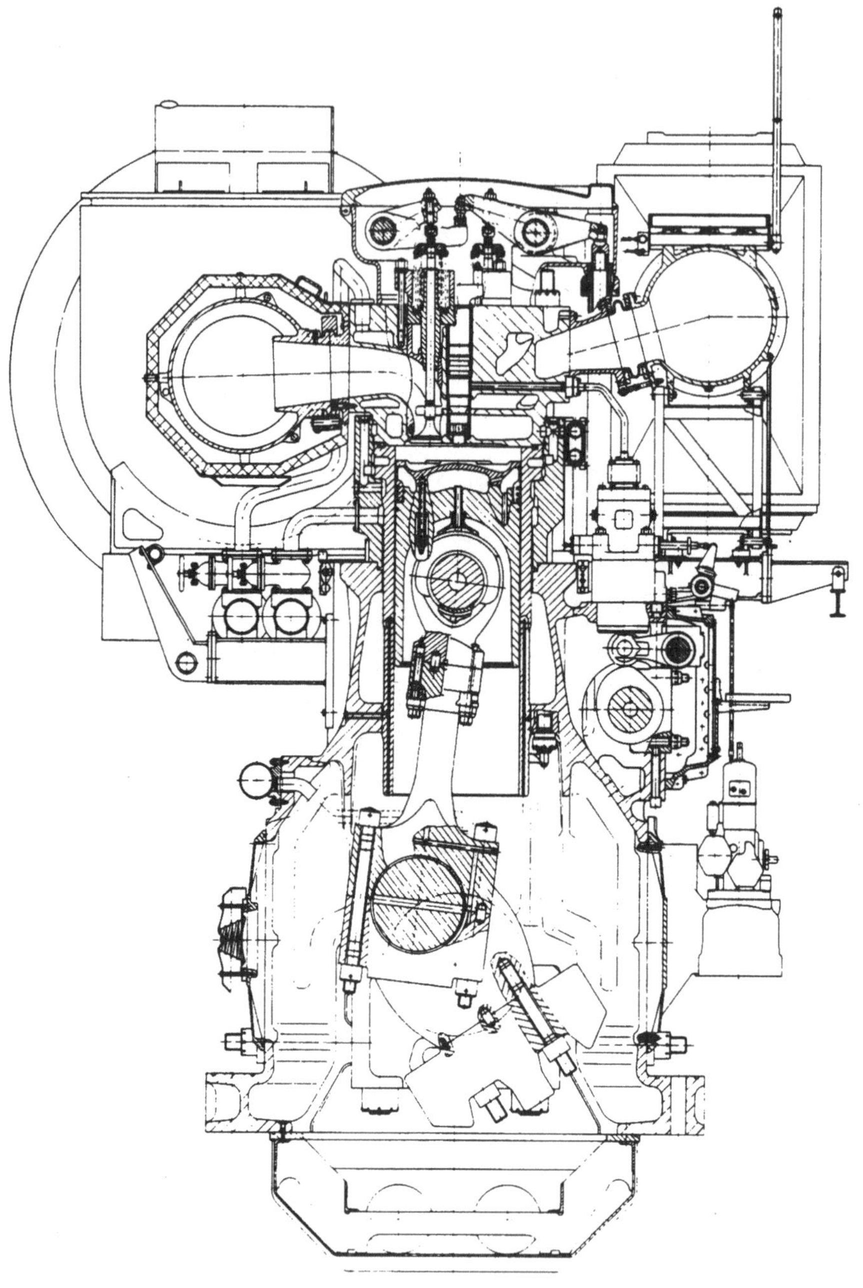

Bild 3.38a. Querschnitt des direkteinspritzenden, abgasturboaufgeladenen Siebenzylinder-Viertakt-Schiffs-Dieselmotors, Typ L 58/64, der *MAN-B&W Diesel A/S*, Kopenhagen.

Hauptabmessungen: d = 580 mm, s = 640 mm.
Leistung: P_e = 1325 kW/Zyl. bei n = 428 1/min (p_e = 21,97 bar, P_e/V_{Hg} = 7,8 kW/l)

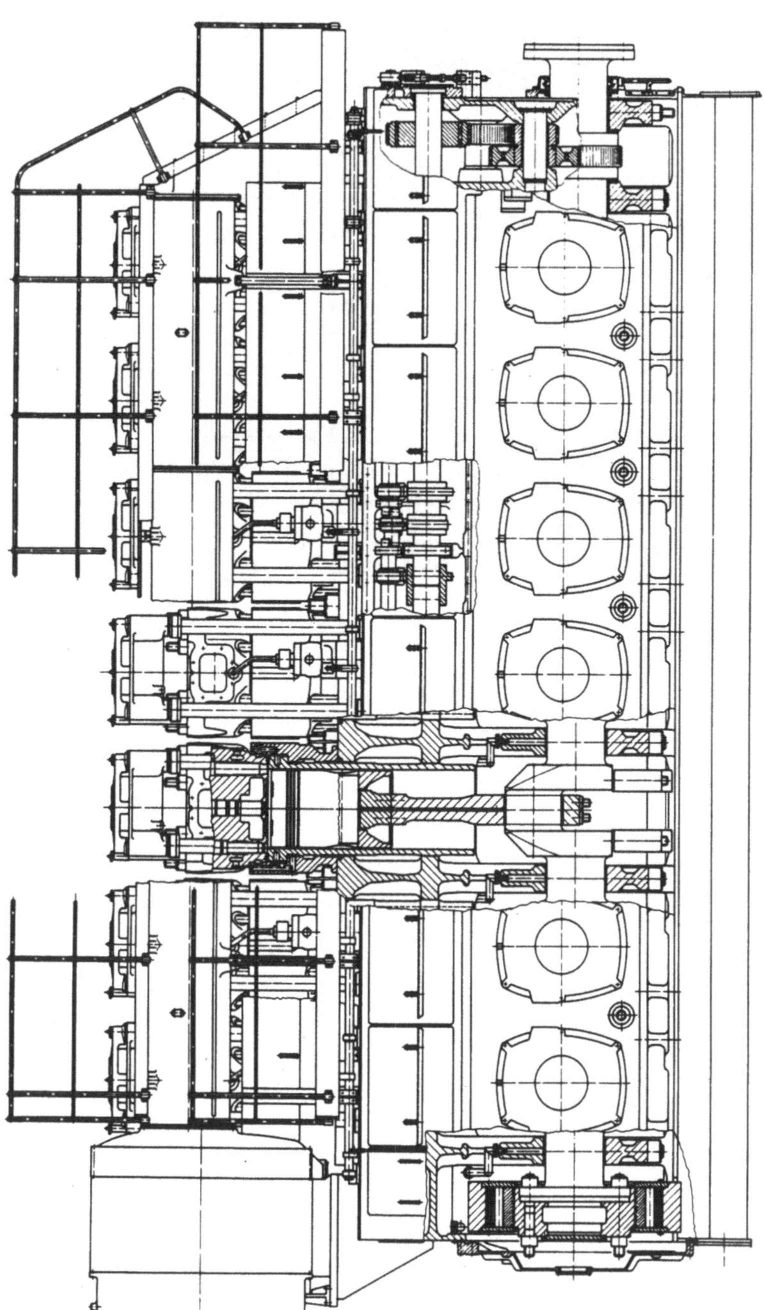

Bild 3.38b. Teillängsschnitt des Motors nach Bild 3.38a

112

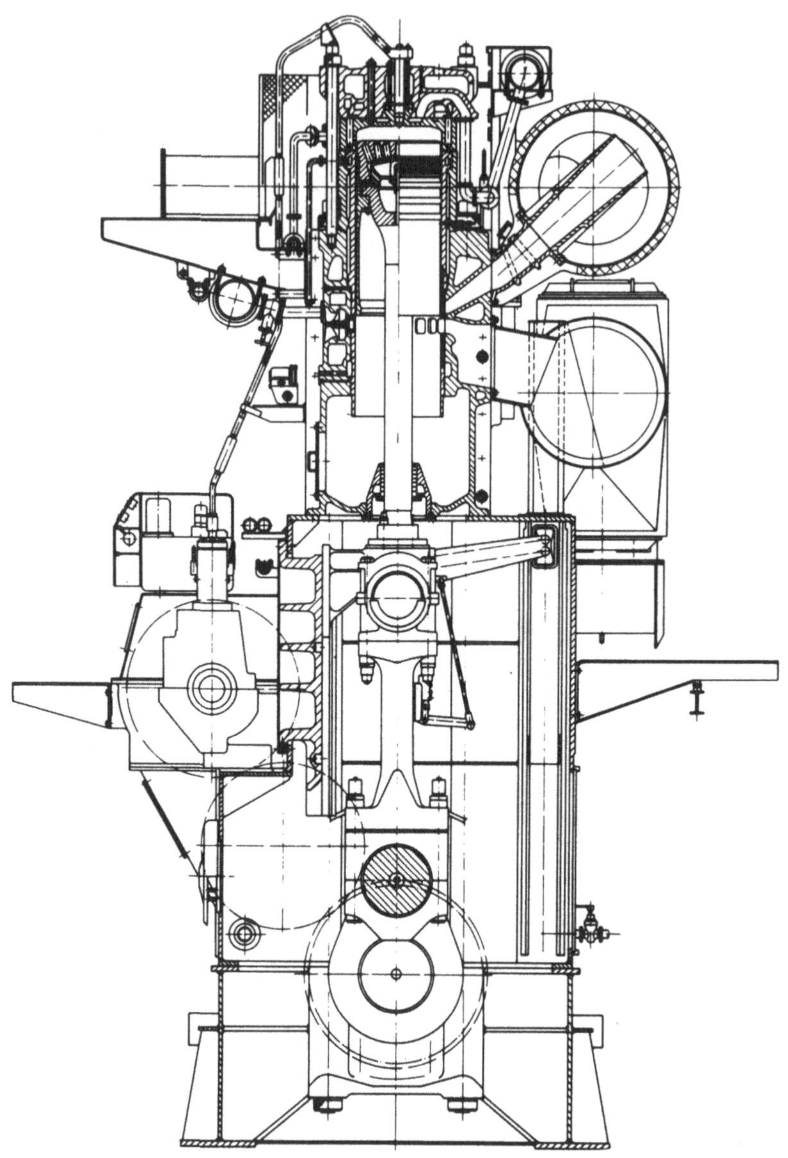

Bild 3.39. Querschnitt des direkteinspritzenden, abgasturboaufgeladenen Zweitakt-Schiffs-Dieselmotors, Typ KSZ 70/150 C/CL, der *Maschinenfabrik Augsburg-Nürnberg AG*, Augsburg. (Dieser mit vier bis zehn Zylindern gebaute und noch mit der *M.A.N.*-Umkehrspülung arbeitende Motor wurde inzwischen ersetzt durch einen gleichstromgespülten Typ der *MAN-B&W Diesel A/S*, Kopenhagen.)

Hauptabmessungen: d = 700 mm, s = 1500 mm.
Leistung: P_e = 1650 kW/Zyl. bei n = 120 1/min (p_e = 14,29 bar, P_e/V_{Hg} = 2,9 kW/l)

4 Zündung und Verbrennung

4.1 Reaktionsmechanismen

Zur Einleitung einer chemischen Reaktion müssen die Reaktionspartner ein Mindestenergieniveau (Aktivierungsenergie) besitzen, das für die Aufspaltung bestehender Bindungen oder auch nur für die Verzerrung der Molekülstruktur zur Herstellung einer für den Reaktionsangriff günstigen Orientierung der Molekülbausteine benötigt wird. Da der Gesamtenergiegehalt einer Gasmasse nach den Gesetzen der Statistik auf die Einzelmoleküle verteilt ist (*Maxwell-Boltzmann*-Verteilung [18]), gibt es immer nur eine bestimmte Anzahl von Molekülen der miteinander reagierenden Substanzen, deren Energiegehalt mindestens so groß ist wie die Aktivierungsenergie. Dieser Anteil wird mit zunehmender Gemischtemperatur sehr schnell vergrößert, so daß mit der Temperatur auch die Reaktionsgeschwindigkeit rasch anwächst. Die Umsatzgeschwindigkeit wird natürlich auch mitbestimmt durch die Anzahl der pro Zeiteinheit stattfindenden Molekülkollisionen, die wiederum abhängig ist von der Gasdichte bzw. vom Gasdruck. Schließlich ist auch die Zusammensetzung des Reaktionsgemisches für die Geschwindigkeit des Reaktionsablaufs von größter Bedeutung, denn ein Stoffumsatz kann ja nur durch eine Kollision von Reaktionspartnern ausgelöst werden. Bei einem starken Übergewicht der Konzentration des einen oder andern Partners treffen aber bei vielen Zusammenstößen Moleküle der gleichen Art aufeinander und die wenigen Elementarreaktionen, die noch ablaufen, bleiben wirkungslos, weil die dabei freigesetzten Wärmeenergien zu klein sind, um die Nachbarschaft in ausreichendem Maße aufzuheizen und dort weitere Reaktionen beschleunigt in Gang zu setzen. Diese Überlegungen zeigen, daß eine schnelle (explosive) Verbrennung, die auch einen entsprechend raschen Druckanstieg zur Folge hat, nur innerhalb eines begrenzten, mit zunehmender Temperatur und meist auch mit wachsendem Druck sich erweiternden λ -Bereiches möglich ist, siehe Bild 4.1. Bei einer zu fetten oder zu mageren Mischung kann sich eine durch noch so starke Mittel lokal eingeleitete Verbrennung nicht mehr fortpflanzen, d.h. die obere oder untere Zündgrenze (richtiger Flammenausbreitungsgrenze) ist erreicht. Es sei hier nur nebenbei erwähnt, daß die Reaktionsvorgänge auch dann verzögert werden, wenn

114

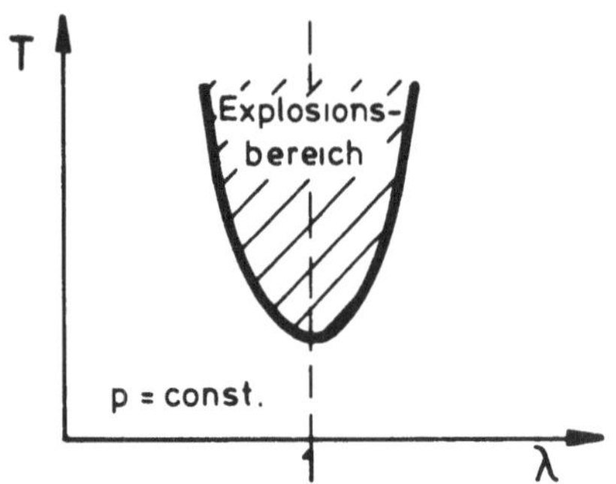

Bild 4.1. Explosionsgrenzen

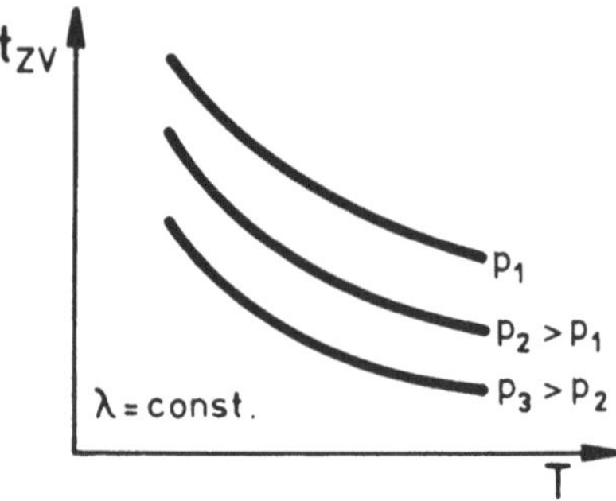

Bild 4.2. Zündverzug

außer den Reaktionspartnern noch Inertgasmoleküle vorhanden sind, die ja einen Teil der Stöße abfangen.

Die Reaktionen verlaufen nun im allgemeinen nicht nach dem Schema, wie es durch eine Bruttoreaktionsgleichung dargestellt wird. Es ist ohne weiteres klar, daß zum Beispiel die. nur das Gesetz der Massenerhaltung zum Ausdruck bringende Gleichung für die Verbrennung von Heptan

$$C_7H_{16} + 11\ O_2 \longrightarrow 7\ CO_2 + 8\ H_2O \tag{4.1}$$

nicht den Reaktionsablauf beschreiben kann, denn die Wahrscheinlichkeit, daß 12 Moleküle gleichzeitig und in einer für die Reaktion geeigneten Konfiguration zusammentreffen, ist praktisch gleich Null. Die Umsetzung verläuft vielmehr über eine große Anzahl von Teilreaktionen, bei denen ein Dreierstoß (trimolekulare Reaktion) schon relativ selten ist [19]. Meistens erfolgt der Ablauf über bimolekulare Zwischenreaktionen, die auch durch monomolekulare Zerfallsreaktionen eingeleitet werden können. Ein sehr einfaches Beispiel ist die Knallgasverbrennung mit der Bruttoreaktionsgleichung

$$2H_2 + O_2 \longrightarrow 2\ H_2O\ . \tag{4.2}$$

Diese Reaktion verläuft etwa nach folgendem Schema [19]:

$$H_2 \longrightarrow H + H, \tag{4.3}$$

$$H + O_2 \longrightarrow OH + O, \tag{4.4}$$

$$O + H_2 \longrightarrow OH + H, \tag{4.5}$$

$$OH + H_2 \longrightarrow H + H_2O\ . \tag{4.6}$$

Bei der Reaktion (4.3) handelt es sich um einen Dissoziationsprozeß, bei dem mit dem atomaren Wasserstoff zwei aktivierte Teilchen entstehen. Die Reaktionen (4.4) und (4.5) sind bimolekulare Kettenverzweigungsreaktionen, bei denen aus einem aktiven Teilchen zwei neue, nämlich der atomare Sauerstoff bzw. der atomare Wasserstoff und das Radikal OH gebildet werden. Reaktion (4.6) ist eine Kettenfortsetzungsreaktion mit Bildung des Endproduktes.

Der Stoffumsatz vollzieht sich also über Kettenreaktionen, bei denen anfänglich noch keine Wärmeenergie freigesetzt werden muß, wenn die Reaktionsenergie zunächst als Anregungsenergie von den aktivierten Zwischenprodukten aufgenommen wird. Durch Kettenverzweigungen kommt es zu einer starken Beschleunigung der Vorgänge, bis nach Ablauf der sogenannten Zündverzugszeit t_{ZV} die in der Zeiteinheit ablaufenden und schließlich auch Wärme entwickelnden Elementarreaktionen so häufig werden, daß durch die Temperatursteigerung eine sehr rasche, explosive Verbrennung der Ladung erfolgt. Die Zündverzugszeit ist umgekehrt proportional der Reaktionsgeschwindigkeit, wird also kleiner mit wachsender Temperatur und mit zunehmendem Druck, siehe Bild 4.2. Wie wir noch sehen werden, ist sie vor allem für die dieselmotorische Verbrennung von großer Bedeutung.

Die außerordentlich komplexen Reaktionsmechanismen der Kohlenwasserstoffverbrennung sind heute erst in groben Zügen geklärt. Im Prinzip gilt etwa das folgende, in Bild 4.3 dargestellte Reaktionsschema [20]:

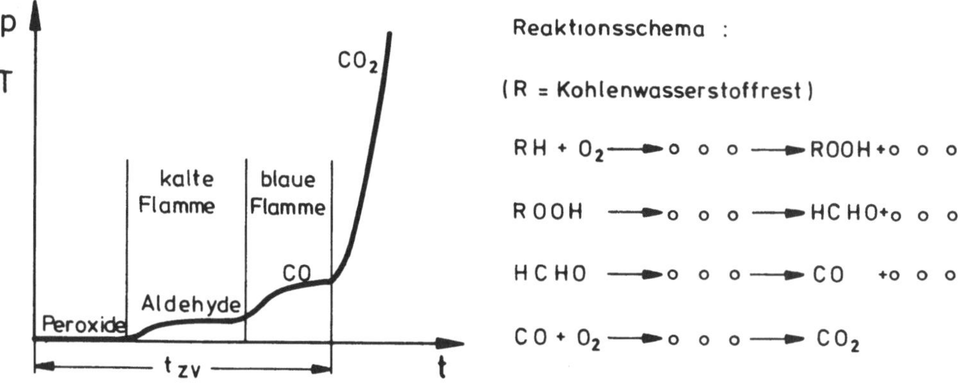

Bild 4.3. Mehrphasige Niedertemperaturentflammung

In einer ersten Reaktionsphase entstehen über einige Zwischenprodukte Kohlenwasserstoffperoxide (ROOH), die nach Erreichen einer bestimmten Konzentration zerfallen. Dabei werden neben reaktionsbeschleunigenden Radikalen (Atomgruppierungen mit einzelnen, ungepaarten Elektronen) große Mengen an Formaldehyd (HCHO) gebildet. Dieser Zerfallsvorgang, bei dem nur ca. 10 % der Kraftstoffenergie freigesetzt wird, ist durch das Auftreten einer Kaltflamme gekennzeichnet, deren Strahlung durch optisch angeregte Formaldehydmoleküle verursacht wird. Die Kaltflammreaktionen leiten dann über zur blauen Flamme, in der der Kohlenstoff weitgehend zu CO oxidiert, das dann in der Explosionsflamme zu dem Endprodukt CO_2 verbrennt. (Parallel zu diesen Reaktionen verlaufen die Umsetzungen zur Bildung des Endprodukts H_2O.) Da die ersten Vorreaktionen dieses in mehreren Schritten ablaufenden Prozesses schon bei relativ geringen Temperaturen in der Größenordnung von 600 K beginnen, spricht man hier von einer mehrphasigen Niedertemperaturentflammung.

4.2 Zündung und Verbrennung im Ottomotor

Im Ottomotor ist schon bei Beginn der Verbrennung ein fertiges und weitgehend homogenes Kraftstoff-Luftgemisch vorhanden. Der Verbrennungsablauf wird also bestimmt durch die Mechanismen der Ausbreitung von Flammen in vorgemischten Gasen, wie sie zum Beispiel auch in einem Bunsenbrenner auftreten.

Bereits während der Kompression beginnen die oben erwähnten Vorreaktionen, deren Produkte in den Auspuffgasen eines geschleppten Motors nachzuweisen sind [21]. Die Intensität dieser Vorreaktionen bleibt aber bei einem normalen Verbrennungsablauf durch die Beschränkung des Verdichtungsverhältnisses klein genug, um nicht schon vorzeitig einen explosiven Stoffumsatz herbeizuführen. Das erfolgt erst nach Auslösung des Zündfunkens, der einem kleinen Gemischvolumen eine sehr hohe Energie zuführt, wobei im Funkenplasma Temperaturen von mindestens 5000 K auftreten. Durch diese volumenspezifisch sehr große Energiezufuhr werden sofort sehr viele aktivierte Teilchen gebildet, so daß auch die verschiedenen Kettenreaktionen gleich mit großer Geschwindigkeit einsetzen und man praktisch eine einphasige (Hochtemperatur-) Entflammung erhält. Von der Zündkerze aus erfolgt dann eine Flammenausbreitung nach allen Richtungen, wobei dem Frischgasgemisch durch Wärmeleitung, Wärmestrahlung sowie durch die Diffusion aktiver Teilchen, die auch durch die Turbulenz der Zylinderladung weitertransportiert werden, die erforderliche Aktivierungsenergie zugeführt wird. Vom Beginn der elektrischen Entladung bis zu einem meßbaren Anstieg des Zylinderdrucks vergeht natürlich auch hier eine gewisse (Zündverzugs-) Zeit, denn das anfänglich nur sehr kleine Flammenvolumen muß sich weit genug ausgebreitet und damit die Umsatzrate einen ausreichend großen Wert erreicht haben, um meßtechnisch als Druckanstieg registriert werden zu können. (Es ist üblich, den Brennbeginn durch den ersten meßbaren Verbrennungsdruckanstieg zu definieren.)

Die Geschwindigkeit der Flammenausbreitung ist in ihrer qualitativen Abhängigkeit vom Druck, von der Temperatur und von der Gemischzusammensetzung vergleichbar mit den oben diskutierten Reaktionsgeschwindigkeiten. Bei Variation der Luftverhältniszahl erreicht sie bei leichter Gemischanfettung ($\lambda \approx 0,9$) ein Maximum (bei diesem λ-Wert ergeben sich die höchsten Verbrennungstemperaturen, vergl. Kap. 3.1.1) und wird - vor allem in der Anfangsphase der Verbrennung [9] - bei zunehmendem Luftüberschuß immer kleiner, bis schließlich das Durchbrennen der Ladung völlig ausbleibt. Selbstverständlich existiert eine solche Zündgrenze auch im Luftmangelgebiet, die aber für die Motorpraxis bedeutungslos ist. Bei Versuchen in Verbrennungsbomben wurde unter atmosphärischen Bedingungen für die Kohlenwasserstoffe und für die Alkohole die untere Zündgrenze bei $\lambda_{max} \approx 1,7$ bzw. 2,2 ermittelt [22]. Bei einem Verbrennungsmotor, bei dem die Gemischzusammensetzung in den einzelnen Arbeitsräumen eines Mehrzylindermotors nie ganz gleichmäßig und innerhalb der Zylinder auch nicht völlig homogen ist, liegen heute die mittleren, mit Benzin noch ruckelfrei zu fahrenden Maximalwerte der Luftverhältniszahl je nach Aufwand für die Gemischbildungseinrichtungen bei $\lambda = 1,15$ bis 1,25. (In Laborversuchen wurden auch schon λ-Werte von 1,6 gefahren [23].) Die Existenz dieser Zündgrenzen ist der Grund dafür, daß man bei einem Ottomotor nur die wirkungsgradmäßig ungünstigere Mengenregelung anwenden kann, da eine Gemischabmagerung sehr bald zu Zündaussetzern führt. (Bei der Wasserstoffverbrennung wurde in Bombenversuchen ein Grenzwert von $\lambda_{max} \approx 8$ ermittelt [19]. Ein Wasserstoffmotor könnte demnach weitgehend so wie ein Dieselmotor, siehe Kap. 4.3, mit einer Qualitätsregelung arbeiten.) Zur Realisierung eines Magerkonzeptes wird nun versucht, ein sicheres Durchbrennen magerer Mischungen zu gewährleisten durch Verbesserungsmaßnahmen auf Seiten der Gemischbildung (Vergleichmäßigung der Gemischzusammensetzung und der Gemischhomogenität der einzelnen Zylinder), der Zündanlage (Hochleistungszündsysteme mit verlängerter Funkendauer, aber anfänglich sehr rascher Energiezufuhr zur Verringerung der Kühlwärmeverluste an den Kerzenelektroden), der Brennraumgestaltung und der Brennraumgasströmungen (eine gute Brennraumgeometrie und intensive Gasbewegungen erlauben höhere Verdichtungsverhältnisse, die wiederum die Zündgrenzen erweitern) und des Ladungswechsels (Verkleinerung des Abgasgehalts der Zylinderladung bei Teillast).

Abnehmende Brenngeschwindigkeiten verschlechtern natürlich den Gütegrad des Brennverlaufs und schließlich auch den Umsetzungsgrad. Der Gütegrad η_g zeigt deshalb - auch mit Berücksichtigung der η_{gHV}-Veränderung - die in Bild 4.4 skizzierte Abhängigkeit von der Luftverhältniszahl. Ergänzt man die Darstellung durch die Verläufe des Wirkungsgrades und des mittleren Druckes eines vollkommenen Ottomotors, dann erhält man mit der zutreffenden Annahme, daß der Liefergrad und der mittlere mechanische Verlustdruck bei

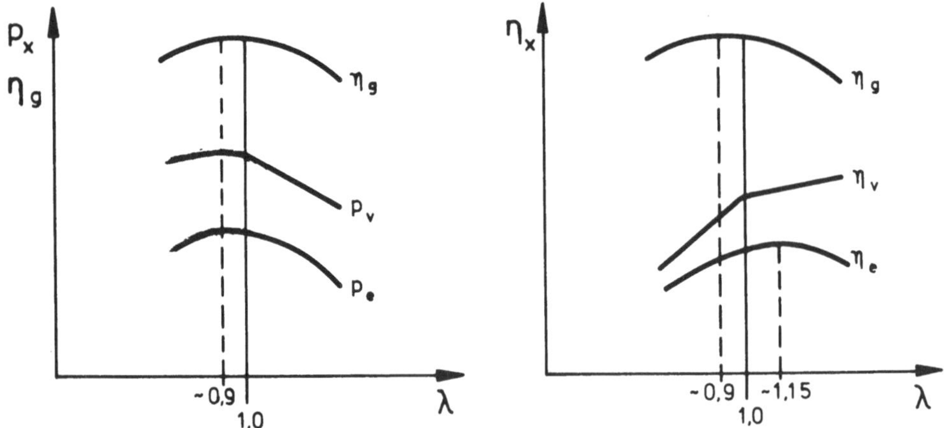

Bild 4.4. Mitteldrücke und Wirkungsgrade des Ottomotors in Abhängigkeit von der Luftverhältniszahl

einer Variation von λ praktisch unverändert bleiben, die eingezeichneten Kurvenverläufe
für den mittleren effektiven Druck und für den effektiven Wirkungsgrad. Man sieht also,
daß die höchste Motorleistung bei einem leichten Luftmangel ($\lambda \approx 0{,}9$) erreicht wird, während der beste Wirkungsgrad mit einer Luftüberschußzahl von $\lambda \approx 1{,}1$ bis $1{,}2$ (bei
Magerkonzepten vielleicht mit $\lambda \approx 1{,}4$) zu erzielen ist.

Die in Verbrennungsbomben unter atmosphärischen Bedingungen gemessenen und stets
bei einem kleinen Kraftstoffüberschuß auftretenden maximalen Flammenausbreitungsgeschwindigkeiten betragen für Luft-Kohlenwasserstoffmischungen etwa 2,0 m/s. Nur wenig
größer sind die Brenngeschwindigkeiten von Alkoholen [24], während die Wasserstoffverbrennung rund dreimal schneller erfolgt [25]. Bei den motorischen Verhältnissen ergeben
sich aber wesentlich größere Verbrennungsgeschwindigkeiten, die zum Beispiel für ein
stöchiometrisches Luft-Benzindampfgemisch bei einer Motordrehzahl von 5000 1/min in
der Größenordnung von 25 m/s liegen, was sich leicht aus den im Brennraum zurückzule-
genden Flammenwegen und der dazu benötigten Zeit berechnen läßt. Neben den verän-
derten Gaszustandsanfangswerten besteht der entscheidende Unterschied zu den Bombenversuchen in den im Motor vorliegenden und schon beim Ansaughub erzeugten, sehr
intensiven Ladungsbewegungen, die eine Zerklüftung der Brennfläche und damit eine starke Vergrößerung der Flammenoberfläche bewirken und zudem auch brennende Teilchen
sehr schnell in das noch unverbrannte Gemisch befördern. Der Tatsache, daß diese Ladungsbewegungen mit wachsender Motordrehzahl verstärkt werden, ist es zu verdanken,
daß die Verbrennung selbst bei hochtourigen Motoren innerhalb eines ausreichend kurzen
Kurbelwinkelbereichs zum Abschluß gebracht werden kann. Die Einleitung der Verbren-

nung muß allerdings wegen des praktisch zeitkonstanten Zündverzugs mit zunehmender Motordrehzahl immer früher erfolgen, um den Energieumsatz nicht zu weit in den Expansionshub zu verschleppen. Auch eine Verringerung der Motorbelastung erfordert einen früheren Zündzeitpunkt, weil die Dauer der Entflammungphase vor allem durch die Verkleinerung der Gemischdichte und durch die Zunahme des Abgasgehalts der Zylinderladung vergrößert wird [9]. Zur Optimierung des Wirkungsgrades ist also eine last- und drehzahlabhängige Zündzeitpunktverstellung vorzusehen.

Anders als die durch die Verbrennung lokal eingeleitete Drucksteigerung, die sich mit Schallgeschwindigkeit im Brennraum ausbreitet und deshalb eine praktisch gleichmäßige Druckänderung der gesamten Zylinderladung hervorruft, werden im Verlauf der Verbrennung erhebliche Gastemperaturgradienten auftreten, was zum Beispiel bei einer rechnerischen Untersuchung der Stickoxidbildung zu berücksichtigen ist. Diese Temperaturschichtung kann sehr einfach durch eine Betrachtung der Zustandsänderungen in einem T-s-Diagramm erklärt werden. Ausgehend von den Zustandswerten T_1, p_1 (Bild 4.5) soll durch die Verbrennung des ersten Gemischteilchens die Wärmemenge ΔQ freigesetzt werden. Läßt man die Kolbenbewegung und die Kühlverluste außer acht, dann wird dieses erste und nahezu bei konstantem Druck verbrennende Teilchen auf die Temperatur

$$T' = T_1 + \frac{H_{ug,m}}{c_p}$$

aufgeheizt. In dieser Gleichung ist $H_{ug,m}$ der auf die Masseneinheit bezogene Gemischheizwert in J/kg.

Jetzt verbrenne die übrige Ladung bis auf ein kleines Restteilchen, wobei der Druck praktisch schon auf den Endwert p_2 ansteigt. Das zuerst verbrannte Teilchen wird dann verdichtet auf die Endtemperatur

$$T_{2a} = \left(T_1 + \frac{H_{ug,m}}{c_p}\right)\left(\frac{p_2}{p_1}\right)^{\frac{\varkappa-1}{\varkappa}} .$$

Das noch unverbrannte Restteilchen erreicht die Temperatur

$$T'' = T_1 \left(\frac{p_2}{p_1}\right)^{\frac{\varkappa-1}{\varkappa}} .$$

Wird diesem Restteilchen nun wieder die Elementarwärmemenge ΔQ zugeführt, dann steigt seine Temperatur auf

120

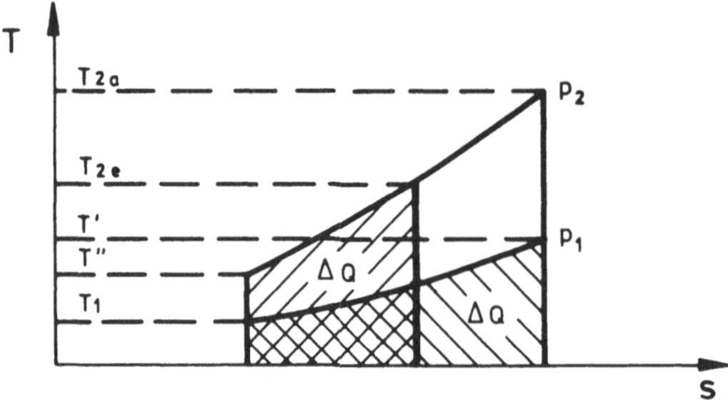

Bild 4.5. Temperaturschichtung im Brennraum

$$T_{2e} = T_1 \left(\frac{p_2}{p_1}\right)^{\frac{\varkappa-1}{\varkappa}} + \frac{H_{ug,m}}{c_p} \ .$$

Das zuerst verbrannte Gemischteilchen ist also nach Abschluß der Verbrennung um den Betrag

$$\Delta T = T_{2a} - T_{2e} = \frac{H_{ug,m}}{c_p} \left[\left(\frac{p_2}{p_1}\right)^{\frac{\varkappa-1}{\varkappa}} - 1\right] \tag{4.7}$$

heißer als das zuletzt verbrannte Teilchen. Dieser Temperaturunterschied wird zwar durch den Wärmeaustauch und durch die Gasbewegungen wieder etwas ausgeglichen, kann aber doch die Größenordnung von einigen hundert Grad annehmen.

Die bisherigen Betrachtungen über den ottomotorischen Verbrennungsprozeß bezogen sich auf einen normalen Verbrennungsablauf, bei dem die von der Zündkerze ausgehende Flamme nach und nach die gesamte Zylinderladung erfaßt und dadurch einen "weichen" Druckverlauf mit maximalen Drucksteigerungsgeschwindigkeiten von etwa 2 bar/°KW ergibt. Sehr wichtig ist aber nun auch die Beschreibung der Vorgänge, die abnormale und den Motor gefährdende Verbrennungserscheinungen hervorrufen können. Einer dieser unerwünschten Verbrennungsabläufe ist die sogenannte "klopfende" Verbrennung. Hierbei werden die schon beim Verdichtungshub anlaufenden Vorreaktionen in dem jeweils noch unverbrannten Gemisch, das nach Einsatz der Verbrennung von der im Brennraum voranschreitenden Flamme durch Wärmeübertragung und Kompression immer weiter aufgeheizt wird, so stark beschleunigt, daß sie schließlich die letzten Frischgasanteile zu einer schlagartigen Selbstentzündung führen. Diese fast isovolum verlaufende Endgasverbren-

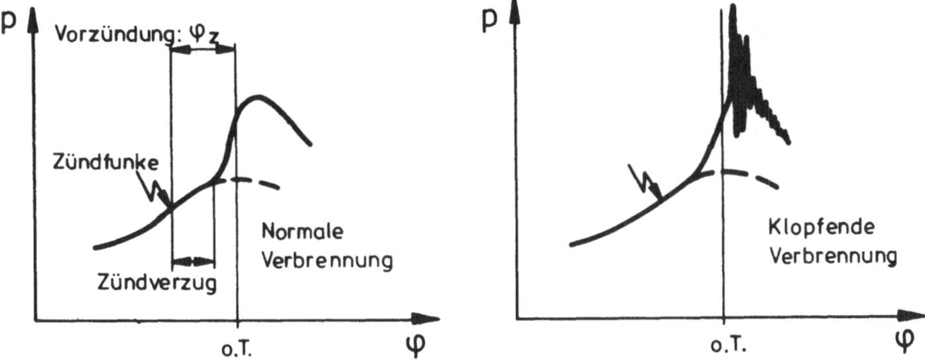

Bild 4.6. Zylinderdruckverlauf bei normaler und klopfender Verbrennung

nung bedingt natürlich sehr hohe Spitzendrücke - die weit über 100 bar liegen können - und einen sehr steilen Drucksprung, der sich in Form von Druckwellen im Brennraum ausbreitet (Bild 4.6) und sich dabei durch ein "klingelndes" oder "klopfendes" Geräusch bemerkbar macht.

Während bei einer schwach klopfenden Verbrennung die Motorleistung durch die Verbesserung des Brennverlauf-Gütegrades noch etwas anwachsen kann, führt ein stärkeres Klopfen immer zu einem Leistungsabfall. Zum einen stellen nämlich die Druckwellen für sich schon einen kleinen Leistungsverlust dar, da sie ja einen gewissen Energiebetrag in Form von kinetischer Energie der gerichteten Schwingungsbewegung des Gases binden, die zum Teil mit den Klopfgeräuschen nach außen abgestrahlt wird, während der Rest erst später, das heißt zu einem thermodynamisch ungünstigen Zeitpunkt wieder in Wärmeenergie zurückverwandelt wird. Die Druckwellen erhöhen aber auch den gasseitigen Wärmeübergang, wodurch die Kühlverluste zunehmen und die ansteigenden Brennraumwandtemperaturen den Liefergrad verringern. Gefährlich und deshalb unbedingt zu vermeiden ist aber eine länger anhaltende und durch das wachsende Brennraumwandtemperaturniveau immer größere Gemischreste erfassende klopfende Verbrennung wegen der erhöhten mechanischen und thermischen Beanspruchung der Brennraumbauelemente, die zum Beispiel durch Materialauswaschungen den Kolben zerstören kann. Mechanische Überbeanspruchungen können aber auch Lagerschäden hervorrufen.

Die vorstehenden Betrachtungen über den Mechanismus der klopfenden Verbrennung führen zu folgender Aussage:

Für einen klopffreien Motorbetrieb ist es erforderlich, daß die Vorreaktionsgeschwindigkeiten klein genug bleiben oder die Flammenausbreitungsgeschwindigkeiten groß genug sind, um die normale Verbrennung abschließen zu können, bevor an einer Stelle des Endgases Selbstzündungsbedingungen auftreten!

Unter Beachtung dieser sehr einfachen und dennoch ausreichenden Vorschrift soll nun einmal der Zusammenhang zwischen der Klopfgefahr und einigen betriebstechnischen und konstruktiven Parametern erörtert werden.

Eine der wichtigsten Voraussetzungen für einen einwandfreien Motorbetrieb ist natürlich die Verwendung eines in seinem Selbstzündungsverhalten für den jeweiligen Motor geeigneten, also genügend klopffesten Kraftstoffes, bei dem die Vorreaktionsgeschwindigkeiten unter normalen Betriebsbedingungen klein genug bleiben. Ohne hier ins Detail zu gehen, sei nur kurz erwähnt, daß die Klopffestigkeit eines Kraftstoffes durch seine Oktanzahl ausgedrückt wird. Dieser Zahlenwert wird an einem speziellen Prüfmotor mit einem während des Betriebs veränderbaren Verdichtungsverhältnis ermittelt. Er gibt die Volumenprozente Iso-Oktan an, die sich in einer Mischung aus diesem sehr klopffesten Kohlenwasserstoff mit dem recht zündwilligen Normal-Heptan befinden müssen, um bei dem gleichen Kompressionsverhältnis, bei dem der zu untersuchende Kraftstoff mit einer bestimmten Klopfintensität verbrennt, auch die gleiche Klopfstärke einzuhalten.

Wenn man jetzt berücksichtigt, daß die Geschwindigkeit der Vorreaktionen in sehr starkem Maße von den Gaszuständen und von der Gemischzusammensetzung abhängig ist, während die Flammenfortschrittsgeschwindigkeit, wie früher schon festgestellt, weit mehr durch die Intensität der Ladungsbewegungen bestimmt wird, dann können aus der oben generalisierend formulierten Aussage folgende Schlüsse gezogen werden:

1. Einfluß betriebstechnischer Parameter auf das Klopfverhalten.

Die Gefahr einer klopfenden Verbrennung wird

* kleiner mit wachsender Motordrehzahl, weil die zunehmende Ladungsbewegung den normalen Verbrennungsablauf stark beschleunigt. Bei einem längeren Motorbetrieb im Höchstleistungsbereich kann das hohe Brennraumwandtemperaturniveau aber auch die Vorreaktionsgeschwindigkeiten so weit erhöhen, daß dadurch der positive Effekt der großen Wirbelgeschwindigkeiten überkompensiert wird. Das in einem Fahrzeugmotor dann auftretende, sogenannte Hochgeschwindigkeitsklopfen ist besonders gefährlich, weil es in dem übrigen Fahrgeräuschpegel untergeht und deshalb vom Fahrer nicht wahrgenommen wird.

* kleiner bei Verringerung der Motorlast, weil mit den Brennraumtemperaturen auch die Vorreaktionsgeschwindigkeiten abnehmen.

* kleiner mit Verspätung des Zündzeitpunktes, weil die dann etwas weiter in den Expansionshub verschleppte Verbrennung mit den Gastemperaturen auch die Vorreaktionsgeschwindigkeiten absenkt.

* kleiner bei einer Abmagerung oder Anfettung des Gemisches, denn in beiden Fällen werden die Vorreaktionsgeschwindigkeiten, die etwa bei einer stöchiometrischen Gemischzusammensetzung ihr Maximum erreichen, verringert.

* größer mit zunehmender Temperatur und mit wachsendem Druck der Frischladung (hohe Außentemperaturen, Aufladung), weil dabei auch die Vorreaktionen schneller ablaufen.

* größer durch die Ablagerung von Verbrennungsrückständen, die einmal das Verdichtungsverhältnis erhöhen und zweitens durch ihre Wärmeisolationswirkung die Brennraumwandtemperaturen anheben können, was beides eine Beschleunigung der Vorreaktionen verursacht.

2. Einfluß konstruktiver Parameter auf das Klopfverhalten.

Die Gefahr einer klopfenden Verbrennung wird

* größer mit wachsendem Verdichtungsverhältnis, weil die zunehmenden Kompressionstemperaturen die Vorreaktionen beschleunigen.

* kleiner bei einer Verringerung der Flammenwege, weil dann die Durchbrennzeit und somit auch die für die Vorreaktionen verfügbaren Zeiten verkürzt werden. Kurze Flammenwege sind zu realisieren durch möglichst kompakte Brennräume und durch kleine Zylindereinheiten. (Die bei großvolumigen Zylindern verlängerten Wärmeleitwege in den Brennraumwandungen erhöhen auch durch die Zunahme des Wandtemperaturniveaus die Klopfgefahr.) Sehr wirksam wäre auch der Einsatz von zwei Zündkerzen, die die Flammenwege halbieren könnten.

* kleiner bei Anordnung der Zündkerze im Bereich des heißen Auslaßventils, weil sich dann die Flamme in Richtung auf die kühleren Brennraumzonen ausbreitet, die Vorreaktionsgeschwindigkeiten im Endgas also kleiner bleiben als bei der umgekehrten Flammenausbreitungsrichtung.

* kleiner mit zunehmender Turbulenz der Zylinderladung, weil damit auch die Durchbrenngeschwindigkeit vergrößert wird. Hohe Brennraumgas-Strömungsgeschwindigkeiten sind zu erreichen mit drallerzeugenden Einlaßkanälen und (oder) mit sehr engen Quetschräumen, aus denen die Ladungsanteile bei der Annäherung des Kolbens an den oberen Totpunkt herausgedrückt werden. Die in diesen Quetschspalten verbleibenden Gemisch-

mengen werden auch gut gekühlt, so daß hier die Gefahr einer klopfenden Verbrennung sehr gering ist. Leider besteht aber auch die Möglichkeit, daß diese Gemischteilchen nur unvollständig verbrennen, wodurch die Kohlenwasserstoffemission erhöht wird. Das bleibt allerdings von untergeordneter Bedeutung, wenn sehr strenge Emissionsvorschriften eingehalten werden müssen, denn in diesem Fall ist ohnehin eine katalytische Nachbehandlung der Abgase zur Verringerung der HC-Emission erforderlich.

* kleiner beim Übergang von Gußeisenzylinderköpfen auf Leichtmetallköpfe, die wegen ihrer besseren Wärmeleitfähigkeit einen Abbau lokaler Wandtemperaturspitzen bewirken und damit eine sonst vielleicht mögliche, übermäßige Endgasaufheizung verhindern können.

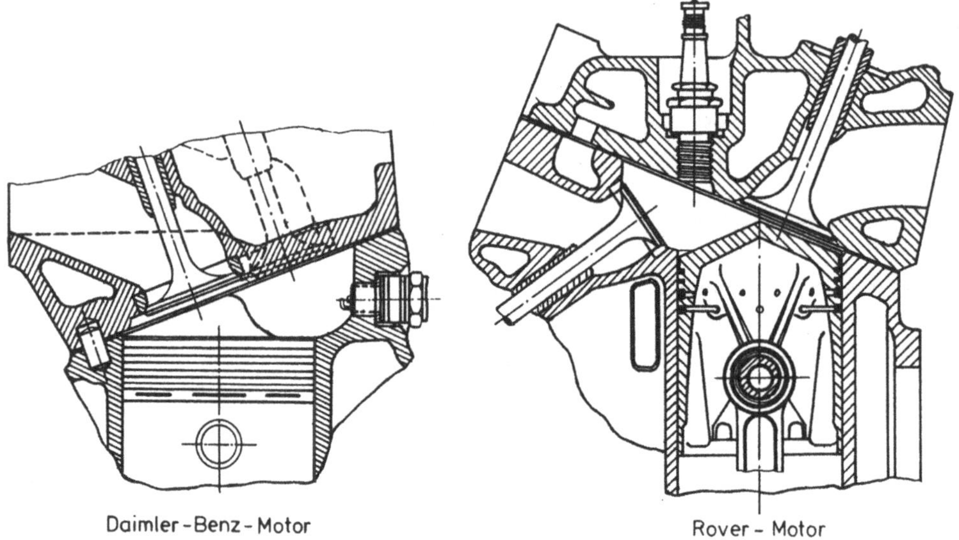

Bild 4.7. Brennräume hoher Klopffestigkeit

Bild 4.7 zeigt zwei zwar schon etwas ältere Beispiele für die konstruktive Gestaltung klopffester Brennräume [21], die aber in sehr klarer Weise die oben genannten Forderungen nach einer kompakten Brennraumgestaltung, nach einer richtigen Zündkerzenlage und nach der Erzeugung heftiger Quetschströmungen erfüllen.

Eine zweite Art unerwünschter Reaktionsabläufe ist die durch Glühzündungen ausgelöste Verbrennung. Sie werden hervorgerufen durch überhitzte Brennraumwandzonen (Zündkerzenelektroden, Auslaßventile, scharfe Brennraumkanten, Brennraumablagerungen), wenn deren Temperaturen Werte von etwa 1200 K erreichen. Diese Glühzündungstemperatur liegt weit über der Selbstzündungstemperatur des Gemischs, denn die an einem weniger heißen Glühpunkt eingeleiteten Reaktionen haben durch die kühlende Wirkung der übrigen Zylinderladung und der benachbarten, kälteren Wandpartien kein ausreichendes Entflammungsvermögen.

Eine lokale Brennraumwandüberhitzung kann sich zum Beispiel einstellen bei Fehlern im Kühlsystem. Die häufigste Ursache sind aber Verbrennungsrückstände von Kraftstoff- und Schmieröladditiven, die sich als dünne, an ihren Rändern sehr heiße Schuppen an den Wänden ablagern oder auch von den Wänden abgelöst als Heißpunkte im Brennraum umherschwirren. Schließlich kann auch die Verwendung von Zündkerzen mit einem für den betreffenden Motor zu geringen Wärmewert die Ursache von Glühzündungen sein. (Der durch die Kerzenfußgeometrie veränderliche Wärmewert ist ein Maß für die thermische Belastbarkeit der Zündkerze. Ist er zu klein, dann heizt sich die Kerzenfußzone im Vollastbetrieb des Motors zu stark auf und kann dann Glühzündungen herbeiführen. Der Wärmewert darf aber auch nicht zu groß sein, weil sonst am Kerzenisolatorfuß im Teillastbereich die zur Selbstreinigung, d.h. die zum Abbrand der stromableitenden Ölkohle- und Rußablagerungen notwendige Temperatur von etwa 700 K unterschritten wird, wodurch Zündaussetzer auftreten können.)

Für die Glühzündungen gibt es sehr vielfältige Erscheinungsformen, wie aus der nachstehenden Übersicht hervorgeht.

* Frühe Glühzündungen
bewirken eine Gemischentflammung schon vor dem Überschlag des Zündfunkens. Dabei ergeben sich zunächst nur erhöhte Gasdrücke und Gastemperaturen, die aber dann auch eine

* Klopfende Glühzündung
einleiten können, bei der ein Gemischrest wieder spontan verbrennt, der Klopfvorgang durch eine Veränderung des elektrischen Zündzeitpunktes aber nicht zu beeinflussen ist.

* Späte Glühzündungen
sind Entflammungen, die erst nach oder auch gleichzeitig mit der Einleitung der normalen Verbrennung auftreten. Sie könnten sich genau so wie der Einsatz von zwei Zündkerzen durch die klopfhemmende Wirkung einer vergrößerten Durchbrenngeschwindigkeit sogar positiv auswirken. Es besteht aber die Gefahr, daß die mit dem zeitlichen Energieumsatz erhöhten Gas- und damit auch erhöhten Glühpunkttemperaturen nach kurzer Zeit

* Beschleunigte Glühzündungen
herbeiführen, das sind Glühzündungen, die in aufeinanderfolgenden Arbeitszyklen immer früher einsetzen und schließlich zu frühen Glühzündungen überleiten.

* Unregelmäßige Glühzündungen

sind relativ frühzeitige Entflammungen, die in ungleichmäßiger Folge durch im Brennraum umherfliegende Ablagerungsteilchen ausgelöst werden. Als

* Rumpelnde Glühzündungen

bezeichnet man die an mehreren Brennraumstellen auftretenden Glühzündungen, die durch den außerordentlich schnellen Energieumsatz sehr hohe und rasch ansteigende Gasdrücke hervorrufen, die das Triebwerk stark belasten und als ein verhältnismäßig niederfrequentes, "rumpelndes" Geräusch hörbar werden. (Die größte Geräuschintensität liegt im Frequenzbereich von 800 bis 1000 Hz. Demgegenüber haben die Klopfgeräusche einen Frequenzbereich von 7000 bis 8000 Hz.)

* Nachlauf-Glühzündungen

treten, auch wenn vorher keine Glühzündungsbedingungen vorlagen, nach dem Abschalten der elektrischen Zündung eines hoch erhitzten Motors durch die bei kleiner Motordrehzahl großen Einwirkzeiten heißer Brennraumstellen in Erscheinung und bewirken ein meist unregelmäßiges, kurzes Nachlaufen des Motors.

Die für den Start eines normalen Verbrennungsablaufs notwendige Zündenergie wird auch heute noch sehr häufig durch eine im Aufbau recht einfache und daher kostengünstige, konventionelle Spulenzündanlage (SZ) bereitgestellt, bei der die Zündvorgänge ausschließlich durch mechanische Kontakte gesteuert werden [22]. Bild 4.8 zeigt den Aufbau einer solchen Zündanlage, die hier aus einem Akkumulator mit Energie versorgt wird. Sie besteht aus der Batterie, dem Zündschalter (Zündschloß), dem durch den Eingriff von Zündungs-Verstelleinrichtungen in seinen Wirkzeitpunkten veränderlichen Unterbrecher mit parallel geschaltetem Kontaktkondensator, der als Energiespeicher und als Transformator wirkenden Zündspule, dem Verteiler und den Zündkerzen. Bei geschlossenem Zündschalter wird der Primärkreis der Zündspule nach Kontaktschluß des Unterbrechers von einem stetig anwachsenden Strom I_1 durchflossen. Der verzögerte Stromanstieg ist bekanntlich dadurch bedingt, daß das in der Primärwicklung mit der Induktivität L_1 (≈ 10 mH) entstehende Magnetfeld eine der Batteriespannung U_B entgegenwirkende Spannung

$$U_g = -L_1 \frac{d J_1}{dt} \tag{4.8}$$

induziert. Es gilt also die Differentialgleichung

$$J_1 R = U_B - L_1 \frac{d J_1}{dt} \tag{4.9}$$

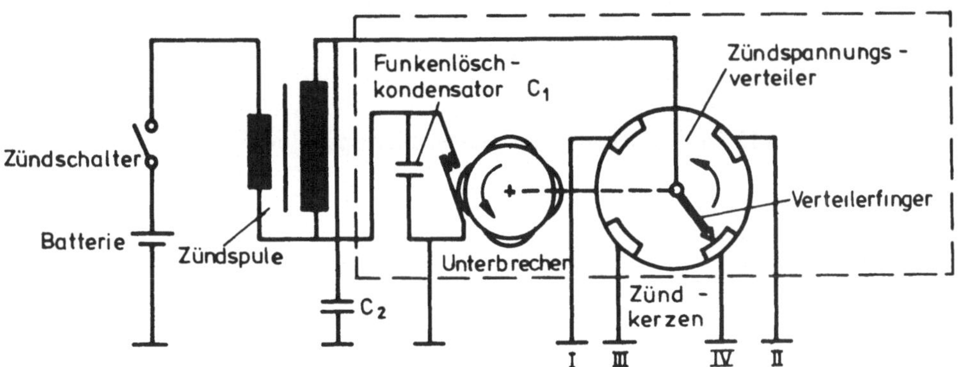

Bild 4.8. Konventionelle Batterie-Spulenzündung

mit der Lösung

$$J_1 = \frac{U_B}{R} \left(1 - e^{-\frac{t}{L_1/R}} \right) . \qquad (4.10)$$

Hierin ist R der ohmsche Widerstand des Primärkreises und L_1/R die Zeitkonstante des Einschaltvorganges. Nach der Zeit $t=3L_1/R$ ($\approx$10 ms) hat der Strom etwa 95 % seines Endwertes ($\approx$4 A) erreicht. Die in der Primärspule gespeicherte magnetische Energie beträgt

$$W_{L_1} = \frac{1}{2} L_1 J_1^2 . \qquad (4.11)$$

Wird der Primärstrom unterbrochen, dann bricht auch das Magnetfeld zusammen und induziert unter Auslösung eines Schwingungsvorganges in beiden Spulenwicklungen eine Spannung. Dabei wird im Idealfall die gesamte magnetische Energie in den Kondensatoren C_1 ($\approx$0,25 μF) und C_2 (Eigenkapazität der Sekundärspule und der anschließenden Zündleitungen $\approx$100 pF) als elektrische Energie gespeichert. Die Energiegleichung lautet

$$\frac{1}{2} L_1 J_1^2 = \frac{1}{2} C_1 U_1^2 + \frac{1}{2} C_2 U_2^2 . \qquad (4.12)$$

Mit dem Windungszahlenverhältnis w_2/w_1 ($\approx$100) und mit

$$U_2 = \frac{w_2}{w_1}\, U_1 \qquad\qquad (4.13)$$

erhält man aus Glg.4.12 für den Scheitelwert der Sekundärspannung

$$U_2 = \frac{w_2}{w_1}\, J_1 \sqrt{\frac{L_1}{C'}} \; . \qquad\qquad (4.14)$$

Dabei ist

$$C' = C_1 + \left(\frac{w_2}{w_1}\right)^2 C_2 \qquad\qquad (4.15)$$

die auf die Primärseite bezogene Gesamtkapazität. Die Eigenfrequenz des Schwingkreises

$$f = \frac{1}{2\pi\sqrt{L_1\, C'}} \qquad\qquad (4.16)$$

bestimmt die Steilheit des Zündspannungsanstiegs (≈ 500 V/ s).

Die im Realfall (unvollständige Spulenkopplung, Dämpfungsverluste) maximal erreichbare Sekundärspannung, die über eine Schleifkohle dem umlaufenden Verteilerfinger zugeführt wird und von dort über eine kurze Funkenstrecke zu den Anschlußkontakten der Zündkerzenkabel gelangt, ist um 20 bis 30 % geringer als der nach Glg. 4.14 berechnete Wert, bleibt aber mit 25 bis 30 kV groß genug, um auch unter ungünstigen Randbedingungen einen Funkenüberschlag an den Zündkerzen sicherzustellen. Die gespeicherte Zündenergie liegt im Bereich von 50 bis 100 mJ und ist damit um ein vielfaches größer als die zur Einleitung der Verbrennung benötigte Energie (0,1 bis 3,0 mJ) [26].

Die hohen Sekundärspannungen sind nur zu verwirklichen durch den Einsatz des Kontaktkondensators, der nach der Stromunterbrechung auf die im Primärkreis induzierte Spannung von etwa 400 V aufgeladen wird. Während dieses einige Zeit in Anspruch nehmenden Aufladevorganges wird dem Strom ein Ausweichpfad geboten und der Spannungsanstieg an den Kontakten verzögert, so daß sie sich inzwischen weit genug voneinander entfernen können, um ein Kontaktfeuern zu unterbinden. Ohne den Kondensator läge an dem sich öffnenden Kontakt sofort die volle, in der Primärspule induzierte Spannung an, wodurch ein starker Funke ausgelöst und mit der auf die Sekundärseite noch übertragbaren Zündenergie auch das Hochspannungsangebot verkleinert würde. Außerdem ergäbe sich

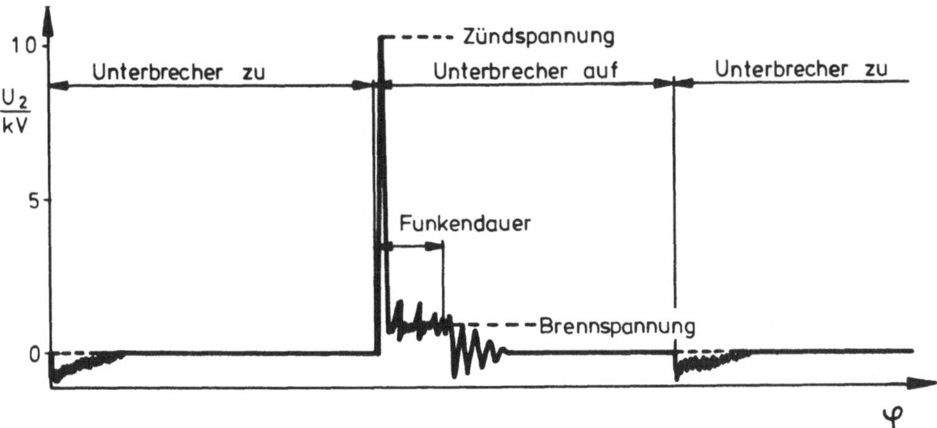

Bild 4.9. Sekundärspannungsverlauf bei einer Spulenzündung

auch ein sehr rascher Abbrand der Kontakte, die schon nach kurzer Zeit erneuert werden müßten.

Wenn nun bei angeschlossener Kerze ein Zündfunke überspringt, dann bildet sich an den Kerzenelektroden nicht die volle Spannungsschwingung aus. Wie in Bild 4.9 dargestellt, bricht die Spannung schon im Verlauf der ersten Halbwelle im Augenblick des Funkenüberschlags sehr rasch zusammen und fällt durch die Strombelastung der Zündenergiequelle auf die Brennspannung (≈ 1 kV) ab. Die Überschlagsspannung (Zündspannung) für den durch Stoßionisation ausgelösten Zündfunken liegt zwischen 5 und 20 kV. Sie nimmt zu mit wachsendem Gasdruck, vergrößertem Elektrodenabstand und bei Überfettung und Abmagerung des Gemisches, ist aber auch noch abhängig von der Elektrodenform, vom Elektrodenmaterial und von der Beschaffenheit der Elektrodenoberflächen.

Die sehr kurzzeitige ($\leq 1\ \mu$s) Entladung der Sekundärkapazität erfolgt im sogenannten Funkenkopf mit Stromstärken bis zu 50 A. Im nachfolgenden und länger (0,5 bis 1,5 ms) andauernden Funkenschwanz, der durch die in der Spule noch verbliebene magnetische Energie weiter genährt wird, fließt nur noch ein sehr schwacher Strom (≈ 50 mA). Durch die Einwirkung intensiver Brennraumgasströmungen wird der Stromfluß im Funkenschwanz mehrfach unterbrochen und es kommt zu einer Anzahl von Folgefunken, die wegen der starken Vorionisation der Funkenstrecke nur noch einen kleinen Zündspannungsbedarf haben. Ihr erhöhter Energieverbrauch verkürzt aber die gesamte Brenndauer. Im allgemeinen wird die Verbrennung schon durch den Funkenkopf eingeleitet. Bei mageren Mischungen wird die Entflammung aber auch noch durch den Funkenschwanz unterstützt.

Sobald die aus der Spule nachgelieferte Energie einen bestimmten Wert unterschreitet, reißt der Funke ab. Die noch vorhandene Restenergie wird durch die Dämpfung im Ausschwingvorgang verbraucht.

Es wurde oben festgestellt, daß der bei Unterbrecherkontaktschluß einsetzende Primärstrom nach einer e-Funktion ansteigt. Da der sogenannte Schließwinkel des Unterbrechers (das ist der Drehwinkelbereich des Unterbrechernockens, in dem die Kontakte während eines Arbeitsspiels geschlossen sind) durch die Nockengeometrie vorgegeben ist, wird bei wachsender Motordrehzahl die Schließzeit der Kontakte verkürzt, der Primär-Endstrom also verkleinert. Dadurch fällt bei zunehmender Funkenfrequenz das Hochspannungsangebot (und die gespeicherte Zündenergie) ab, siehe Bild 4.10 . Bei sehr rascher Funkenfolge - etwa ab 18000/min - kommt noch hinzu, daß der Unterbrecherkontakt durch die hohe Aufschlaggeschwindigkeit und durch die damit verbundene elastische Verformung der Kontaktflächen mehrmals zurückprallt, womit die Schließzeit noch weiter verringert wird. Auf der anderen Seite ist die Abhebegeschwindigkeit des Unterbrecherhebels bei Funkenzahlen unter 3000/min so klein, daß die Verzögerung des Spannungsanstiegs durch den Kontaktkondensator nicht mehr ausreicht, um ein Kontaktfeuern zu unterbinden, was ebenfalls einen Hochspannungsabfall zur Folge hat [27].

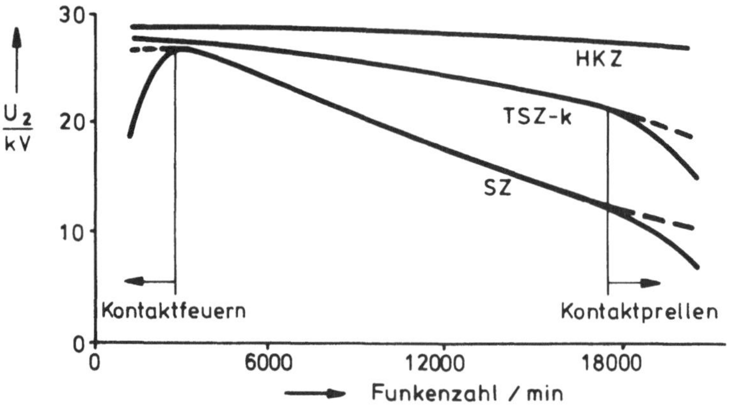

Bild 4.10. Hochspannung als Funktion der Funkenfrequenz

Auf die Notwendigkeit einer Anpassung des Zündzeitpunktes an die wechselnden Motorbetriebszustände wurde früher schon hingewiesen. Die Zuordnung der Zündzeiten zur Motordrehzahl erfolgt durch einen den Unterbrechernocken verdrehenden Fliehkraftversteller, während der im Bereich der Drosselklappe auftretende und die Motorbelastung charakterisierende Saugrohrunterdruck über eine Druckdose auf den Unterbrecherträger einwirkt und seine Winkellage relativ zur Verteilerwelle verändert. Bild 4.11 zeigt ein Bei-

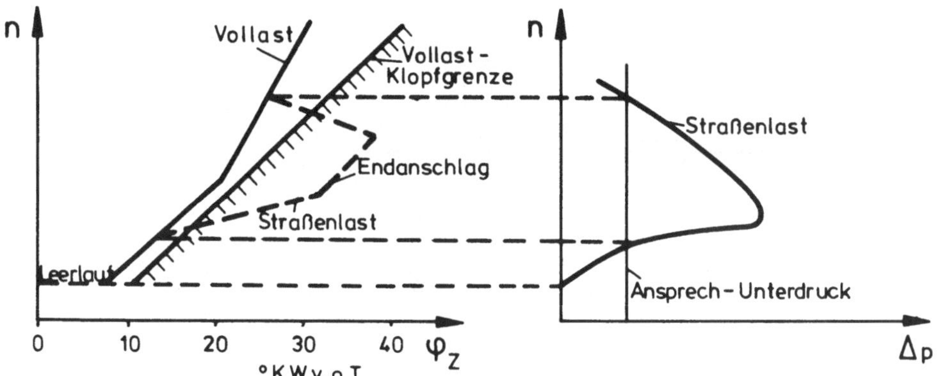

Bild 4.11. Drehzahl- und lastabhängige Zündwinkelverstellung

spiel für eine drehzahl- und lastabhängige Zündwinkelverstellung, deren Vollastverlauf hier im unteren Drehzahlgebiet durch die Klopfgrenze vorgegeben ist.

Durch den Einsatz der Elektronik kann die Funktion der Zündanlagen erheblich verbessert werden. Ein erster Schritt besteht in der Beseitigung der größten Schwachstelle konventioneller Zündsysteme. Diese Schwachstelle ist der mechanische Primärstromunterbrecher, mit dem ein Strom von höchstens 4,5 A geschaltet werden kann. Wird er durch Schalttransistoren ersetzt, die Ströme bis zu 10 A unterbrechen können, dann gelangt man bei Weiterverwendung des Unterbrechers zur kontaktgesteuerten Transistor-Spulenzündung (TSZ-k), Bild 4.12 [27]. Der Unterbrecher ist hier nur noch mit dem sehr geringen Transistor-Basisstrom ($\approx$ 0,5 A) und mit der Batteriespannung belastet, so daß auch bei kleinster Arbeitsspielfrequenz ein Kontaktfeuern unterbleibt. Es gibt also auch keinen Kontaktabbrand. Außerdem kann man zur Speicherung einer unveränderten Zündenergie wegen des höheren Primärstroms mit einer kleineren Primärinduktivität arbeiten (L_1 muß aber auch kleiner sein wegen der begrenzten Sperrspannung der Transistoren), wodurch die Zeitkonstante des Aufladevorgangs und damit der bei wachsender Motordrehzahl auftretende Sekundärspannungsabfall kleiner bleiben, siehe Bild 4.10.

Eine weitere Verbesserung wird erreicht, wenn der immer noch einem mechanischen Verschleiß (Veränderung der Zündzeitpunkte!) unterworfene Unterbrecher abgelöst wird durch berührungslos arbeitende elektronische Geber, deren Steuerimpulse der Transistor-Zündschaltung zugeführt werden. Als Impulsgeber verwendet man zum Beispiel einen Induktivgeber (TSZ-i) oder einen *Hall*-Geber (TSZ-h), die im Zündverteiler untergebracht werden können.

In Bild 4.13 ist der Schaltplan einer TSZ-i-Anlage wiedergegeben [22]. Neben der Stabilisierungseinheit, die die Versorgungsspannung des Schaltgerätes konstant hält und neben dem Impulsformer (monostabiler Multivibrator), der die vom Induktivgeber gelieferten Si-

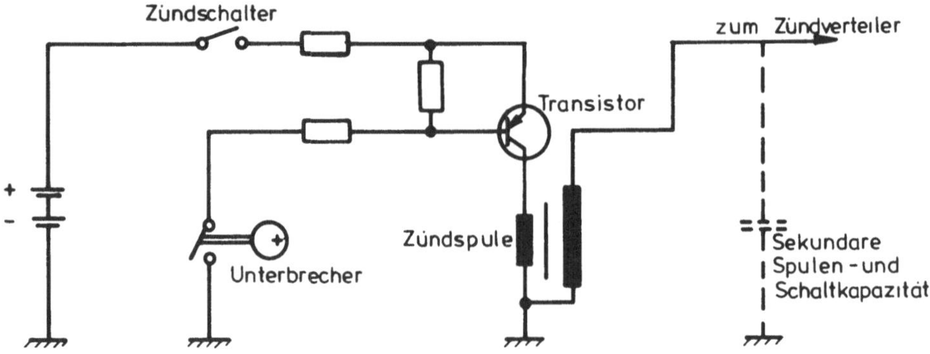

Bild 4.12. Schema einer kontaktgesteuerten Transistor-Spulenzündung

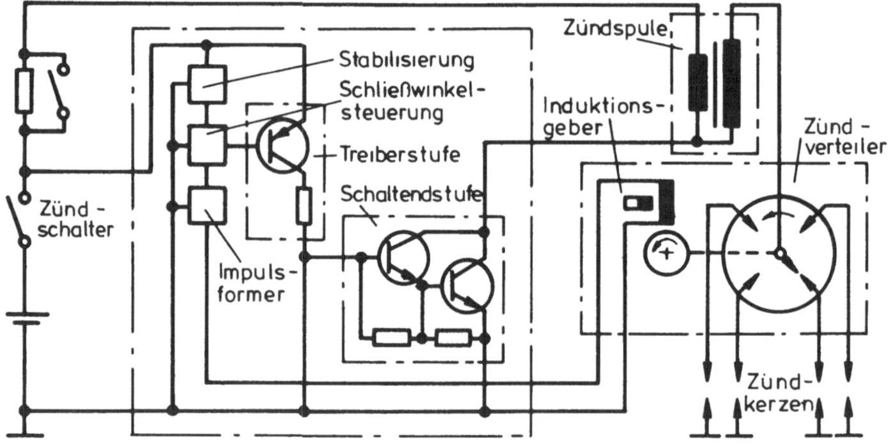

Bild 4.13. Transistor-Spulenzündung mit Induktivgeber

gnale zur Ansteuerung des Treibertransistors in Rechteckimpulse umwandelt, ist hier noch
eine Steuerung vorgesehen, mit der die dem Schließwinkel entsprechende Rechteckimpuls-
dauer der Motordrehzahl angepaßt und so zum Zündzeitpunkt ein stets ausreichender
Primär-Endstrom erreicht wird. Die Primärstromunterbrechung erfolgt in der *Darlington*-
Endstufe. Mit diesem Bild wird schon deutlich, daß der Bau- und Kostenaufwand bei solchen elektronischen Zündanlagen natürlich wesentlich größer ist als bei der konventionellen Spulenzündung.

Der weitergehende Einsatz der Elektronik führt schließlich zur elektronischen Zündverstellung, bei der der Impulsgeber direkt von der Kurbelwelle angesteuert wird. Dadurch
werden einmal Zündzeitpunktschwankungen, die sich durch die Spiele im Verteilerantrieb

ergeben können, ausgeschaltet. Zum andern entfällt aber auch die mechanische Zündverstellung im Verteiler, mit der nur relativ einfache Verstellkennlinien zu realisieren sind. Statt dessen wird jetzt das den Zündvorgang auslösende Gebersignal auch als Drehzahlsignal benutzt, das zusammen mit dem Signal eines Saugrohr-Unterdrucksensors einem Mikrocomputer zugeführt wird, der die jeweils notwendige Zündzeitpunktverstellung errechnet und das entsprechend modifizierte Ausgangssignal an das Zündschaltgerät weitergibt. Bild 4.14 zeigt beispielhaft das in einem Mikrocomputer gespeicherte und in den verschiedenen Motorbetriebsbereichen für die Leistung, für den Kraftstoffverbrauch und für die Abgasqualität optimierte Zündkennfeld, in dem bis zu 4000 einzeln abrufbare Zündwinkel festgehalten werden können [28].

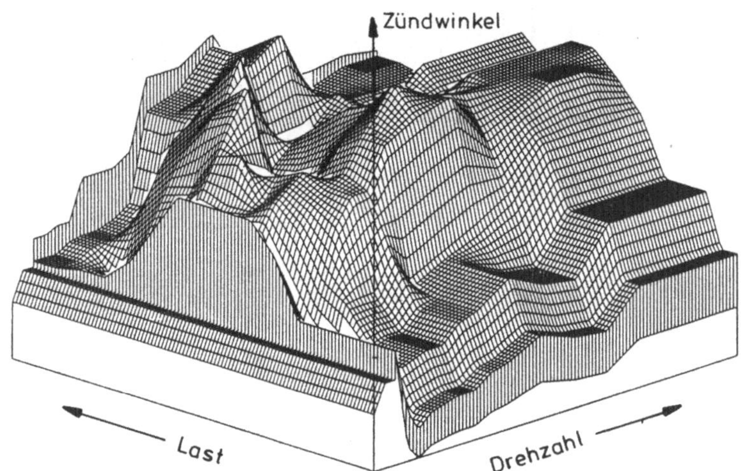

Bild 4.14. Zündkennfeld bei elektronischer Zündverstellung

Neben der ohne Wartungsarbeiten unveränderlich exakten Funktionsweise besteht ein weiterer und sehr bedeutsamer Vorteil dieser Zündanlagen darin, daß auch noch andere Steuerparameter wie etwa die Motortemperatur oder der Umgebungszustand bei der Zündzeitpunktberechnung berücksichtigt werden können. Ein solcher Parameter ist auch die bei der Antiklopfregelung mit einem Körperschallgeber ermittelte Klopfintensität. Normalerweise müssen die Motoren ja so ausgelegt sein, daß auch unter ungünstigen Betriebsbedingungen (hohe Außentemperaturen, ungünstige Toleranzlage der Zündungseinstellung, starke Brennraumablagerungen, schlechtere Kraftstoffqualität) ein ausreichender Sicherheitsabstand zur Klopfgrenze eingehalten wird. Ein Motor mit Antiklopfregelung benötigt diesen Sicherheitsabstand nicht, kann also mit einem höheren Verdichtungsverhältnis und so mit besseren Wirkungsgraden arbeiten. Sobald nämlich über den Klopfsensor eine klopfende Verbrennung angezeigt wird, verzögert die Regelschaltung den Zeitpunkt der nachfolgenden Zündungen solange, bis vom Sensor keine Klopfschwingungen mehr wahrgenommen werden. Da die Klopfsignale den einzelnen Zylindern zugeordnet werden, ist eine individuelle Anpassung der Zündzeitpunkte jedes einzelnen Zylinders möglich. Eine Sicherheitsschaltung gewährleistet, daß der Motor bei einem Störfall im Klopfmeßkreis nicht mit zu frühen Zündzeiten betrieben wird.

Abschließend sei jetzt noch kurz erwähnt, daß neben der Spulenzündung in Sonderfällen auch Kondensatorzündungen eingesetzt und außer den batteriegespeisten Zündanlagen auch Magnetzündungen verwendet werden.

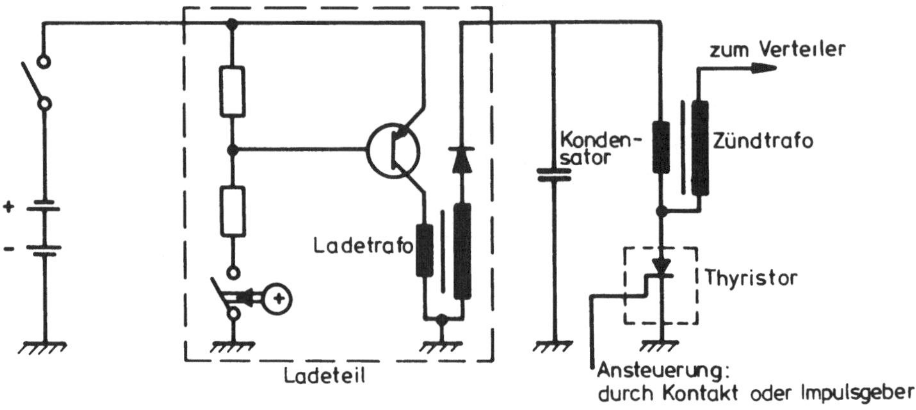

Bild 4.15. Hochspannungs-Kondensatorzündung

Bei einer Hochspannungs-Kondensatorzündung (HKZ), Bild 4.15, wird die Zündenergie nicht als magnetische Energie in einer Spule, sondern als elektrische Energie in einem Kondensator gespeichert [22]. Sie steht also gleich zu Beginn des Zündvorganges in der Form zur Verfügung, die auch an den Kerzen benötigt wird. Deshalb erfolgt bei der durch einen Thyristor (Halbleiter-Stromtor) gesteuerten Entladung des Speichertransformators, dessen Ladespannung mit einem Zündtransformator auf die erforderliche Zündspannung angehoben wird, der Spannungsanstieg an den Kerzenelektroden um eine Größenordnung schneller als bei der Spulenzündung. In diesem hohen Spannungsgradienten liegt einer der Vorteile der HKZ gegenüber der SZ, da sich Verschmutzungen der Zündkerzen, das heißt Nebenschlußbelastungen, weit weniger auf die erreichbare Hochspannung auswirken, siehe Bild 4.16 [27]. Außerdem können die Bauelemente des Ladekreises so ausgelegt werden, daß die Hochspannung mit wachsender Funkenfolge nur sehr wenig abfällt, siehe Bild 4.10. Solche Zündanlagen eignen sich also vor allem für vielzylindrige, hochtourige Motoren

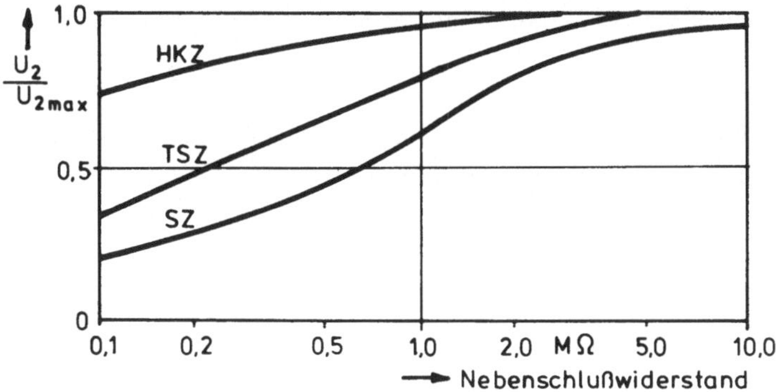

Bild 4.16. Hochspannungseinbußen bei Kerzennebenschlüssen

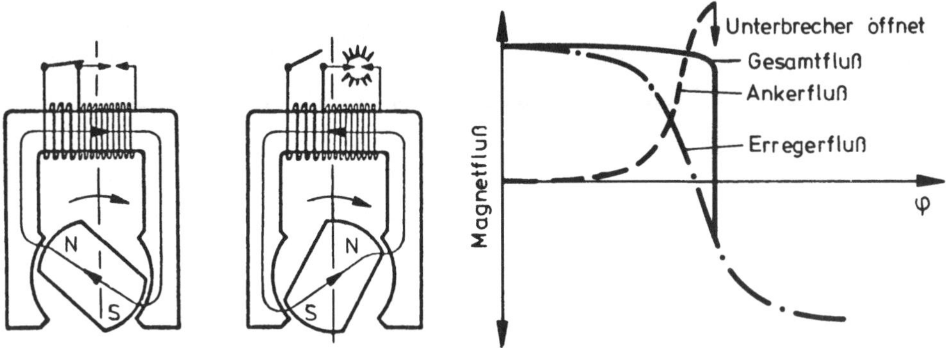

Bild 4.17. Prinzip einer Spulen-Magnetzündung

(Rennmotoren), während sich ihre nur sehr kurze Funkendauer bei Pkw-Motoren nachteilig auswirken kann.

Eine als Spulen- oder Kondensatorzünder ausgeführte Magnetzündung wird in all den Fällen angewandt, in denen man von einer Batterie unabhängig sein will (leichte Motorräder, Bootsantriebe, Rasenmäher usw.). Wie in Bild 4.17 für eine Spulen-Magnetzündung schematisch dargestellt, arbeitet sie mit einem umlaufenden und vom Motor angetriebenen Dauermagneten (Polrad), der im Zündanker einen sich ständig ändernden magnetischen Fluß (Erregerfluß) erzeugt [22]. Dieser Wechselfluß induziert in der Primärwicklung der Zündspule eine Spannung und bei Kontaktschluß des Unterbrechers einen Strom mit einem magnetischen Feld, dessen Fluß (Ankerfluß) sich dem abfallenden Erregerfluß überlagert. Die Abnahme des Gesamtflusses wird also zunächst verzögert. Er bricht erst im Augenblick der Primärstromunterbrechung abrupt zusammen und induziert dabei in der

Sekundärwicklung die im Gegensatz zur Batteriezündung mit der Motordrehzahl ansteigende Zündhochspannung.

Kondensator-Batterie- und Spulen- oder Kondensator-Magnetzündanlagen können natürlich ebenfalls durch den Einsatz der Elektronik verbessert werden.

4.3 Zündung und Verbrennung im Dieselmotor

Beim Dieselmotor wird der Kraftstoff unter hohen Drücken von etwa 200 bar (Vor- und Wirbelkammermotoren) bis zu ca. 1200 bar durch eine Einspritzdüse in die hochverdichtete Luft eingebracht, wobei die Kraftstoffstrahlen in eine Vielzahl unterschiedlich großer Tröpfchen zerfallen. Der Kraftstoff muß dann zunächst verdampft und mit der Luft vermischt werden, um den früher beschriebenen, mehrphasigen Entflammungsprozeß in Gang zu setzen. Die Güte der Kraftstoffzerstäubung ist abhängig von der Zähigkeit, der Dichte und der Oberflächenspannung des Kraftstoffes, von der Höhe des Einspritzdruckes, von der Düsengeometrie sowie von der Dichte und den Bewegungsverhältnissen der Brennraumluft. Im Mittel liegen die nach den Gesetzen der Statistik verteilten Tropfengrößen bei der Einspritzung von Dieselöl in der Größenordnung von 20 μm [29].

Die Verdampfungs-, Mischungs- und Zündvorgänge verlaufen im Bereich der einzelnen Tropfen nie völlig gleichmäßig. Dennoch werden aber die für eine Selbstzündung notwendigen Voraussetzungen bezüglich der lokalen Gemischzusammensetzungen und Gemischtemperaturen wegen der Vielzahl der Tröpfchen praktisch zur gleichen Zeit immer an mehreren Stellen des Kraftstoffstrahls vorhanden sein, so daß die Verbrennung auch stets durch mehrere Zündherde eingeleitet wird. Der weitere Verlauf der Energieumsetzung, bei dem die wachsenden Gastemperaturen die physikalische und chemische Voraufbereitung der Kraftstoffteilchen beschleunigen, der Selbstzündung aber wohl auch "Fremdzündungen" durch brennende Gemischteilchen überlagert sind, ist sehr stark abhängig von der Art des Gemischbildungsverfahrens, siehe Kap. 5.2.

Bild 4.18 zeigt eine schematische Darstellung der Verdampfung eines Kraftstoffteilchens und der Gemischentflammung. Zur Zeit t_1 sei die in der Umgebung des flüssigen Teilchens vorhandene Gemischzusammensetzung durch den örtlichen Kraftstoffdampf-Partialdruck p_{k1} gekennzeichnet. Der Verlauf der Gemischtemperatur sei durch T_1 dargestellt. Innerhalb der Gemischzone steigt also die Temperatur von dem an der Oberfläche des flüssigen Kraftstoffs vorliegenden Wert bis auf die Lufttemperatur an. Nach den früheren Ausfüh-

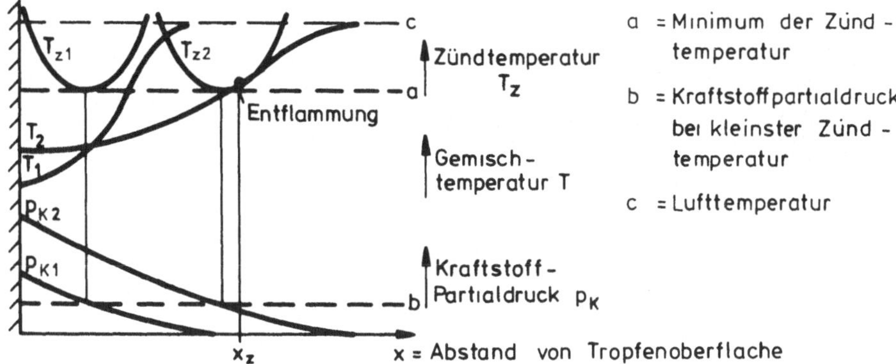

Bild 4.18. Schema der Kraftstoffverdampfung und Entflammung

rungen über die Reaktionskinetik ist die für die Einleitung einer explosiven Verbrennung erforderliche Temperatur T_z bei vorgegebenem Gasdruck noch von der Gemischzusammensetzung abhängig. Der den p_{k1}-Werten entsprechende Verlauf der Entzündungstemperatur sei nun durch T_{z1} beschrieben. Man sieht, daß zur Zeit t_1 - und erst recht bei allen früheren Zeitpunkten - die Gemischtemperatur an keiner Stelle die Zündtemperatur erreicht. Wenn in diesem Augenblick das Kraftstoffteilchen schon völlig verdampft sein sollte, kommt es zu keinem explosiven Stoffumsatz. Dieser Fall kann eintreten, wenn im Schwachlastbetrieb eines Dieselmotors einzelne sehr feine Tröpfchen in Brennraumgebiete gelangen, wo sie weit entfernt von anderen Zündherden verdampfen und die Kraftstoffdämpfe dann so schnell durch die Umgebungsluft verdünnt werden, daß die Vorreaktionen abgebrochen werden. Man findet dann im Abgas Produkte eines unvollständigen Reaktionsablaufs wie zum Beispiel das sehr stechend riechende Formaldehyd. (Solche Reaktionszwischenprodukte - oder auch völlig unverbrannte Kraftstoffpartikel - können aber im Teillastgebiet durch das verringerte Brennraumtemperaturniveau auch bei ungenügender Kraftstoffzerstäubung und bei einer Kraftstoffwandanlagerung emittiert werden.)

In Bild 4.18 sind nun auch die Kurvenverläufe für den etwas späteren Zeitpunkt t_2 eingezeichnet, in dem die Gemischtemperatur gerade die Entzündungstemperatur erreicht, so daß hier im Abstand x_z von der Kraftstoffteilchenoberfläche die explosive Verbrennung einsetzt.

Bild 4.19 zeigt links die Situation nach Einleitung der Verbrennung eines in ruhender Luft befindlichen Kraftstofftropfens. Er ist umgeben von einem Kraftstoffdampf-Luftgemisch mit den skizzierten Verläufen der Kraftstoff- und Sauerstoffpartialdrücke und der Gemischtemperaturen. Innerhalb des Gemischmantels vollziehen sich die mehrphasigen Vorreaktionsvorgänge, die dann im Abstand x_z von der Tropfenoberfläche zur Verbrennung überleiten, wobei die Kraftstoffkonzentration in der Brennzone bis auf Null abfällt. Jeder

138

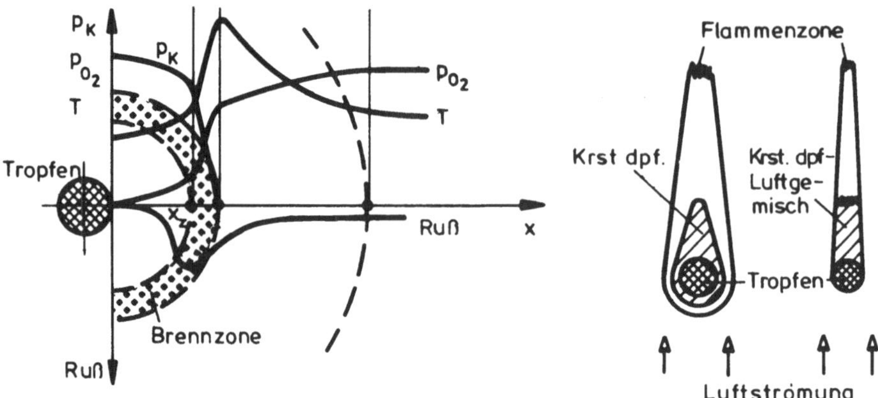

Bild 4.19. Schema der Tropfenverbrennung

Kraftstofftropfen ist demnach von einer Gemischzone umgeben, in der alle Luftverhältniszahlen zwischen 0 und ∞ auftreten. Dabei gibt es natürlich auch immer einen Bereich mit einer brennfähigen Gemischzusammensetzung, so daß der Kraftstoff selbst bei einem im Mittel sehr großen λ-Wert entflammt werden kann, sofern nur die Brennraumlufttemperatur hoch genug ist (und sehr kleine Tröpfchen nicht von zu großen Luftmengen umgeben sind, was aber immer nur für wenige Tröpfchen zutreffen kann). Im Unterschied zum Ottomotor existieren also beim Dieselmotor keine durch die Gemischzusammensetzung bedingten Zündgrenzen, wodurch es möglich wird, ihn mit der wirkungsgradmäßig erheblich günstigeren Gemischregelung (Regelung der Gemischzusammensetzung durch Variation der eingespritzten Kraftstoffmengen ohne Veränderung der angesaugten Luftmenge) zu betreiben.

Nach Beginn der Verbrennung werden die inneren Gemischmantelbereiche durch die Brennzone verstärkt aufgeheizt. Diese Aufheizung löst in den sauerstoffarmen Gemischzonen Crack- und Dehydrierungsprozesse aus, wodurch Kohlenwasserstoffmoleküle bis auf ein Kohlenstoffskelett abgebaut werden können. Die relativ reaktionsträgen Kohlenstoffteilchen, die sich zu größeren Rußflocken zusammenballen, sind später nicht mehr vollständig zu verbrennen und werden als Schwarzrauch im Auspuff sichtbar. Eine Rußbildung ist also bei dieser Art der Tröpfchenverbrennung, bei der die Reaktionspartner in die Brennzone diffundieren müssen, gar nicht zu vermeiden. Die Höhe der Rußemission ist aber davon abhängig, inwieweit es gelingt, die entstandenen Rußteilchen nachträglich noch zu verbrennen. Da hierzu u.a. ein ausreichendes Sauerstoffangebot notwendig ist, muß ein Dieselmotor zur Begrenzung der Schwarzrauchintensität stets mit Luftüberschuß arbeiten. Bei sehr guter Gemischbildung kann eine Rußgrenzen-Luftverhältniszahl von $\lambda \approx 1{,}15$ erreicht werden.

Die Diffusionsflamme, die auch bei einer brennenden Kerze auftritt, ist nun sicher nicht die einzige Flammenform der Tröpfchenverbrennung im Dieselmotor. (Hier wird der übliche Begriff der Diffusionsflamme verwendet, obschon in einem Dieselmotor neben der Diffusion auch die turbulente Vermischung von mindestens gleichrangiger Bedeutung ist.) Die heftigen Brennraumgasströmungen bewirken nämlich eine Flammenverwehung, wie sie im rechten Teil von Bild 4.19 angedeutet ist. Dabei kann die Flamme auch völlig abreißen und dann vom Kraftstofftropfen aus durch ein jetzt schon weitgehend vorgemischtes Brenngas weiter genährt werden. Eine Rußbildung ist aber auch in diesem Fall nicht zu vermeiden, da stets auch Kraftstofftröpfchen in den sauerstoffarmen Bereich des heißen Abgasstromes einer Flammenfahne oder gar in die Flamme eines brennenden Teilchens gelangen und dort gecrackt werden [30].

Der zeitliche Verlauf der Energieumsetzung ist durch die drei in Bild 4.20 dargestellten Bereiche gekennzeichnet. Allgemein ist zunächst festzustellen, daß die Verbrennung zur Erzielung guter Wirkungsgrade wieder früh genug einzuleiten ist, wobei oft aber auch der Spitzendruck und vor allem die NO_x-Emission mitberücksichtigt werden müssen. Mit der Einspritzung muß natürlich zum Ausgleich der Zündverzugszeit noch entsprechend früher begonnen werden. Der Zündverzug wird hier definiert als die Zeitspanne zwischen dem Einspritzbeginn und dem Augenblick des ersten meßbaren Verbrennungsdruckanstiegs. Er setzt sich zusammen aus der für die Bildung der ersten Gemischzonen (Strahlzerfall, Tropfenverdampfung, Vermischung von Luft und Kraftstoffdampf) und der für den Ablauf der Vorreaktionen benötigten Zeit. Man spricht deshalb auch von der physikalischen und der chemischen Zündverzugsteilzeit.

Bei Brennbeginn ist schon eine gewisse Menge des inzwischen eingespritzten Kraftstoffs für die Verbrennung aufbereitet. Dieser Kraftstoffanteil wird in der Vorverbrennungsphase "A" sehr rasch umgesetzt, wobei die Umsatzrate nur durch die hohen Geschwindigkeiten der in der Explosionsflamme ablaufenden chemischen Reaktionen bestimmt wird. In der anschließenden Hauptverbrennungsphase "B" erfolgt der Umsatz weiterer Kraftstoffmengen, die aber erst noch vollständig für die Verbrennung aufbereitet werden müssen. Die - verlangsamte - Umsatzrate ist also in dieser Phase abhängig von der Geschwindigkeit der Gemischbildung, die in einem begrenzten Maße auch durch den zeitlichen Verlauf der Einspritzung gesteuert werden kann. Anders als beim Ottomotor wird dabei die Gemischbildung durch die Verbrennung beeinflußt, denn die anwachsenden Gastemperaturen beschleunigen die Kraftstoffverdampfung und der Druckanstieg kann sehr heftige Gasströmungen auslösen. Die für die Umsatzrate maßgeblichen Faktoren (Brennraumgasgeschwindigkeiten, Brennraumtemperaturniveau, Tröpfchengrößen) ändern sich mit der Motordrehzahl in der Weise, daß auch bei schnellaufenden Motoren die Hauptverbrennung früh genug abgeschlossen werden kann.

140

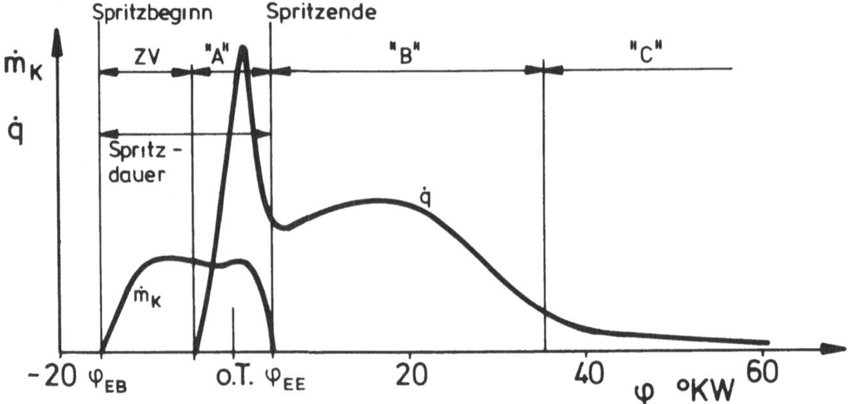

Bild 4.20. Einspritz- und Brennverlauf im Dieselmotor

In der Nachverbrennungsphase "C" verbrennt die Restkraftstoffmenge nur noch sehr schleppend, denn auch hier wird die Umsatzrate vor allem durch die Gemischbildungsgeschwindigkeit bestimmt, die aber jetzt bei verringertem Sauerstoffangebot und abgeschwächten Gasströmungen relativ klein ist. Außerdem geht natürlich auch die Reaktionsgeschwindigkeit wegen der nur noch geringen Konzentration der Reaktionspartner und der abnehmenden Gastemperaturen zurück.

Die in der Vorverbrennungsphase freigesetzte Wärmeenergie ist nun ganz entscheidend für die Ganghärte (und für die Triebwerksbelastung) eines Dieselmotors. Ist nämlich die in dieser Phase fast schlagartig umgesetzte Kraftstoffmenge zu groß, dann führt das zu einem sehr steilen (und hohen) Druckanstieg und damit zu einer Verbrennung, die sich durch ein lautes, "nagelndes" Geräusch sehr unangenehm bemerkbar macht. Die Druckgradienten können dabei in ungünstigen Fällen Werte über 30 bar/^{O}KW erreichen. Im Unterschied zum Klopfen des Ottomotors erfolgt also das Nageln eines Dieselmotors am Anfang der Verbrennung.

Die Vorschrift zur Realisierung eines möglichst ruhigen Einsatzes der dieselmotorischen Verbrennung kann wie folgt formuliert werden:

Zur Vermeidung einer nagelnden Verbrennung müssen die innerhalb der Zündverzugszeit für die Verbrennung aufbereiteten Kraftstoffmengen begrenzt werden!

Man kann sich also darum bemühen, bei vorgegebener Zündverzugszeit die für die Einleitung der Verbrennung verfügbaren Kraftstoffmengen oder bei Vorgabe des zeitlichen Einspritzmengenverlaufs den Zündverzug klein genug zu halten.

Betrachten wir jetzt auch den Einfluß einiger betriebstechnischer und konstruktiver Faktoren auf die Ganghärte eines Dieselmotors, dann ist die wichtigste Voraussetzung für einen möglichst ruhigen Ablauf der Verbrennung wieder die Verwendung eines - hier für den Dieselmotor - geeigneten, das heißt eines sehr zündwilligen Kraftstoffs. Die Zündwilligkeit eines Kraftstoffs wird ausgedrückt durch seine Cetanzahl, die in einem Prüfmotor ermittelt wird, bei dem der Zündverzug beispielsweise durch Variation des Kompressionsanfangsdruckes verändert werden kann. Sie gibt die Volumenprozente des sehr zündwilligen Cetans an, die in einer Mischung mit dem zündunwilligen α -Methylnaphthalin vorhanden sein müssen, um bei gleichen Prüfbedingungen den Zündverzug des zu untersuchenden Kraftstoffes zu erreichen.

1. Einfluß betriebstechnischer Faktoren auf die Ganghärte.

Die Ganghärte eines Dieselmotors

* läßt sich in Abhängigkeit von der Motordrehzahl nicht eindeutig beschreiben, da hier eine Anzahl unterschiedlich wirkender Einflußfaktoren zu berücksichtigen ist. So kann der Zündverzug bei größerer Drehzahl durch das erhöhte Brennraumtemperaturniveau und durch die intensiveren Luftbewegungen (Beschleunigung der Kraftstoffverdampfung) verkürzt werden. Andererseits könnte er auch verlängert werden, da mit der Einspritzung schon früher im Kompressionshub begonnen werden muß. Außerdem könnte sich eine verstärkte Luftbewegung auch durch eine raschere Kraftstoff-Luftverteilung negativ auf die Ganghärte auswirken. Die mit der Drehzahl anwachsende Einspritzpumpen-Kolbengeschwindigkeit erhöht auch den Einspritzdruck, wodurch die während des Zündverzugs aufbereitete Kraftstoffmenge wegen der verbesserten Strahlauflösung und der zeitlich erhöhten Einspritzrate zunimmt. (Zu Beginn der Einspritzung wird der Einspritzdruckverlauf allerdings noch nicht sehr stark verändert.) Die Erhöhung des Düsendruckgefälles ist nämlich für den Zündverzug nur von untergeordneter Bedeutung, da die Zerstäubungsfeinheit der die Verbrennung einleitenden, kleinsten Tröpfchen dabei kaum verändert wird. Schließlich könnte die größere Winkelgeschwindigkeit der Kurbelwelle den auf den Kurbelwinkel bezogenen und die Ganghärte mitbestimmenden Druckgradienten $dp/d\varphi$ wiederum verringern. Es wird also verständlich, daß Versuche, die an verschiedenen Dieselmotortypen durchgeführt wurden, keine einheitlichen Resultate für die Ganghärte als Funktion der Motordrehzahl ergaben.

* wird größer bei abnehmender Motorbelastung, weil das verringerte Brennraumtemperaturniveau den Zündverzug verlängert (Leerlauf-Nageln).

* wird kleiner bei Verspätung des Einspritzzeitpunktes, weil die bei Spritzbeginn dann schon höheren Lufttemperaturen und -drücke den Zündverzug verkürzen.

* wird kleiner mit zunehmender Temperatur und mit wachsendem Druck der Frischladung (hohe Außentemperaturen, Aufladung), weil dabei die Zündverzüge verringert werden.

2. Einfluß konstruktiver Parameter auf die Ganghärte.

Die Ganghärte eines Dieselmotors

* wird kleiner mit zunehmendem Verdichtungsverhältnis, weil die anwachsenden Kompressionstemperaturen und -drücke den Zündverzug verkürzen.

* wird durch eine Einspritzdüsengeometrie, die durch größere Strahlkegelwinkel eine bessere Strahlauflösung herbeiführt (zum Beispiel bei einem kleinen Verhältnis von Düsenlochlänge zu Düsenlochdurchmesser) und meist auch bei einer Vergrößerung der Düsenlochzahl durch die Zunahme der Zündherdanzahl verstärkt.

* wird verstärkt bei Erhöhung des Einspritzdruckes, siehe oben.

* wird durch Drosselung der anfänglich in den Brennraum eingespritzten Kraftstoffmengen (z.B. Einsatz einer Drosselzapfendüse, siehe Kap. 5.2) verkleinert.

* wird verringert durch Einspritzung des Kraftstoffs auf die relativ kühlen Brennraumwände (Verfahren mit Kraftstoff-Wandanlagerung, siehe Kap. 5.2), wobei nur wenige, vom Einspritzstrahl abgelöste Kraftstoffteilchen die Verbrennung einleiten.

Bei einer Anwendung konstruktiver Maßnahmen zu Verringerung der Ganghärte sind selbstverständlich auch stets ihre Auswirkungen auf die Leistung, auf den Wirkungsgrad und auf die Abgasqualität des Motors zu berücksichtigen.

5 Gemischbildung

5.1 Gemischbildung im Ottomotor

Beim Ottomotor erfolgt die Gemischbildung zum großen Teil außerhalb der Zylinder (äußere Gemischbildung). Die Verdampfung des Kraftstoffs und die Vermischung von Kraftstoffdampf und Luft kann aber bis zum Einsatz der Verbrennung auch noch innerhalb der Arbeitsräume vervollständigt werden. Es stehen also ausreichende Zeiten für die Bereitstellung eines weitestgehend homogenisierten Brenngasgemisches zur Verfügung.

Als Gemischbildner werden entweder Vergaser oder Kraftstoff-Einspritzanlagen eingesetzt. Sie haben die Aufgaben, die der Luft zugemischten Kraftstoffmengen richtig zu dosieren, den Kraftstoff in der Luft zu zerstäuben und die dem Motor zugeführte Gemischmenge dem jeweiligen Leistungsbedarf entsprechend anzupassen.

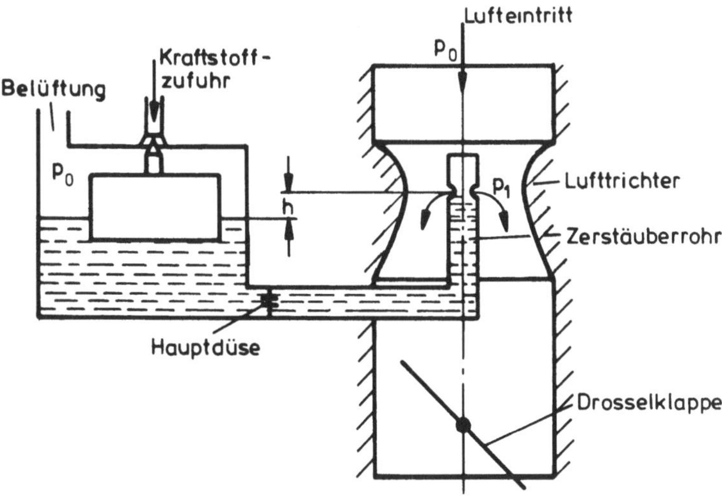

Bild 5.1. Grundaufbau eines Vergasers

Bild 5.1 zeigt in einer schematischen Darstellung den Grundaufbau eines Vergasers. (Die heute völlig falsche Bezeichnung "Vergaser" stammt noch aus den Anfängen des Benzinmotorenbaus, als man den Kraftstoff tatsächlich an großen Oberflächen verdampfte.) Der vom Tank herangeführte Kraftstoff gelangt in eine mit dem Atmosphärendruck beaufschlagte Schwimmerkammer, in der das Ventil des Schwimmers eine konstante Spiegelhöhe einhält. Von dort wird er über die Hauptdüse weitergeleitet zum Zerstäuberrohr, dessen Austrittsbohrungen an der engsten Stelle des als Venturidüse ausgebildeten Lufttrichters angeordnet sind. Um auch bei Schräglagen im Motorstillstand einen Kraftstoffüberlauf zu verhindern, liegen die Austrittsöffnungen des Zerstäuberrohrs um den Sicherheitsabstand h oberhalb des Kraftstoffspiegels in der Schwimmerkammer. Saugt der Motor Luft an, dann bewirkt der im Lufttrichter entstehende Unterdruck einen Ausfluß des Kraftstoffs, der dann in der Luft zerstäubt wird.

Mit den Bezeichnungen

p_0 = Umgebungsdruck,

p_1 = Druck an der engsten Stelle des Lufttrichters,

ϱ_{0L} = Dichte der Umgebungsluft,

ϱ_K = Dichte des Kraftstoffs,

A_L = engster Lufttrichterquerschnitt,

A_K = Querschnitt der Kraftstoffhauptdüse,

α_L = Durchflußbeiwert des Lufttrichters,

α_K = Durchflußbeiwert der Kraftstoffhauptdüse,

h = Sicherheitsabstand,

$\varkappa_L$ = Isentropenexponent der Luft

gilt für die angesaugte Luftmenge (siehe Glg.3.28)

$$\dot{m}_L = \alpha_L A_L \sqrt{2 p_0 \varrho_{0L}} \sqrt{\frac{\varkappa_L}{\varkappa_L - 1}\left[\left(\frac{p_1}{p_0}\right)^{\frac{2}{\varkappa_L}} - \left(\frac{p_1}{p_0}\right)^{\frac{\varkappa_L+1}{\varkappa_L}}\right]} \tag{5.1}$$

und für den Durchtritt des Kraftstoffs durch die sehr kurze Düsenbohrung

$$\dot{m}_K = \alpha_K A_K \sqrt{\frac{2}{\varrho_K}\left(p_0 - p_1 - g\,\varrho_K h\right)} \quad . \tag{5.2}$$

Bei Vorgabe der Strömungsquerschnitte und des Mindestluftbedarfs der Verbrennung kann dann für die Luftverhältniszahl angeschrieben werden

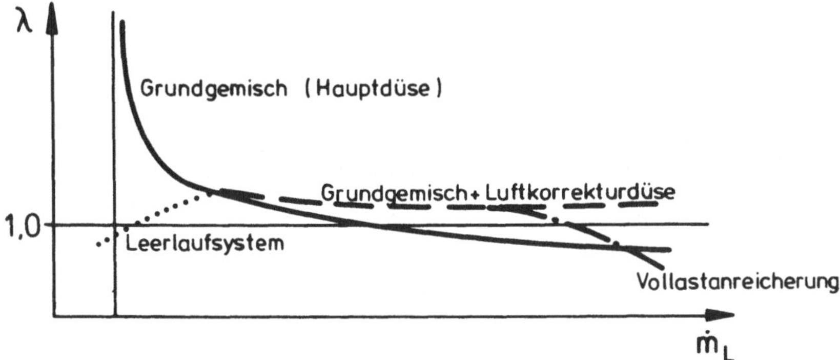

Bild 5.2. Luftverhältniszahl in Abhängigkeit vom Luftdurchsatz

$$\lambda = \text{const}\ \frac{\alpha_L}{\alpha_K}\ \sqrt{\frac{(p_1/p_0)^{\frac{2}{\varkappa_L}} - (p_1/p_0)^{\frac{\varkappa_L + 1}{\varkappa_L}}}{1 - (p_1/p_0) - g\,g_k\,h/p_0}} \tag{5.3}$$

Bild 5.2 zeigt qualitativ den Verlauf von λ als Funktion des Luftdurchsatzes. (Eingezeichnet sind auch Kurvenverläufe, die durch den Einsatz der nachfolgend noch zu besprechenden Zusatzsystemen realisiert werden können.) Die Tatsache, daß Luft und Kraftstoff unterschiedlichen Durchflußgesetzen gehorchen, führt also dazu, daß das Gemisch mit wachsender Luftmenge immer fetter wird. Diese Tendenz wird dadurch noch verstärkt, daß bei den im Vergaser auftretenden *Reynolds*-Zahl-Bereichen der α_L-Wert fast konstant ist, während der α_K-Wert mit dem Kraftstoffdurchfluß anwächst. Um diese Überfettung zu vermeiden, arbeitet man nach dem Schema von Bild 5.3 mit einer Zugabe von Korrekturluft. Die durch eine Düse bemessene Korrekturluft gelangt durch Wandbohrungen des Mischrohres, in dem bei ansteigendem Lufttrichter-Unterdruck der Flüssigkeitsspiegel absinkt und dadurch immer mehr Zumischbohrungen freigelegt werden, in den Kraftstoff. Durch die Zerstäuberrohröffnungen wird also dann schon ein Kraftstoff-Luftgemisch angesaugt, dessen Luftgehalt mit dem Unterdruck zunimmt. Durch den schon vorher zerschäumten Kraftstoff kann auch seine anschließende Zerstäubung etwas verbessert werden.

Wie aus Bild 5.2 hervorgeht, werden die von der Hauptdüse gelieferten Kraftstoffmengen im Schwachlastgebiet viel zu klein und im Leerlauf ist der Lufttrichter-Unterdruck so gering, daß der Kraftstoff nicht einmal die Sicherheitshöhe überwinden kann. Deshalb muß für den Motorleerlauf und für den leerlaufnahen Leistungsbereich ein Zusatzsystem vorgesehen werden, das meistens nach dem in Bild 5.4 wiedergegebenen Schema aufgebaut ist. Unterhalb der im Leerlauf nur wenig geöffneten Drosselklappe herrscht ein großer Unterdruck, der über die Leerlaufkraftstoffdüse ausreichende Kraftstoffmengen ansaugt, die mit der von der Leerluftdüse dosierten Luft schon vorgemischt werden. Dieses Gemisch ist noch sehr fett. Es wird erst brennfähig gemacht durch Zumischung der an der Drossel-

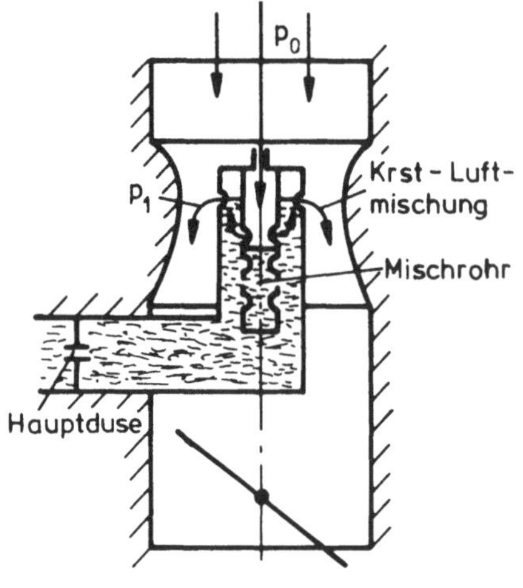

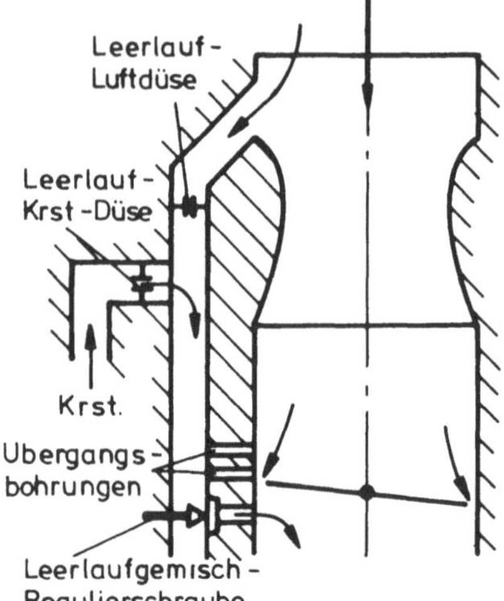

Bild 5.3. Luftkorrektursystem   Bild 5.4. Leerlaufsystem

klappe vorbeiströmenden Luftmengen. Die für einen guten Rundlauf optimale Gemischzusammensetzung kann mit der Leerlaufgemisch-Regulierschraube eingestellt werden,
während die Leerlaufdrehzahl durch die veränderliche Endposition der Drosselklappe
vorgegeben wird. Bei weiterer Öffnung der Drosselklappe treten zunächst noch Über-
gangsbohrungen in Aktion, bis schließlich das Hauptdüsensystem seine Arbeit aufnimmt.

Wie sich nun die Gemischzusammensetzung mit den bisher beschriebenen Vergaserein-
richtungen im Fahrbetrieb einstellt, ist auch sehr stark von der jeweiligen Motorauslegung
(Zylinderzahl, Saugfolge, Steuerzeiten, Ausbildung des Ansaugrohrsystems) abhängig.
Wird das Gemisch im oberen Leistungsbereich zu mager, dann verwendet man eine
Höchstleistungsanreicherung. Das ist beispielsweise ein noch vor dem Lufttrichter, also in
einer Zone geringen Unterdrucks angeordnetes Spritzröhrchen, das über eine Anreiche-
rungsdüse mit der Schwimmerkammer verbunden ist und nur bei sehr großen Ansaugluft-
geschwindigkeiten, also nur bei hoher Last und hoher Drehzahl zusätzlichen Kraftstoff liefert. Wird das Vollastgemisch auch bei kleineren Drehzahlen zu mager, dann arbeitet man
mit einer Vollastanreicherung, die unabhängig von der Drehzahl bei weit geöffneter Drosselklappe immer in Funktion ist und die Zuschaltung einer Kraftstoffdüse bewirkt, deren
Querschnitt mit einer durch das Drosselklappengestänge betätigten Nadel verändert wird.

Da man mit Rücksicht auf den Liefergrad des Motors den Lufttrichter eines Vergasers
nicht zu eng bemessen darf, die bei geringen Luftdurchsätzen dann aber relativ kleinen
Strömungsgeschwindigkeiten die Gemischbildung erschweren, verwendet man auch sogenannte Registervergaser. Sie bestehen aus zwei, in einem Gehäuse nebeneinander ange-

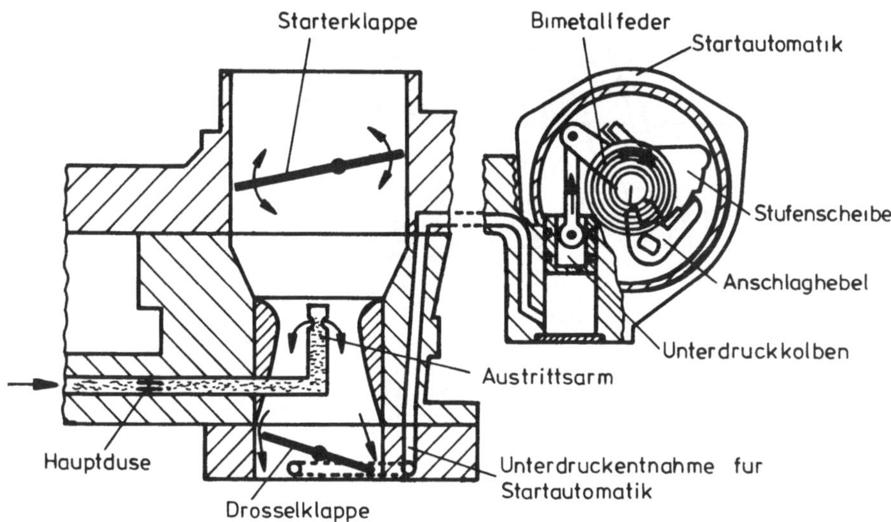

Bild 5.5. Kaltstarteinrichtung

ordneten Vergasern (der gesamte Strömungsquerschnitt ist also auf zwei Lufttrichter aufgeteilt), von denen der eine nur bei niedrigen Vollastdrehzahlen und im Teillastgebiet arbeitet, während der zweite erst bei höheren Luftdurchsätzen automatisch zugeschaltet wird.

Bei geringen Umgebungstemperaturen ist für den Kaltstart eines Motors eine zusätzliche Starteinrichtung erforderlich. Die bei der kleinen Startdrehzahl entstehenden Unterdrücke sind nämlich völlig unzureichend, um das wegen der schlechten Verdampfungsbedingungen sehr stark anzureichernde Gemisch über das Leerlaufsystem anzusaugen. Als Kaltstarthilfe wird heute im allgemeinen eine automatisch betätigte Starterklappe eingesetzt, Bild 5.5. Sie wird beim Kaltstart durch eine zum Beispiel über das Kühlwasser temperaturgesteuerte Bimetallfeder geschlossen. Dabei ist die Stufenscheibe in einer Position, in der die Drosselklappe über den Anschlaghebel etwas geöffnet wird, so daß sich der Ansaugunterdruck auf das Hauptdüsensystem voll auswirken kann. Die Startluftmengen werden dem Motor über die Starterklappe zugeführt, die wegen ihrer außermittigen Lagerung durch den der Federkraft entgegenwirkenden Saugrohrunterdruck in eine flatternde Bewegung versetzt wird. Nach dem Anspringen des Motors wird die Starterklappe zur Vermeidung einer Gemischüberfettung durch einen mit dem Saugrohrunterdruck beaufschlagten Kolben weiter geöffnet. Ihre volle Öffnung wird erst erreicht, wenn die Spannkraft der Bimetallfeder duch ihre Erwärmung weit genug abgebaut ist.

148

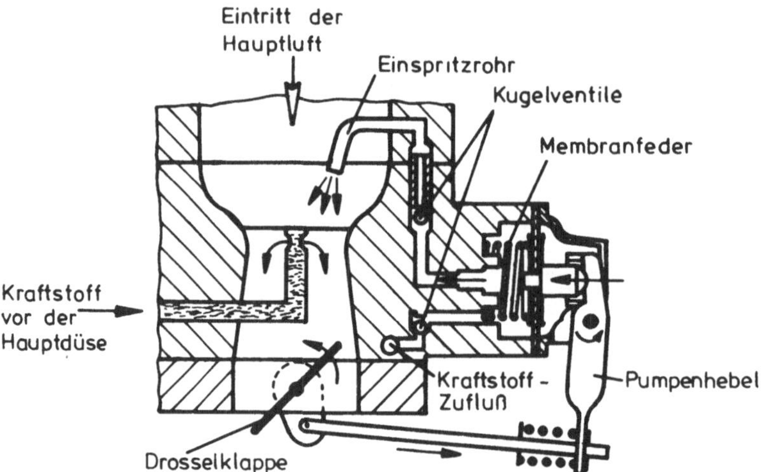

Bild 5.6. Beschleunigungspumpe

Eine weitere Zusatzeinrichtung zur Verbesserung des Vergaserfunktionsverhaltens ist die
Beschleunigungspumpe, deren Arbeitsweise aus Bild 5.6 hervorgeht. Sie sorgt dafür, daß
der Motor auch bei einer raschen Öffnung der Drosselklappe, bei der der angestiegene
Saugrohrdruck die Verdampfung des Kraftstoffes erschwert und zudem der trägere Kraft-
stoffstrom nicht schnell genug dem praktisch sofort vergrößerten Luftmassenstrom entsprechend anzupassen ist, in ausreichendem Maße mit Kraftstoff versorgt wird.

Im Zusammenhang mit den Bemühungen um eine weitere Verbesserung des spezifischen
Kraftstoffverbrauchs und des Schadstoffemissionsverhaltens der Ottomotoren werden die
Steuerungstechniken des Vergasers immer komplizierter und es liegt nahe, dabei die
Elektronik zur Hilfe zu nehmen. Bild 5.7 zeigt den schematischen Aufbau eines Vergasers
mit elektronisch beeinflußten Funktionen [28]. Ohne das Prinzip hier in allen Einzelheiten
zu erläutern, sei nur kurz darauf hingewiesen, daß die für den Kaltstart, für den Warmlauf
und für die Beschleunigung notwendige Gemischanreicherung durch das Schließen einer
Vordrossel erreicht wird, die - anstelle der Starterklappe im Vergasereinlaß montiert -
durch einen Stellmotor bewegt wird und deren Position auch im Stationärbetrieb in Abhängigkeit von der Motordrehzahl, von der Drosselklappenstellung usw. zu verändern ist.
Variiert wird auch die Schließ-Endlage der Drosselklappe, um damit die Leerlaufdrehzahl
unabhängig von dem sehr veränderlichen Leerlaufleistungsbedarf des Motors konstant zu
halten und im Schubbetrieb die Gemischzufuhr völlig zu unterbinden. Es ist klar, daß mit
der Elektronik auch noch andere Steuerparameter berücksichtigt werden könnten.

Eines der größten Probleme aller Gemischbildner, bei denen der Kraftstoff in Mehrzylindermotoren nur an einer Stelle der Verbrennungsluft zugeführt wird, besteht in der Reali-

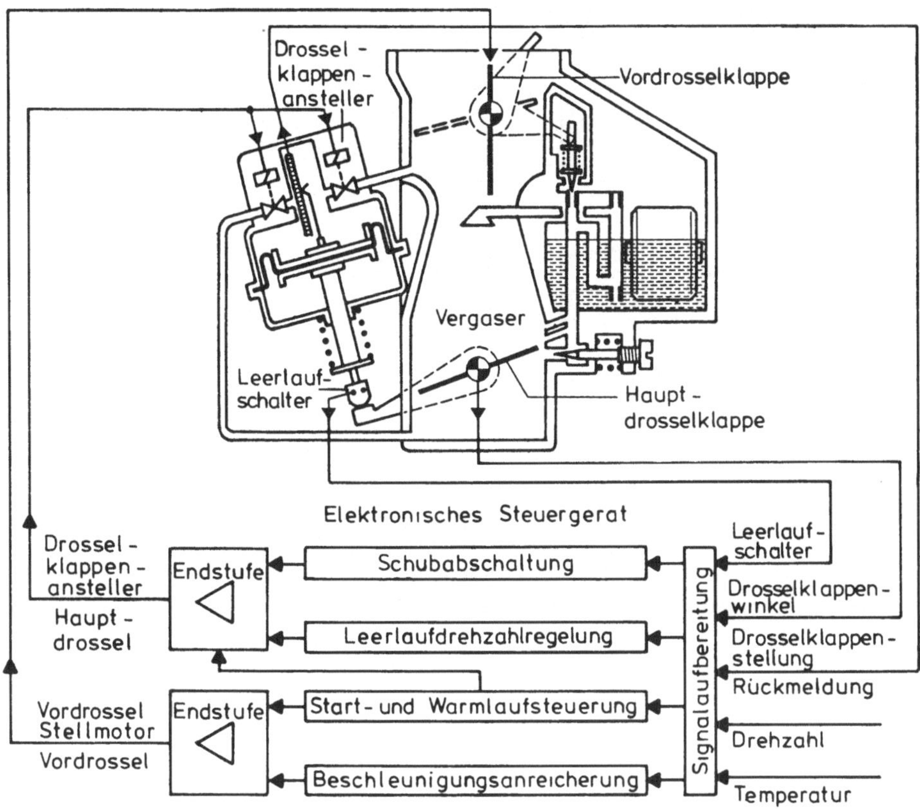

Bild 5.7. Vergaser mit elektronischer Steuerung

sierung einer in allen Zylindern möglichst gleichmäßigen Gemischzusammensetzung. Die Schwierigkeiten beginnen schon mit dem Bewegungsablauf der Kraftstofftröpfchen. Wie in Bild 5.8 dargestellt, werden die einzelnen Teilchen des im Lufttrichter zerstäubten Kraftstoffs sehr rasch beschleunigt, so daß die für die Wärme- und Stoffübergangszahl und damit für die Verdampfungsrate maßgebliche Relativgeschwindigkeit zwischen der Luft und den Kraftstofftropfen bei den in einem Vergaser auftretenden Tröpfchengrößen schon in einem Abstand von 100 mm hinter der Zerstäuberdüse maximal nur noch etwa 10 m/s beträgt [21]. Auf so kurzen Wegen kann aber der Kraftstoff nicht völlig verdampfen. Er muß also zum Teil in Tröpfchenform zu den Zylindern transportiert werden. Besonders erschwerend kommt noch hinzu, daß Kraftstoffteilchen vor allem in Krümmerzonen an den Saugrohrwandungen ausfallen - das können im Extremfall bis zu 50% der dem Motor zugeführten Kraftstoffmengen sein - und dort dann in Rinnsalen auf die Zylinder zufließen. Es ist einleuchtend, daß die Kraftstofftröpfchen und noch weniger der an den Wänden entlangfließende Kraftstoffilm den raschen Änderungen der Luftströmungsrichtungen zu

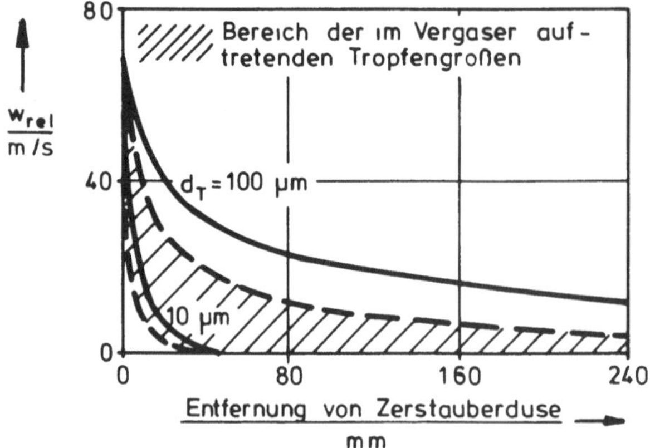

Bild 5.8. Relativgeschwindigkeit zwischen Luft und Kraftstoff

folgen vermag. Je nach Ausführung des Ansaugrohrsystems und in Abhängigkeit von der Saugfolge der Zylinder ist demnach mit einem bestimmten Ungleichmäßigkeitsgrad bei der Kraftstoffversorgung der einzelnen Zylinder zu rechnen.

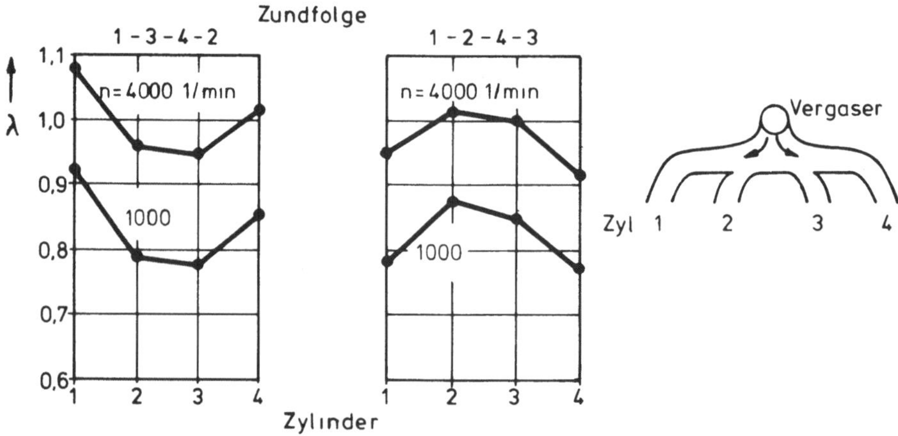

Bild 5.9. Gemischverteilung bei einem Vierzylindermotor

Bild 5.9 zeigt ein Beispiel für die an einem Vierzylindermotor ermittelten Luftverhältniszahlen der einzelnen Zylinder. Man erkennt, daß von den jeweils aus einem Leitungszweig versorgten Zylindern derjenige das fettere Gemisch erhält, der zu dem andern den längeren Saugabstand hat. Bei der Saugfolge 1-3-4-2 hat zum Beispiel der nach Abschluß der Füllung des Zylinders 1 im Rohrstrang 1-2 vorhandene Kraftstoff (Tröpfchen und Wandfilm) bis zum Saugbeginn des Zylinders 2 relativ viel Zeit für eine weitere Verdampfung zur Verfügung, so daß der Zylinder 2 auch einen Teil dieser Kraftstoffdampfmengen ansaugen kann und sein Gemisch deshalb fetter wird als das des ersten Zylinders. Entsprechendes gilt für die Zylinder 3 und 4. Verändert man die Saugfolge, dann ändert sich auch in der zu erwartenden Weise die Gemischverteilung. Die Ungleichmäßigkeiten zwischen den Zylindern 1 und 4 bzw. 2 und 3 sind auf Unsymmetrien zurückzuführen, die vor allem in den Strömungsquerschnitten des Vergasers vorhanden sein können. (Beispiel: Exzentrische Anordnung des Zerstäuberröhrchens.) Solche Asymmetrien sollten also vermieden werden. Noch wichtiger sind aber Maßnahmen, die eine möglichst rasche Verdampfung des Kraftstoffs bewirken. Das beste Mittel ist ein etwa mit dem Abgas beheizter Heißpunkt. Das ist eine nur verhältnismäßig kleine, heiße Wandfläche, die unmittelbar am Vergaserausgang angeordnet ist und die die Verdampfung des aufprallenden Kraftstoffs unterstützt. Der Vorteil einer solchen Heißpunktbeheizung gegenüber der ebenfalls sehr wirksamen Saugrohrbeheizung liegt darin, daß die kleine Heizfläche des Heißpunktes den Liefergrad des Motors kaum beeinträchtigt. Eine weitere Möglichkeit zur Verbesserung der Gemischverteilung liegt in der Anwendung von Doppelvergasern, das sind zwei in einem Gehäuse zusammengefaßte Vergaser mit gemeinsamer Schwimmerkammer, die jeweils nur eine Zylindergruppe mit Gemisch versorgen.

Da im vorstehenden Text wiederholt die Alkohole als mögliche Alternativkraftstoffe angesprochen wurden, soll an dieser Stelle auf ein spezielles, beim Einsatz von Alkoholen auftretendes Gemischbildungsproblem aufmerksam gemacht werden. In Bild 5.10 sind die im Sättigungszustand von 1 kg Luft aufzunehmenden Benzin-, Methanol- und Ethanolmengen a_K in Abhängigkeit von der Ansauglufttemperatur aufgetragen [24]. Als horizontale Linien sind die stöchiometrischen Kraftstoff-Luftverhältnisse eingezeichnet. Man sieht, daß mit Benzin bis zu Lufttemperaturen weit unter -20 $^\circ$C noch ein stöchiometrisches Gemisch herzustellen ist. Bei Methanol liegt diese Grenze bei 17 $^\circ$C und bei Ethanol bei 20 $^\circ$C. Nun ist aber noch zu berücksichtigen, daß die Luft durch die Verdampfung des Kraftstoffs abgekühlt wird. Wenn die Verdampfungswärme nur der Luft entnommen würde, ergäben sich bei einer Luftausgangstemperatur von T_L = 30 $^\circ$C die gestrichelten Kurven für den Verlauf der Lufttemperatur in Abhängigkeit von den in ihr verdampften Kraftstoffmengen. Im Sättigungszustand wäre dann etwa bei Methanol nur noch ein Kraftstoff-Luftverhältnis von a_K = 0,03 entsprechend einer Luftverhältniszahl von λ = 5,2 zu erreichen. Die weit überwiegende Kraftstoffmasse müßte also in flüssiger Form den Zylindern zugeführt werden, was natürlich zu einer sehr ungleichmäßigen Gemischverteilung führen würde. Im Realfall wird zwar auch den Bauteilen Verdampfungswärme entzogen, so daß die Luftabkühlungen erheblich geringer bleiben. Es ist aber wichtig, sich über diese physikalischen Gemischbildungsgrenzen im klaren zu sein, denn sie sind dafür verantwortlich, daß im Alkoholbetrieb zumindest für den Start und in der Warmlaufphase zusätzliche Heizmaßnahmen erforderlich werden.

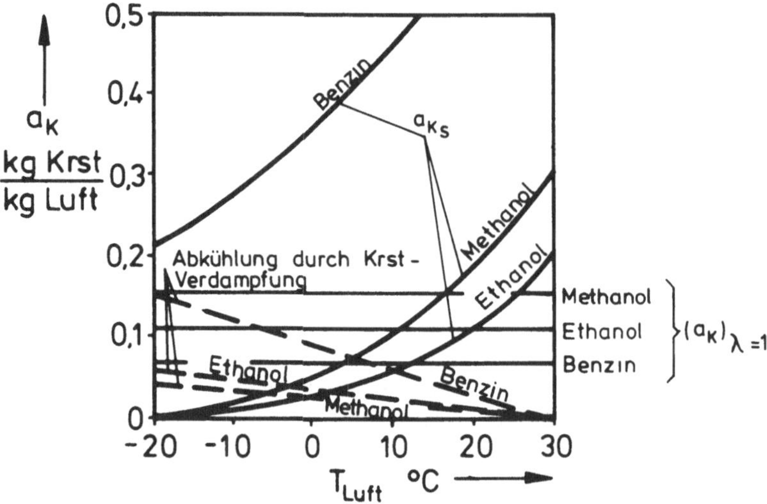

Bild 5.10. Kraftstoff-Luftverhältnisse bei Sättigung

Der beste Weg zur Lösung der Gemischverteilungsprobleme ist der Einsatz von Einspritz-anlagen, die den Kraftstoff über Zerstäuberdüsen unmittelbar in die Einlaßkanäle der Zy-linder einspritzen. Wegen der unvermeidlichen Fertigungstoleranzen ist zwar, vor allem bei der Einspritzung kleiner Teillastkraftstoffmengen, auch mit solchen Anlagen keine 100-prozentig gleichmäßige Gemischzusammensetzung in den einzelnen Zylindern zu errei-chen. Die noch verbleibenden Unterschiede in der Gemischqualität sind aber doch erheb-lich geringer als bei der Anwendung zentraler Gemischbildner.

Verwendet werden heute mechanisch oder elektronisch (oder auch mechanisch und elek-tronisch) gesteuerte Einspritzanlagen. Bild 5.11 zeigt als Beispiel für ein mechanisches Einspritzsystem mit elektronischer Zusatzsteuerung die *Bosch*-KE-Jetronic [28]. (K = Kon-tinuierliche Einspritzung; E = Elektronische Zusatzsteuerung.) Auf eine Beschreibung aller Funktionsdetails soll hier verzichtet und nur die prinzipielle Wirkungsweise erläutert wer-den. Der Kraftstoff wird mit einem konstanten Druck von etwa 3 bar kontinuierlich über die Zerstäuberdüsen in die Ansaugkanäle der Zylinder eingebracht. Seine Dosierung er-folgt in dem Mengenteiler durch die Veränderung der vom Steuerkolben freigegebenen Durchflußquerschnitte der jeweils eine Einspritzdüse versorgenden Steuerschlitze, an denen das Druckgefälle mit Hilfe von Differenzdruckventilen konstant gehalten wird. Die Position des Steuerkolbens ist nun abhängig von der Auslenkung einer mit der Ansaugluft beaufschlagten Stauscheibe (Schwebekörper) und damit von dem Luftvolumenstrom. Auf diese Weise kann die erwünschte und durch die innere Wandkontur des Luftmengenmes-sers veränderliche Zuordnung der Kraftstoffmenge zum Ansaugluftvolumen realisiert wer-

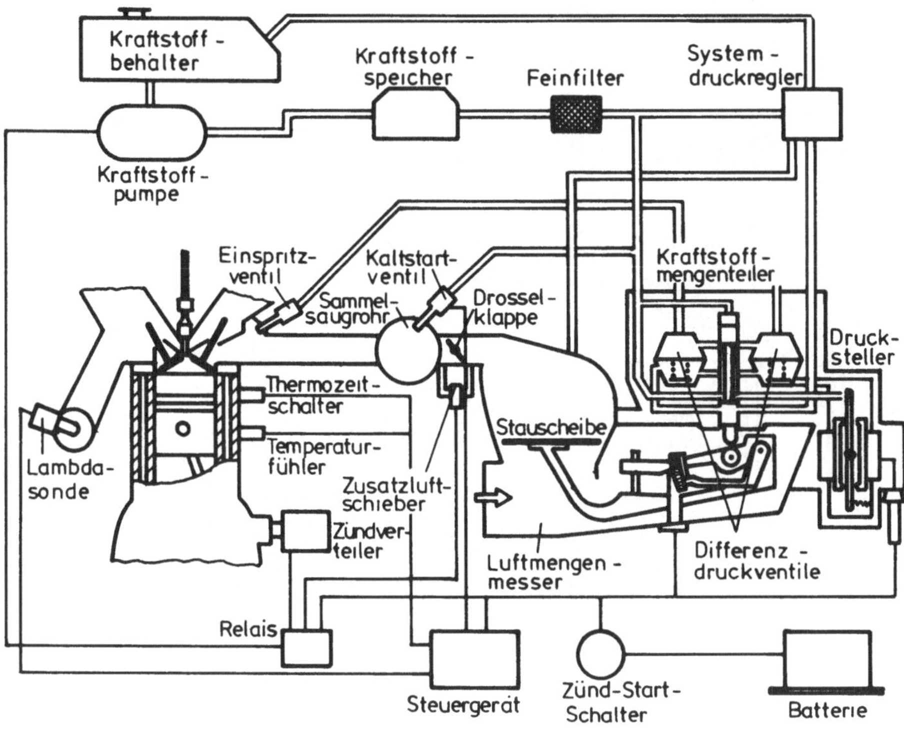

Bild 5.11 *Bosch*-KE-Jetronic

den. Luftmengenmesser und Kraftstoffmengenteiler bilden den rein mechanischen Steuerungsteil für die Grundanpassung der Gemischqualität. Alle weiteren Änderungen der Gemischzusammensetzung beim Kaltstart, in der Warmlaufphase, beim Beschleunigen usw. werden so wie die Unterbrechungen der Kraftstoffzufuhr im Schubbetrieb und bei Überschreitung der zulässigen Motorhöchstdrehzahl durch das elektronische Steuergerät ausgelöst. Für den Kaltstart wird ein elektromagnetisch betätigtes Einspritzventil geöffnet, das die Ansaugsammelleitung für kurze Zeit mit Zusatzkraftstoff versorgt. Der von der Motortemperatur gesteuerte Zusatzluftschieber beschickt den kalten Motor zur Stabilisierung der Leerlaufdrehzahl unter Umgehung der Drosselklappe mit Zusatzluft, die der Luftmengenmesser natürlich miterfaßt, so daß auch die eingespritzte Kraftstoffmenge entsprechend vergrößert wird. Die sonstigen Gemischanpassungen erfolgen über den elektrohydraulischen Drucksteller durch eine Veränderung des Steuerschlitz-Differenzdruckes. Besonders hervorgehoben sei hier noch die Funktion der sogenannten Lambda-Sonde. Sie ermittelt den von der Luftverhältniszahl abhängigen Sauerstoffgehalt der Abgase und gibt ihr Meßsignal an das elektronische Steuergerät weiter. Dort dient es dann zur Nachregelung der Gemischzusammensetzung, um die sichere Funktion eines Dreiwegkatalysators zu

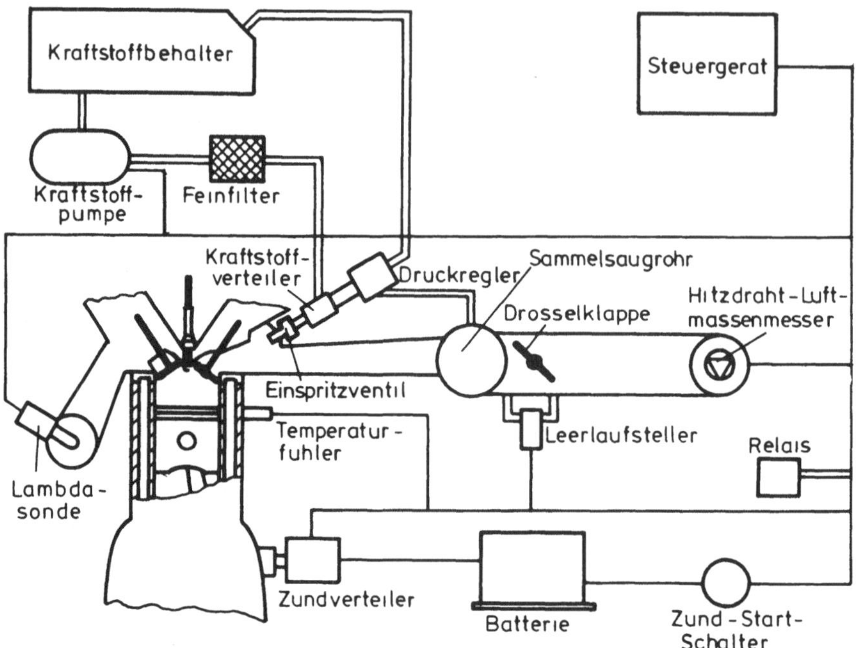

Bild 5.12 *Bosch*-LH-Jetronic

gewährleisten. (Es soll noch mal wiederholt werden, daß ein solcher Katalysator nur dann einwandfrei arbeitet, wenn der Motor mit $\lambda \approx 1$ betrieben wird.)

Bild 5.12 zeigt schließlich noch als Beispiel für eine voll elektronisch gesteuerte Einspritzanlage die *Bosch*-LH-Jetronic [28]. (LH = Luftmengenmessung nach dem Hitzdrahtprinzip.) Die Grundanpassung der Gemischqualität erfolgt wieder durch eine Messung der dem Motor zugeführten Luftmengen, die hier mit einem Hitzdrahtgerät vorgenommen wird. Gemessen wird dabei die in ein Spannungssignal umgewandelte Stromstärke, die zur Einhaltung der Temperatur - d.h. des ohmschen Widerstandes - eines elektrisch beheizten und durch die vorbeiströmende Luft gekühlten Drahtes erforderlich ist. Das vom Luftdurchsatz abhängige Spannungssignal wird dann der Steuerelektronik zugeführt, die die Öffnungsdauer der mit einem konstanten Druck von ca. 3 bar beaufschlagten Einspritzdüsen entsprechend verändert. Anders als bei der KE-Jetronic arbeitet man hier also mit einer intermittierenden Einspritzung, wobei zur Verringerung des Schaltaufwandes alle Einspritzventile elektrisch parallel geschaltet sind. Sie werden also alle zur gleichen Zeit betätigt und der Kraftstoff gelangt deshalb in verschiedenen Phasen der einzelnen Zylinderarbeitsspiele in die Ansaugkanäle. Um die dadurch bedingten Unterschiede der Verweil- bzw. Verdampfungszeiten für den in den Einlaßkanälen vorgelagerten Kraftstoff zu verringern, wird bei jeder Kurbelwellenumdrehung jeweils die Hälfte der gesamten Kraftstoffmenge eingespritzt. (Noch besser ist aber eine sequentielle Einspritzung mit einer zeitlich gleichmäßigen Zuordnung der Einspritzung zum Arbeitszyklus der einzelnen Zylinder [31].)

Alle weiteren Gemischanpassungen, die oben schon bei der Beschreibung der KE-Jetronic erwähnt wurden, erfolgen hier ebenfalls durch eine Veränderung der Einspritzventil-Öffnungszeiten über die Steuerelektronik.

5.2 Gemischbildung im Dieselmotor

Eine gute Durchmischung von Kraftstoff und Luft, die ja die wichtigste Voraussetzung ist für eine möglichst rußfreie und in ausreichend kurzer Zeit abgeschlossene Verbrennung, kann auf sehr unterschiedlichen Wegen erreicht werden. Bei langsam laufenden Großmotoren, die relativ viel Zeit für die Gemischbildung zur Verfügung haben und die auch, wie an anderer Stelle schon erwähnt, stets mit einem großen Luftüberschuß betrieben werden, reicht es meistens aus, den Kraftstoff nach dem Schema von Bild 5.13 unter sehr hohem Druck aus vielen Düsenbohrungen in den Brennraum einzuspritzen, wo er sich dann mit Unterstützung der immer vorhandenen Ladungsturbulenzen mit der Verbrennungsluft vermischen kann.

Bei schnellaufenden Motoren ist ein guter Gemischbildungs- und Verbrennungsablauf nur durch Maßnahmen zu verwirklichen, die den turbulenten Teilchenbewegungen noch sehr intensive, gerichtete Gasströmungen überlagern. Eine solche Maßnahme ist zum Beispiel der Einsatz von Ansaugkanälen, die durch ihre Formgebung der einströmenden Luft eine Rotationsbewegung um die Zylinderachse aufzwingen. Wie in Bild 5.14 angedeutet, wird diese Drehbewegung dazu genutzt, die jetzt meist nur noch aus vier Düsenbohrungen austretenden Kraftstoffstrahlen zu verwehen und so die Kraftstofftröpfchen in der Luft zu verteilen. Verlagert man den Verbrennungsraum gemäß Bild 5.15 vollständig in den Kolben, dann kann auch ohne die Erzeugung eines Einlaßluftdralls eine heftige Gasströmung realisiert werden. Beim Kompressionshub des Kolbens wird hier nämlich die Luft von den äußeren Zonen in den zentralen Brennraum hineingedrängt und dort in eine wirbelnde Bewegung versetzt. Durch diesen Quetschwirbel, den wir ja schon vom Ottomotor her kennen, wird die Verteilung des Kraftstoffs ebenfalls sehr wirksam unterstützt. (Beim Expansionshub des Kolbens erfolgt die Strömung in umgekehrter Richtung.) In den meisten Fällen wird heute aber die Wirkung des Luftdralls mit der des Quetschwirbels kombiniert, was auch bei der Brennraumausführung nach Bild 5.16 der Fall ist.

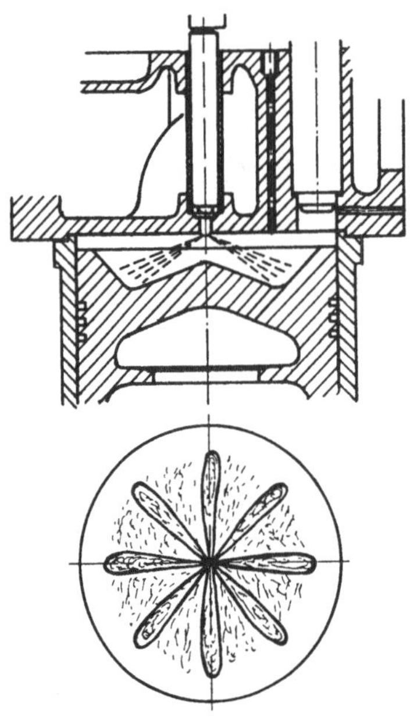

Bild 5.13 Vielstrahlverfahren

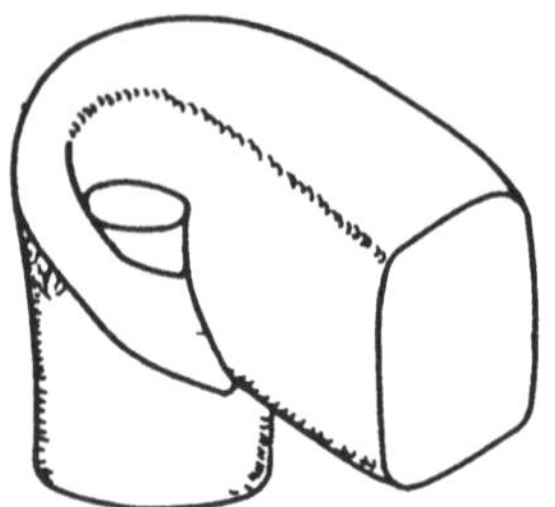

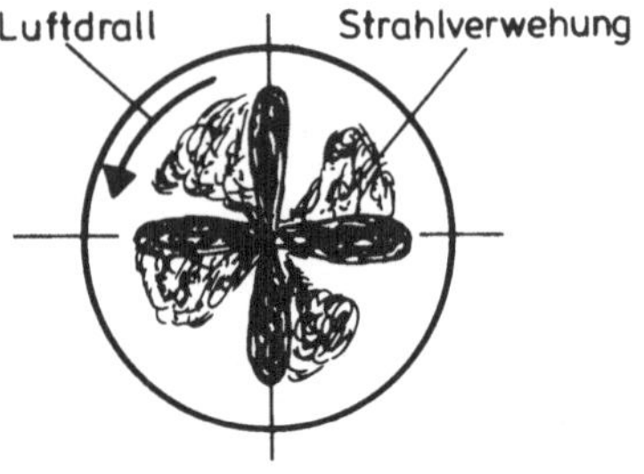

Bild 5.14 Verfahren mit Luftdrall

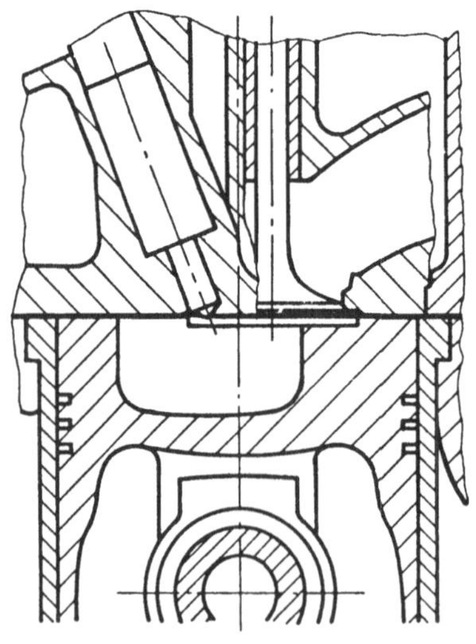

Bild 5.15 Verfahren mit Quetschwirbel

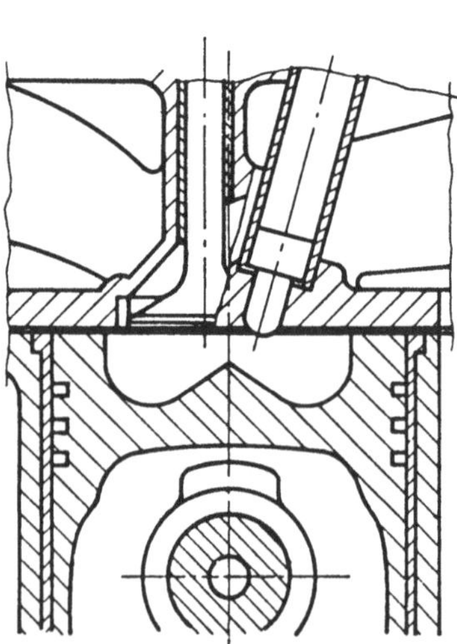

Bild 5.16 Verfahren mit Quetschwirbel und Luftdrall

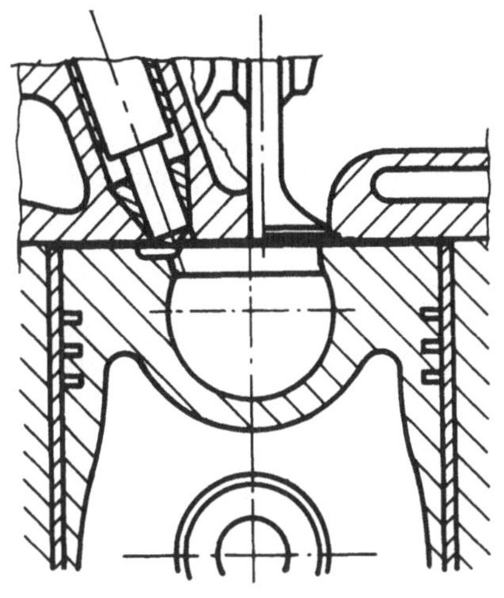

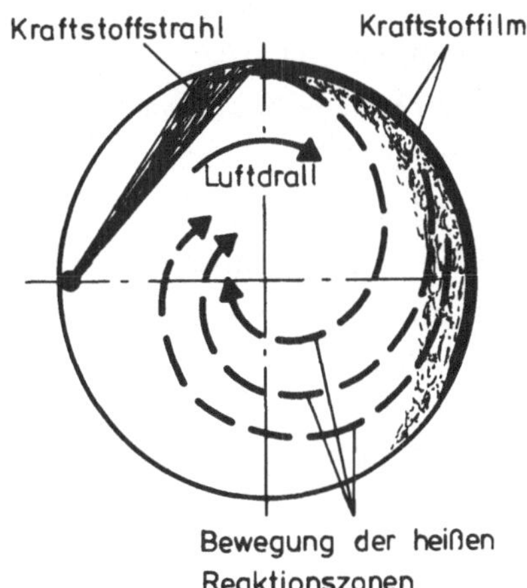

Bild 5.17 *M.A.N.*-M-Verfahren

Während man bei all diesen Verfahren darum bemüht ist, den Kraftstoff schon während der Einspritzung möglichst gleichmäßig auf die Brennraumluft zu verteilen (man spricht hier auch von einer luftverteilenden Kraftstoffeinspritzung), geht man bei der Kraftstoff-Wandverteilung einen völlig anderen Weg. Wie in Bild 5.17 am Beispiel des *M.A.N.*-M-Verfahrens gezeigt (M = Mittenkugelbrennraum), wird hier der Kraftstoff aus einer Einlochdüse in etwa tangentialer Richtung auf die Wand des kugelförmigen Brennraums gespritzt, wo er sich als ein dünner Film ausbreitet. Die Verbrennung wird eingeleitet durch die wenigen Kraftstoffteilchen, die sich bei der Einspritzung von dem einen Strahl ablösen. Sie beginnt also mit einem verhältnismäßig langsamen Anstieg des Verbrennungsdrucks und verläuft deshalb wesentlich geräuschärmer als bei einer Kraftstoff-Luftverteilung, bei der nach Ablauf der Zündverzugszeit viel größere Kraftstoffmengen für die Verbrennung aufbereitet sind. Vornehmlich durch den konvektiven Wärmeübergang von der sehr schnell rotierenden Luft zum Kraftstoffilm (und in geringem Maße auch durch die Flammenstrahlung) verdampft dann der wandangelagerte Kraftstoff, wird mit der Luft vermischt und schließlich verbrannt. Dabei sorgen die ansteigenden Gastemperaturen für eine Beschleunigung der Filmverdampfung, so daß die Verbrennung früh genug abgeschlossen werden kann. Wirksam wird hier das Prinzip der thermischen Mischung [32]: Wenn bei den hohen Verbrennungstemperaturen die Dichte der im Wandbereich entstehenden Reaktionszonen kleiner geworden ist als die der Luft, wandern sie unter dem Einfluß des in der rotierenden Strömung vorhandenen radialen Druckgradienten auf spiraligen Bahnen zur Brennraummitte, während gleichzeitig die dort vorhandene Luft nach außen verdrängt und so dem wandverteilten Kraftstoff stets neuer Sauerstoff für die Verbrennung zugeführt wird. Es ist einleuchtend, daß das im unteren Lastgebiet verringerte Temperaturniveau die Gemischbildung verzögert und damit auch den Teillastwirkungsgrad gegenüber einem mit Kraftstoffluftverteilung arbeitenden Motor etwas verschlechtert. Außerdem ist auch, vor allem beim Kaltstart und in der Warmlaufphase, eine im Vergleich zu anderen Gemischbildungsverfahren erhöhte Kohlenwasserstoffemission zu erwarten. Durch Weiterentwicklungen der Einspritztechnik, die darauf ausgerichtet sind, bei Minimierung der die Verbrennung einleitenden Kraftstoffmengen - die nach wie vor nur von einem Düsenstrahl bereit gestellt werden - im Teillastbereich mit einer verstärkten Kraftstoffluftverteilung zu arbeiten, können aber diese Nachteile unter Beibehaltung der guten Laufkultur weitgehend vermieden werden [33].

Es sei jetzt noch kurz auf folgendes hingewiesen: Die Begriffe "Kraftstoff-Luftverteilung" und "Kraftstoff-Wandanlagerung" sind nur so zu verstehen, daß in dem einen Fall der Kraftstoff während der Einspritzung überwiegend auf die Luft verteilt und im andern Fall überwiegend an der Brennraumwand angelagert wird. Auch bei den luftverteilenden Verfahren ist es nämlich zumindest bei den kleineren Schnelläufern und bei Einspritzung der für den oberen Lastbereich erforderlichen Kraftstoffmengen gar nicht zu vermeiden, daß gewisse Kraftstoffteilmengen den Brennraum durchdringen und auf die Wand gelangen. Andererseits wird auch bei einem wandverteilenden Verfahren die Verbrennung immer durch luftverteilten Kraftstoff eingeleitet.

Motoren, bei denen eines der bisher besprochenen Verfahren verwendet wird, sind sogenannte Direkteinspritzer. Bei ihnen wird der Kraftstoff durch mehrere Düsenbohrungen oder auch nur mit einem Strahl direkt in den im Kolbenboden angeordneten Brennraum gespritzt. Alle heute auf dem Markt befindlichen Pkw-Dieselmotoren arbeiten dagegen mit indirekter Einspritzung. Das Kennzeichnende dieser Motorkategorie ist die Zweiteilung des Brennraums, wobei der eine Teil wieder im Kolbenboden und der andere zum Beispiel in der in Bild 5.18 dargestellten Form als Wirbelkammer im Zylinderkopf angeordnet ist. Beim Verdichtungshub des Kolbens wird ein Teil der Verbrennungsluft durch den relativ engen, die beiden Brennräume miteinander verbindenden Kanal in die Kammer, die etwa die Hälfte des Verdichtungsraums bildet, hineingedrückt und dort ein heftiger Luftwirbel erzeugt. Der Kraftstoff wird jetzt in diese Wirbelkammer gespritzt, in der dann auch die Verbrennung beginnt und dadurch der Kammerdruck größer wird als der Druck im Kolben- oder Hauptbrennraum. Aufgrund dieser Druckdifferenz wird nun der noch nicht oder erst unvollständig verbrannnte, mit Luft aber bereits gut vorgemischte Kraftstoffanteil durch die mit hoher Geschwindigkeit aus der Kammer strömenden Gase in den Kolbenbrennraum eingeschleust und unter weiterer Zumischung der dort befindlichen Luft verbrannt. Dieser Kraftstoffanteil gelangt also auf indirektem Wege in den Hauptverbrennungsraum.

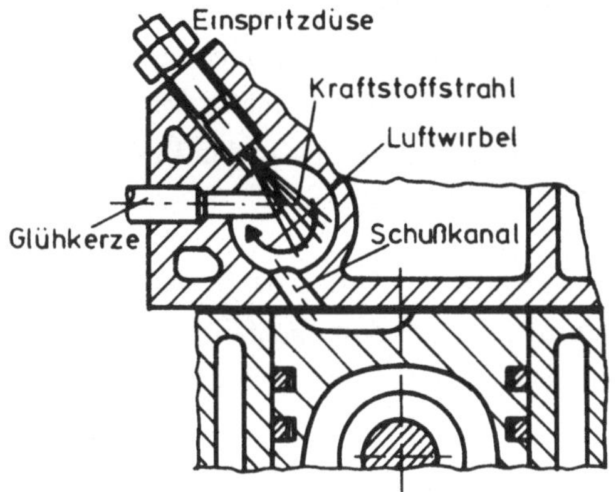

Bild 5.18 Wirbelkammerprinzip

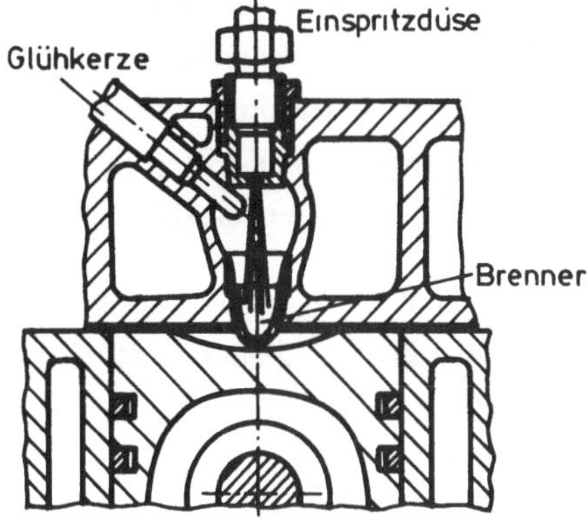

Bild 5.19 Vorkammerprinzip

Sehr ähnlich arbeitet auch das Vorkammerverfahren, Bild 5.19. Ein wesentlicher Unterschied zum Wirbelkammerverfahren besteht darin, daß in der etwas kleineren Kammer (ca. 40% des Kompressionsraums) kein einheitlich gerichteter, sondern viele ungeordnete, die Strahlaufbereitung unterstützende Luftwirbel erzeugt werden und der Hauptteil des Kraftstoffs, der den Überströmbohrungen vorgelagert wird, erst im Kolbenbrennraum mit der für die Verbrennung notwendigen Luft vermischt wird. Wegen der sehr engen Verbindungsbohrungen ergeben sich recht große Druckdifferenzen zwischen der Vor- und der Hauptverbrennungskammer und damit auch hohe Ein- und Ausströmgeschwindigkeiten, die eine gute Gemischbildung gewährleisten. Das gilt - genau so wie beim Wirbelkammerverfahren - auch für hohe Motordrehzahlen. Von dieser Seite her sind also die Kammerverfahren für den Einsatz im schnelläufigen Pkw-Motor bestens geeignet.

Gegenüber den Direkteinspritzern haben sie weiterhin den sehr bedeutsamen und durch den andersartigen Verlauf der Energiefreisetzung (kleinere Verbrennungsspitzentemperaturen) bedingten Vorteil einer geringeren Stickoxidemission. Heiße Kammerteile (Verkürzung des Zündverzugs) und die Verwendung von Drosselzapfendüsen (siehe nachfolgenden Text) bewirken im Vergleich zu luftverteilenden Direkteinspritzern auch eine deutlich geräuschärmere Verbrennung. (Beim Kaltstart, in der Warmlaufphase und im Leerlauf läßt aber auch der Geräuschpegel der heutigen Pkw-Dieselmotoren noch viel zu wünschen übrig.) Benachteiligt ist bei den Kammermotoren der spezifische Kraftstoffverbrauch, der im Mittel des Betriebsbereiches um mindestens 10% höher liegt als bei einem Direkteinspritzer [34]. Dieser schlechtere Wirkungsgrad ist darauf zurückzuführen, daß erstens die praktisch als Verlust zu buchenden, bei einem direkt einspritzenden Motor vernachlässigbar geringen Brennraumgasströmungsenergien in den Kammermotoren ganz beachtliche Werte annehmen, zweitens die hohen Gasgeschwindigkeiten zusammen mit dem ungünstigeren Oberflächen-Volumenverhältnis unterteilter Brennräume größere Wandwärmeverluste ergeben und drittens die Verbrennung etwas weiter in den Expansionshub verschleppt wird. Die erhöhten Wandwärmeverluste erfordern übrigens auch für einen sicheren Kaltstart des Motors neben einer leistungs- und wirkungsgradmäßig schon etwas überzogenen Anhebung des Verdichtungsverhältnisses den Einbau der in den Bildern 5.18 und 5.19 eingezeichneten, elektrisch beheizten Glühkerzen.

Die besseren Wirkungsgrade des Direkteinspritzers waren der Grund dafür, daß auf dem Nutzfahrzeugsektor und bei den Mittelschnelläufern die früher dort ebenfalls verwendeten Kammermotoren fast alle von der Bildfläche verschwanden. Sie sind auch die Motivation für die derzeit an vielen Stellen laufenden Versuche zur Entwicklung direkt einspritzender Pkw-Dieselmotoren.

Die Funktionsgüte eines jeden Gemischbildungsverfahrens wird nun ganz entscheidend durch das Betriebsverhalten der Kraftstoffeinspritzanlage bestimmt, deren Auslegung mit größter Sorgfalt vorzunehmen ist. Anders als bei der Brennraumgestaltung können hier nämlich schon kleinste Fehlabstimmungen die Motorbetriebsdaten erheblich verschlechtern.

Die ausnahmslos mit oszillierenden Kolben arbeitenden Einspritzpumpen bilden zusammen mit den Pumpen-Regeleinrichtungen, den Einspritzleitungen und den Einspritzdüsen das vollständige Einspritzsystem. Bild 5.20 zeigt in einer Prinzipskizze - ohne Berücksichtigung der Regelorgane - den Aufbau einer Einspritzanlage. Dargestellt ist hier eine sehr weit verbreitete Pumpe mit Schrägkantensteuerung, deren federbelasteter Kolben durch eine Nockenwelle betätigt wird. Bei mehrzylindrigen Schnelläufern ist diese Nockenwelle immer ein Bauelement der Einspritzpumpe, die alle Zylinder mit Kraftstoff versorgt. Die in einer Reihe (Reihenpumpe) angeordneten Pumpenelemente (Anzahl der Pumpenelemente = Anzahl der Motorzylinder) sind hier also in einem Pumpengehäuse zusammengefaßt. Die Pumpenkolben können aber auch von der Nockenwelle des Motors angetrieben werden (Einsteckpumpen). Das ist stets der Fall bei Großmotoren, die mit Einzelpumpen ausgerüstet werden.

Sobald der Kolben bei seinem Aufwärtsgang die mit dem Pumpensaugraum verbundenen Bohrungen abdeckt, beginnt der Druckaufbau im Pumpenraum (Förderbeginn). Nach Überwindung der von einer Feder und vom Standdruck (= Restdruck in der Leitung nach Beendigung einer Einspritzung und nach dem Abklingen der Leitungsdruckschwingungen) aufgebrachten Gegenkraft öffnet das Druckventil, wobei eine Druckwelle mit Schallgeschwindigkeit von der Pumpe duch die Leitung auf die Düse zuläuft. Erreicht die Amplitude der Düsendruckwelle den durch die Federvorspannung festgelegten Öffnungsdruck der Düsennadel, beginnt die Einspritzung. Die Kraftstofförderung wird unterbrochen (Förderende), wenn die schräge Steuerkante des Kolbens die Abströmbohrung überläuft, wodurch über die Kolbennuten eine Verbindung hergestellt wird zwischen Pumpensaug- und

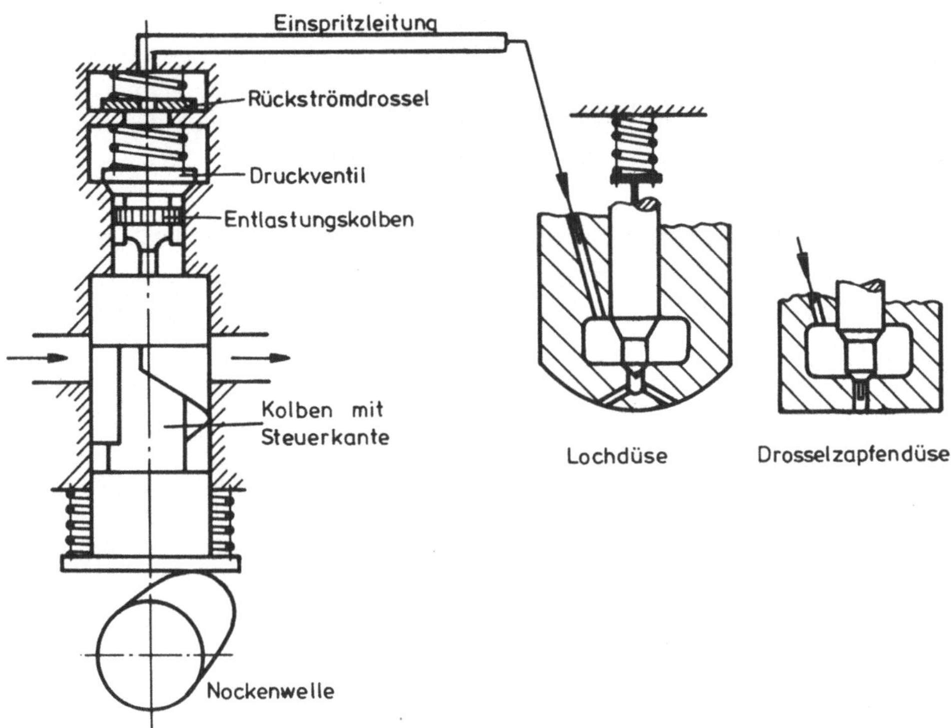

Bild 5.20 Schema einer Einspritzanlage

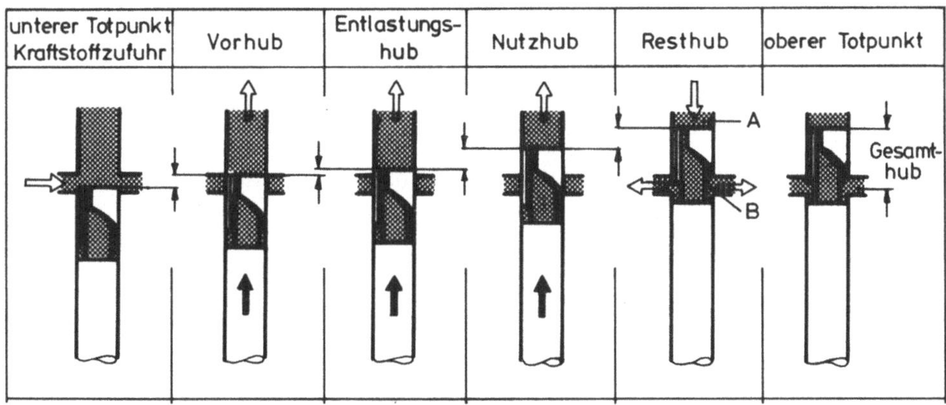

Bild 5.21 Kolbenhubphasen einer Einspritzpumpe mit Schrägkantensteuerung

Pumpendruckraum. Zur weiteren Verdeutlichung des Fördervorganges sind in Bild 5.21 die einzelnen Bewegungsphasen noch einmal zusammengestellt [35].

Zu Bild 5.21.

Kolben im unteren Totpunkt:

Der Kraftstoff strömt vom Saugraum in das Pumpenelement.

Vorhub:

Der Kolben bewegt sich aufwärts bis zum Abschluß der Zulaufbohrung durch die Oberkante des Kolbens (Statischer Förderbeginn). Durch die Drosselung in den Saugbohrungen beginnt der Druckaufbau im Pumpenelement - dynamischer Förderbeginn - schon etwas früher.

Entlastungshub:

Hubbewegung des Pumpenkolbens vom Ende des Vorhubs bis zum Öffnen des Pumpendruckventils.

Nutzhub:

Hubbewegung des Pumpenkolbens von der Öffnung des Druckventils bis zur Herstellung der Verbindung zwischen dem Pumpendruckraum und dem Saugraum durch die schräge Steuerkante (Statisches Förderende). Durch die Drosselung in den Abströmbohrungen liegt das dynamische Förderende etwas später.

Resthub:

Hubbewegung des Pumpenkolbens nach der Druckentlastung des Pumpenraums bis zum oberen Totpunkt (Bewegungsumkehr).

Durch Verdrehung des Kolbens kann die Position der Steuerkante und damit die Fördermenge verändert werden. Wie aus Bild 5.22 ersichtlich, erfolgt diese Fördermengenänderung durch die Verschiebung der Regelstange, die über ein Zahnritzelsegment die Verdrehhülse bewegt. Mit der Einstellschraube kann der Vorhub und damit auch die bei der Förderung wirksame Nockenkontur (Plungergeschwindigkeit) etwas variiert werden.

In Bild 5.20 ist neben einer Lochdüse auch eine Drosselzapfendüse skizziert. Hier wird beim Anheben der Nadel zunächst nur der sehr enge Ringquerschnitt zwischen dem Zapfen und der Düsenbohrung freigegeben und dadurch die während des Zündverzugs eingespritzte Kraftstoffmenge zur Verringerung der Ganghärte reduziert. Der volle Spritzquerschnitt wird erst frei, wenn der Zapfen aus der Bohrung austaucht.

Bild 5.23 zeigt ein Beispiel für den Verlauf des Einspritzpumpen-Kolbenhubs, der Kolbengeschwindigkeit, der Pumpen- und Düsenraumdrücke und des Düsennadelhubs als Funk-

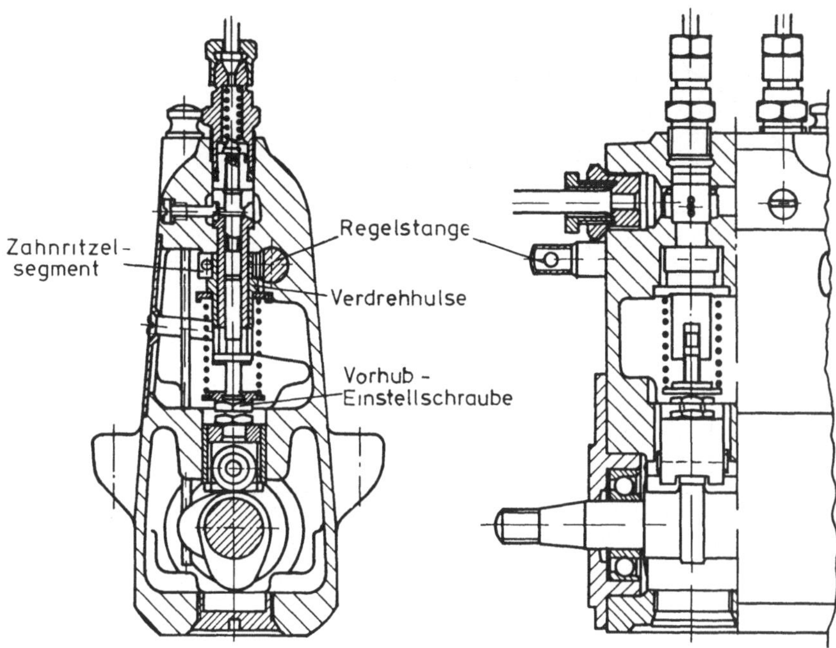

Bild 5.22 *Bosch*-Reihenpumpe

tion der Zeit bzw. des Pumpenwellenwinkels. Wenn der Druck im Pumpenraum nach der Zeit t_1 die Druckventilschließkraft überwunden hat, läuft eine Druckwelle in die Leitung hinein. Sie erreicht nach der Laufzeit t_2 die Düse, deren Nadel dann nach der Öffnungsverzugszeit t_3 abhebt. Wegen der Reflexionsvorgänge an den Leitungsenden und der Überlagerung vor- und rücklaufender Wellen ist der Verlauf des Düsenraumdrucks kein genaues Abbild des pumpenseitigen Drucks. Nach Abschluß der Pumpenförderung wirkt sich der Pumpendruckabfall mit einer gewissen zeitlichen Verzögerung auch an der Düse aus, die bei Unterschreitung des von der sogenannten Druckstufe (=Verhältnis der Druckangriffsflächen bei geschlossener und geöffneter Düse) und von der Düsenfedercharakteristik abhängigen Schließdrucks wieder geschlossen wird. Die in der Leitung verbleibenden und nur allmählich gedämpften Druckwellen können eine oder auch eine mehrmalige Nachöffnung des Einspritzventils hervorrufen. (Die in Bild 5.20 eingezeichnete Rückströmdrossel verstärkt die Dämpfung.) Es bedarf hier keiner Erläuterung, daß solche Nachspritzer äußerst unerwünscht sind. Das sicherste Mittel zur Vermeidung von Nachspritzern ist eine am Förderende wirksam werdende Druckentlastung der Einspritzleitung. In Bild 5.20 ist die sehr häufig angewandte Version eines Entlastungsventils dargestellt, bei der der während des Schließvorganges in die Bohrung eintauchende Kolben um das Maß seines Volumens den in der Leitung eingeschlossenen Kraftstoff druckentlastet. Wird aber dabei das Standdruckniveau zu gering, dann läuft man Gefahr, daß die Leitungsdrücke

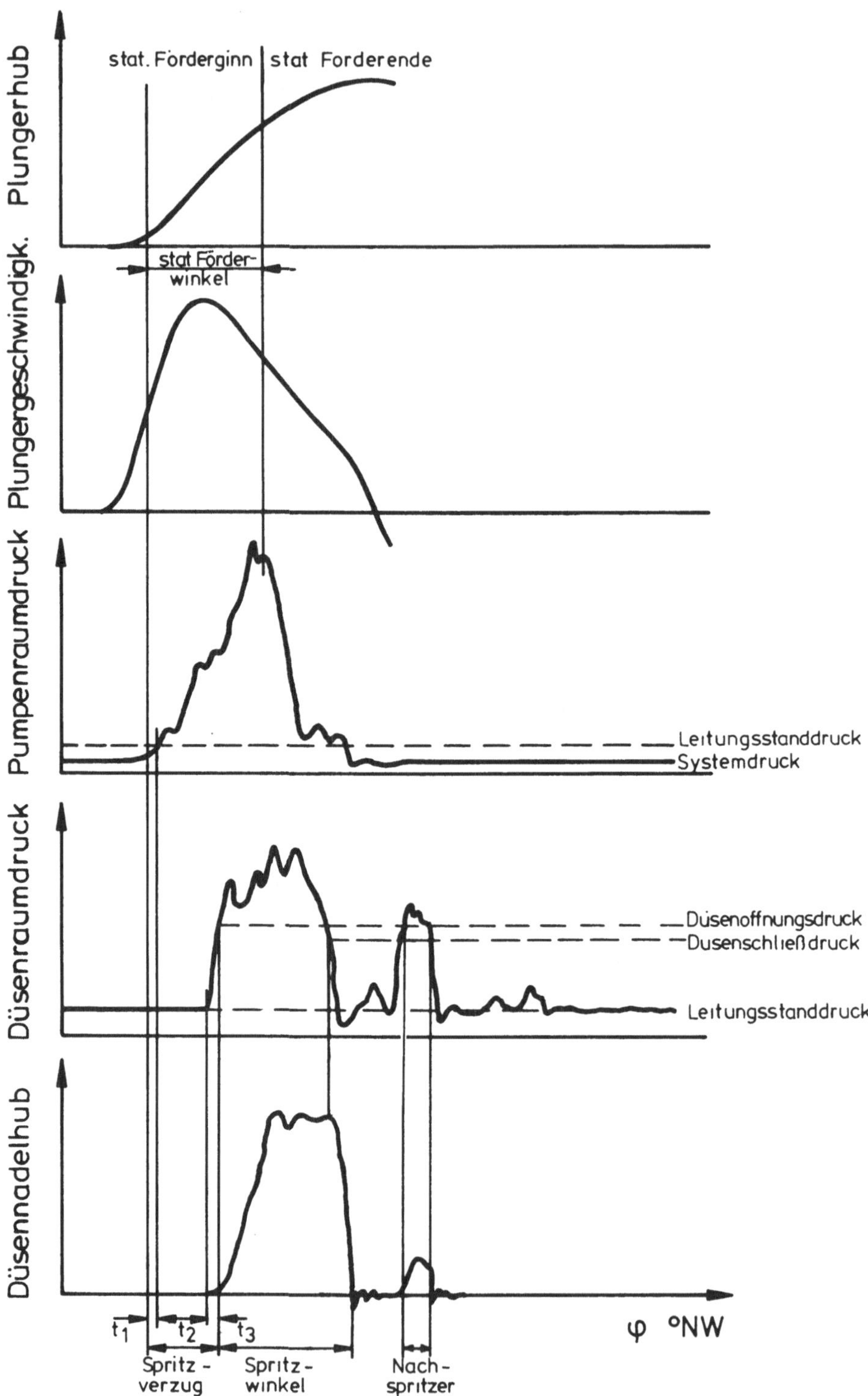

Bild 5.23 Bewegungs- und Druckverhältnisse in einer Einspritzanlage

örtlich auch den Kraftstoffdampfdruck unterschreiten und die dabei entstehenden Dampf-
blasen sowohl Instabilitäten im Einspritzverlauf als auch - bei ihrem Zusammenbruch -
Kavitationsschäden verursachen können [36]. Bei den großen Betriebsdrehzahlbereichen
der Pkw-Motoren ist es besonders schwierig, diese Probleme durch eine gute Auslegung
der Einspritzanlage einwandfrei in den Griff zu bekommen.

Wir hatten oben schon festgestellt, daß zwischen dem Beginn der Pumpenförderung und
dem Einspritzbeginn eine bestimmte Zeitdifferenz (Spritzverzug) besteht. Diese Zeitspanne wird bei den üblichen Leitungslängen im wesentlichen durch die Laufzeit t_2 der
Druckwellen bestimmt. (Es sei hier angemerkt, daß es auch Anlagen ohne Einspritzleitungen gibt. Bei diesen sogenannten Pumpendüsen sind Pumpe und Düse zu einer Baueinheit
zusammengefaßt [37].) Da nun die Wellenlaufzeit wegen der praktisch konstanten
Schallgeschwindigkeit bei Variation der Motordrehzahl unverändert bleibt, wird der auf
den Kurbelwinkel bezogene Spritzverzug mit wachsender Motordrehzahl größer. Soll also
der Energieumsatz immer frühzeitig genug erfolgen, dann muß der Förderbeginn bei
zunehmender Drehzahl vorverlegt werden. Dabei ist auch noch zu berücksichtigen, daß bei
höherer Motordrehzahl die in ^{O}KW gemessene Einspritzdauer, d.h. der Spritzwinkel ebenfalls verlängert wird (die zeitliche Kraftstoffausflußmenge ist ja durch den festen Düsen-
bohrungsquerschnitt begrenzt) und zudem der Zündverzugswinkel anwächst. Eine solche
Förderbeginnanpassung wird bei den Reihenpumpen von einem Fliehkraftspritzversteller
vorgenommen, der die Drehwinkellage der Pumpenwelle zur Kurbelwelle entsprechend
verändert.

Weitere Vorkehrungen müssen getroffen werden zur Stabilisierung der Leerlaufdrehzahl
und zur Begrenzung der Höchstdrehzahl. Diese Aufgaben übernimmt der Einspritzpum-
penregler. Bild 5.24 zeigt in einer schematischen Darstellung die Elemente und die Wirkungsweise eines Leerlauf- und Enddrehzahlreglers [38]. Die in den Fliehgewichten einge-
bauten Federsätze bestehen aus drei Schraubenfedern. Die äußere Feder stützt sich zwischen Fliehgewicht und äußerem Federteller ab. Die beiden inneren Federn liegen zwischen dem äußeren und dem inneren Federteller. Bei der Leerlaufregelung wird nur die
äußere Feder wirksam. Da durch die Kulisse das Regelhebel-Übersetzungsverhältnis verändert wird, ergibt sich auch im Leerlaufbereich, in dem die Fliehkräfte noch klein sind,
eine ausreichend große Verstellkraft für die Regelstange. Bei steigender Drehzahl verhar-
ren die Fliehgewichte nach Überwindung des Leerlaufweges am inneren Federteller, bis
schließlich die Enddrehzahlabregelung einsetzt. In dem Bereich zwischen Leerlauf- und
Enddrehzahl wird hier demnach die Regelstangenstellung unmittelbar durch den Fahrer
vorgegeben. Dagegen werden bei einem Alldrehzahlregler die Fliehgewichte mit zunehmender Motordrehzahl stetig nach außen bewegt, wobei jeder Stellung des Verstellhebels
eine bestimmte Drehzahl zugeordnet ist. Der Regler hält also auch jede Zwischendrehzahl

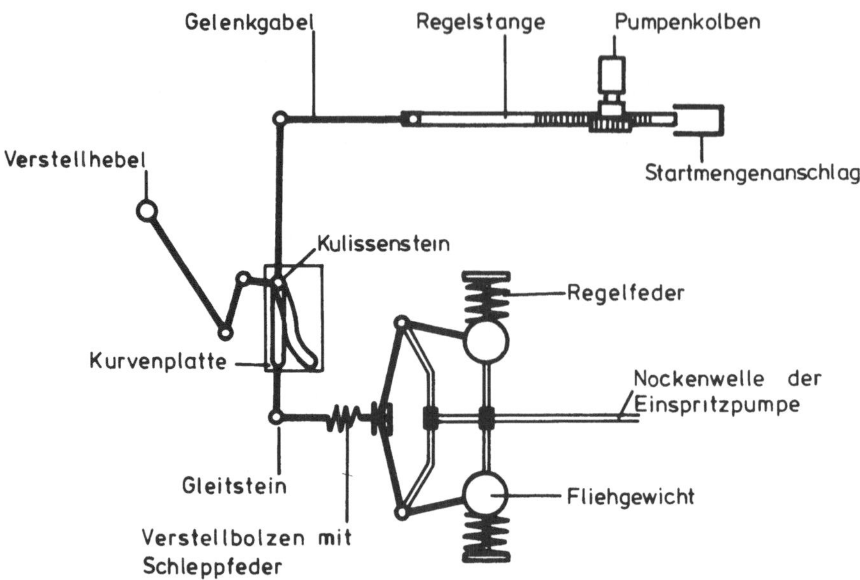

Bild 5.24 Leerlauf- und Enddrehzahlregler

innerhalb des Ungleichförmigkeitsgrades - und soweit der Motor die Belastung aufnehmen kann - konstant.

Der Regler übernimmt auch noch die sehr wichtige Steuerungsaufgabe, die Fördercharakteristik der Einspritzpumpe, d.h. den Verlauf der Vollasteinspritzmenge über der Drehzahl dem Kraftstoffmengenbedarf des Motors richtig anzugleichen. Bei Pumpen der hier beschriebenen Bauart nimmt die Einspritzmenge bei konstanter Regelstangenstellung im allgemeinen mit der Motordrehzahl kontinuierlich zu. Das ist bedingt durch die schon erwähnte und mit wachsender Drehzahl verstärkte Drosselwirkung in den Zu- und Abflußbohrungen der Pumpenzylinder, die den dynamischen Förderbeginn vorverlegt und das dynamische Förderende verspätet. Außerdem werden auch die Leckagemengen am Pumpenkolben und an der Düsennadel mit wachsender Drehzahl kleiner. (Sehr maßgeblich für den Mengenverlauf ist zwar auch der jeweilige Standdruck, dessen Abhängigkeit von der Drehzahl aber nicht allgemein gültig beschrieben werden kann.) Wie wir nun aus unseren früheren Betrachtungen wissen, kann der Motor, der ja auch im unteren Vollastdrehzahlbereich mit der maximalen, noch gut verbrennbaren Kraftstoffmenge betrieben werden soll, eine mit der Drehzahl ständig anwachsende Einspritzmenge nicht mehr mit der nötigen Rußbegrenzung - und mit befriedigendem Wirkungsgrad - verarbeiten. Hier muß dann die Regelangleichung eingreifen und die Kraftstoffmengen entsprechend reduzieren.

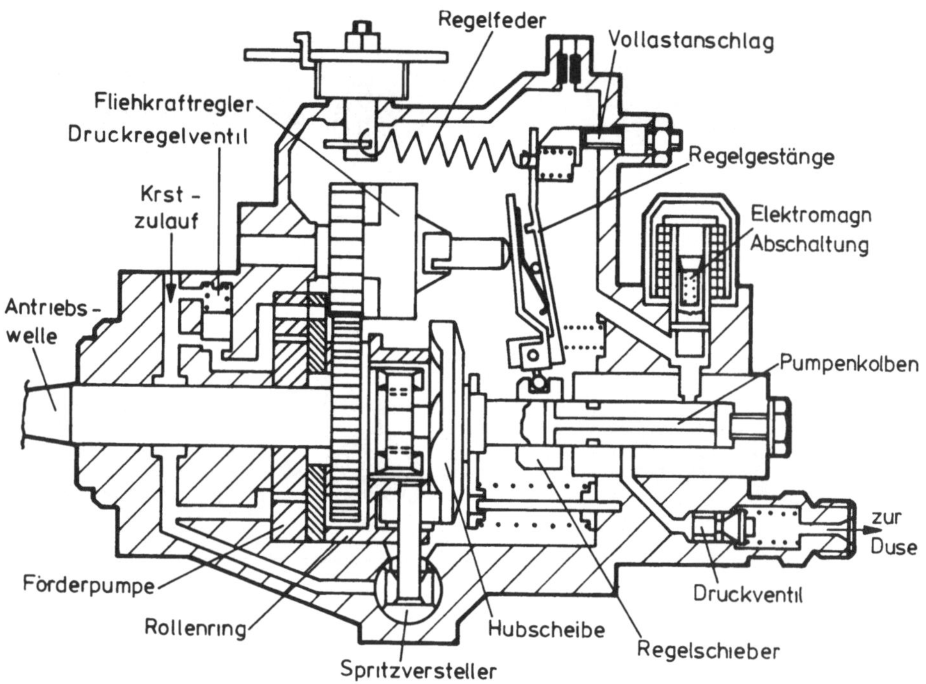

Bild 5.25 *Bosch*-Verteilereinspritzpumpe

Schließlich ist auch noch für den Kaltstart eine erhöhte Einspritzmenge bereitzustellen und bei aufgeladenen Motoren eine Mengenangleichung an die verfügbaren Ladedrücke vorzunehmen.

Dieselmotoren für den Antrieb von Personenkraftwagen und leichten Nutzfahrzeugen werden heute fast nur noch mit Verteilereinspritzpumpen ausgerüstet, die ein geringeres Gewicht und durch die Integration von Förderpumpe, Drehzahlregler und Spritzversteller auch ein erheblich kleineres Bauvolumen als die Reihenpumpen aufweisen. Bild 5.25 zeigt den Aufbau einer *Bosch*-Verteilerpumpe [39], die nur mit einem Pumpenkolben arbeitet. Durch die auf einem Rollenring ablaufende Hubscheibe (Nockenscheibe) wird der federbelastete und rotierende Pumpenkolben in eine oszillierende Bewegung versetzt, wodurch der Kraftstoff angesaugt und den Einspritzdüsen unter Druck zugeführt wird. Die Rotation bewirkt die zeitgerechte Öffnung und Schließung der Kraftstoffzulaufbohrung und die Herstellung der Verbindung zu den einzelnen Einspritzleitungen. Die Fördermenge wird bestimmt durch die vom Fliehkraftregler beeinflußte Position des Regelschiebers.

168

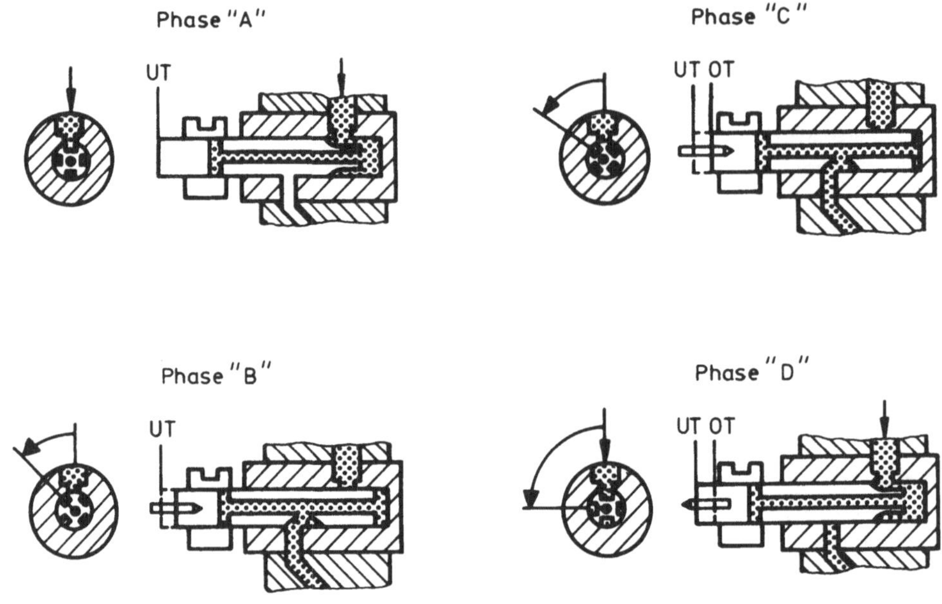

Bild 5.26 Hub- und Förderphasen des Verteilerkolbens

Bild 5.26 zeigt die einzelnen Arbeitphasen eines Verteilerpumpenkolbens:

In der Phase "A" strömt der Kraftstoff über den Zulaufkanal und über einen Steuerschlitz in den Pumpendruckraum.

In der Phase "B" hat der sich drehende Kolben die Zulaufbohrung verschlossen. Durch seine Hubbewegung komprimiert er den Kraftstoff und fördert ihn über eine der Verteilernuten in den mit dieser Nut verbundenen Auslaßkanal und zu der an diesen Kanal angeschlossenen Einspitzdüse.

In der Phase "C" hat der Regelschieber die Absteuerbohrung freigegeben, wodurch die Kraftstofförderung beendet wird.

In der Phase "D" hat der Kolben nach dem Überlaufen der oberen Totpunktstellung wieder eine Zulaufbohrung freigegeben und es erfolgt die nächste Füllung.

Bild 5.27 zeigt in einer schematischen Darstellung den Aufbau und die Wirkungsweise eines Verteilerpumpen-Alldrehzahreglers [39]:

In der Startstellung befinden sich die Fliehgewichte und die Reglermuffe in ihrer Ausgangsstellung. Der am Vollastanschlag anliegende Drehzahlverstellhebel spannt die Regel-

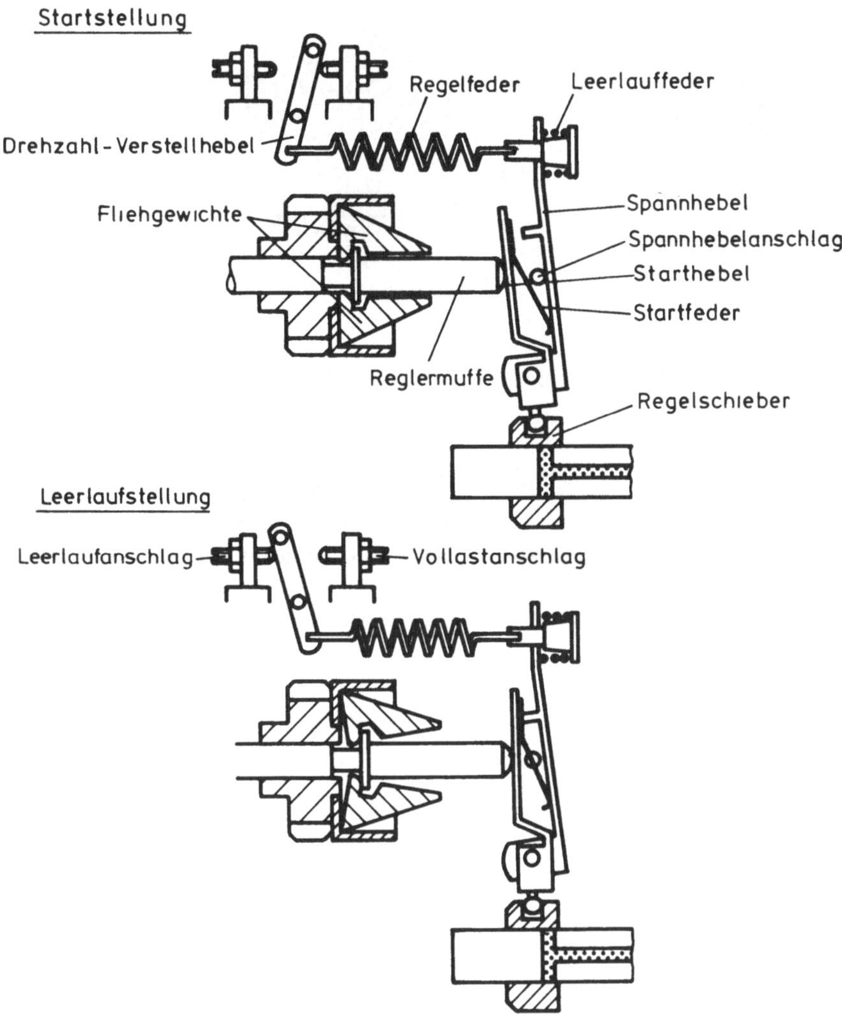

Bild 5.27 Wirkungsweise des Verteilerpumpen-Alldrehzahlreglers

feder, wobei die Bewegung des Spannhebels über die Startfeder und über den Starthebel auf den Regelschieber übertragen wird und dieser in eine Position gelangt, in der die für einen (Kalt-) Start erforderlichen Kraftstoffmengen - das sind bis zu etwa 200 % der Vollastmengen - eingespritzt werden.

Nach dem Anlaufen des Motors und der Zurücknahme des Drehzahlverstellhebels in die Leerlaufstellung ist die Fliehkraft der Fliehgewichte schon groß genug, um die schwache Startfeder zu überdrücken, so daß die Stellung des Regelschiebers jetzt nur noch eine Funktion der Spannhebellage ist, die im Leerlauf durch die Leerlauffeder reguliert wird.

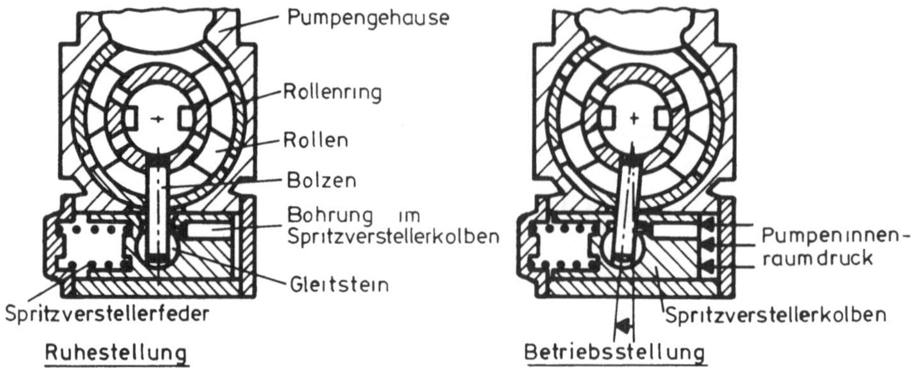

Bild 5.28 Arbeitsweise des Verteilerpumpen-Spritzverstellers

Im Lastbetrieb ist dann auch die Leerlauffeder überdrückt, wobei die Motordrehzahl durch die Spannkraft der Regelfeder, d.h. durch die Position des zwischen den beiden Endanschlägen beweglichen Drehzahlverstellhebels (Fahrpedal) vorgegeben wird.

Anhand von Bild 5.28 sei schließlich auch noch die Funktion des Spritzverstellers erläutert:

Der von der Flügelzellen-Förderpumpe gelieferte Kraftstoff baut im Pumpengehäuse einen mit dem Drucksteuerventil einstellbaren Druck auf, der proportional mit der Drehzahl zunimmt. Dieser Druck beaufschlagt einen senkrecht zur Darstellungsebene von Bild 5.25 beweglichen, federbelasteten Kolben, der über den Gleitstein und den Bolzen des Spritzverstellers den drehbar gelagerten Rollenring verdreht, wodurch die Hubscheibe schon zu einem früheren Zeitpunkt ihre Hubbewegung beginnt. Außerdem kann der Pumpeninnenraumdruck und damit der Förderbeginn auch noch mit der Motorbelastung verändert werden. Eine solche zusätzliche, lastabhängige Förderbeginnverstellung (Verspätung bei Lastabnahme) ist vor allem zur weiteren Verbesserung der Abgasqualität (Verringerung der Stickoxidemission) und des Geräuschverhaltens sehr wertvoll.

In zunehmendem Maße wird auch bei den dieselmotorischen Einspritzanlagen die Elektronik eingesetzt [40;41]. Bei den Verteilerpumpen können jetzt schon alle oben beschriebenen Steuerungs- und Regelungsfunktionen unter Berücksichtigung weiterer Steuerungsparameter (Umgebungszustandswerte, Kühlwassertemperatur, Kraftstofftemperatur etc.) über elektromagnetische Stellwerke mit einem elektronischen Regler realisert werden. Auch die Reihenpumpen können heute mit elektronischen Reglern ausgerüstet werden, die bislang aber nur die Einspritzmengen steuern. Anlagen mit integrierter Spritzverstellung sind zur Zeit in der Entwicklung.

Der weitestgehende Einsatz der Elektronik führt zu Einspritzanlagen, bei denen eine Pumpe nur noch die Aufgabe der Hochdruckerzeugung übernimmt, während die Einspritzmengen und die Einspritzzeitpunkte zum Beispiel durch die Öffnungszeiten der von einem Mikrocomputer angesteuerten und elektrohydraulisch betätigten Einspritzventile bestimmt werden. Bei großen Schiffsmotoren wurden solche, erstmals von der *M.A.N.* eingeführte Einspritzsysteme schon in der Praxis erprobt [42]. Man ist zur Zeit darum bemüht, ähnliche Systeme auch für schnellaufende Motoren bereitzustellen [43]. Voraussichtlich wird hier aber der nächste Entwicklungsschritt wohl erst darin bestehen, unter Beibehaltung der konventionellen Einspritzdüsenbauarten die Mengen- und Spritzzeitpunktsteuerungen mit der Mikrocomputertechnik noch weiter zu verbessern [44].

6 Aufladung

6.1 Mechanische Aufladung

Die wirkungsvollste Maßnahme zur Steigerung der hubraumspezifischen Motorleistung ist die Aufladung, bei der die Zylinder mit bereits vorverdichteter Luft beschickt werden, in der dann auch größere Kraftstoffmengen verbrannt werden können. Bei der mechanischen Aufladung erfolgt die Vorkompression nach dem Schema von Bild 6.1 durch einen von der Motorkurbelwelle angetriebenen Lader. Das Bild zeigt auch - am Beispiel des Viertaktmotors - die idealisierten Druck-Volumendiagramme von Kompressor und Motor. Danach leistet der Lader eine durch die Fläche a-b-c-d-a dargestellte Kompressionsarbeit. Für die spezifische Verdichtungsarbeit gilt entsprechend Glg. 3.30

$$H_V = \frac{1}{\eta_{V,is}} \, c_{pL} T_0 \left[\left(\frac{p_L}{p_0} \right)^{\frac{\varkappa_L - 1}{\varkappa_L}} - 1 \right] \tag{6.1}$$

und für die Temperatur der Ladung nach dem Verdichter gemäß Glg. 3.29

$$T_L = T_0 + \frac{H_V}{c_{pL}} \, . \tag{6.2}$$

Die auf das Hubvolumen bezogene Laderarbeit, also der mittlere Druck p_V der Verdichterarbeit, berechnet sich dann mit Glg.3.9 aus

$$p_V = H_V \, \lambda_A \, \varrho_0 \, . \tag{6.3}$$

Um diesen Betrag erhöht sich der mittlere mechanische Verlustdruck des Motors. Die vom Motor aufzubringende Arbeit zum Antrieb des Laders ist aber nicht völlig verloren, da sie ja zu einem Teil durch die - hier idealisierte - positive Ladungswechselarbeit entsprechend der Fläche e-b-g-f-e zurückgewonnen wird. Es kommt noch hinzu, daß der mechanische Wirkungsgrad des Motors wegen des höheren indizierten Drucks natürlich nicht in dem

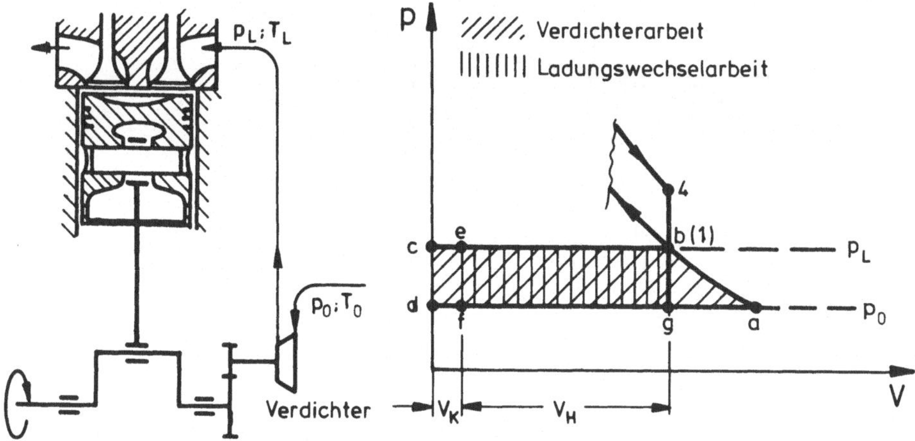

Bild 6.1. Motor mit mechanischer Aufladung

Maße verschlechtert wird, in dem die mechanische Verlustarbeit anwächst. Insgesamt könnten also die effektiven Wirkungsgrade im Vollastbereich eines mechanisch aufgeladenen Dieselmotors, der dann auch noch mit einem etwas größeren λ-Wert arbeiten kann, durchaus die Werte eines Saugmotors erreichen. Im Teillastgebiet müßte aber unterhalb der Lastgrenze des selbstansaugenden Motors die Luftvorverdichtung unterbunden werden, weil die effektiven Wirkungsgrade in diesem Betriebsbereich sonst viel zu stark beeinträchtigt würden. Mit einem mechanisch aufgeladenen Ottomotor wären zwar auch schon bei Vollast die effektiven Wirkungsgrade schlechter als die eines Saugmotors, weil hier die Aufladung mit Rücksicht auf die Gefahr einer klopfenden Verbrennung auch noch eine deutliche Absenkung des Verdichtungsverhältnisses verlangt. Dennoch bietet der Einsatz eines mechanisch angetriebenen Verdrängerladers sowohl für den Pkw-Dieselmotor als auch für den Pkw-Ottomotor die Möglichkeit einer Verringerung des mittleren Kraftstoffverbrauchs in der Größenordnung von 10%, wenn man ihn nur als ein Boosteraggregat zur kurzzeitigen Leistungssteigerung zuschaltet [45]. Man könnte nämlich dann mit einem im Hubraum kleineren Motor die gleichen Vollastdrehmomente realisieren wie mit einem größeren Saugmotor, würde aber bei der in der Praxis viel häufiger auftretenden Teillast mit größeren Mitteldrücken und damit auch mit größeren effektiven Wirkungsgraden bzw. mit kleineren effektiven spezifischen Kraftstoffverbräuchen fahren, siehe Bild 3.13.

Auf die verschiedenen Bauarten der Lader (Kreiselverdichter [26], Rootsgebläse [26], G-Lader [46], Ro-Lader [47] usw.) soll hier nicht eingegangen werden. Es sei nur darauf hingewiesen, daß die hinsichtlich der erzielbaren Drehmomentcharakteristik besonders für Fahrzeugmotoren geeigneten Verdrängerlader alle sehr ähnliche Betriebskennfelder haben. Bild 6.2 zeigt ein solches Kennfeld, in dem das Ladedruckverhältnis p_L/p_0 für ver-

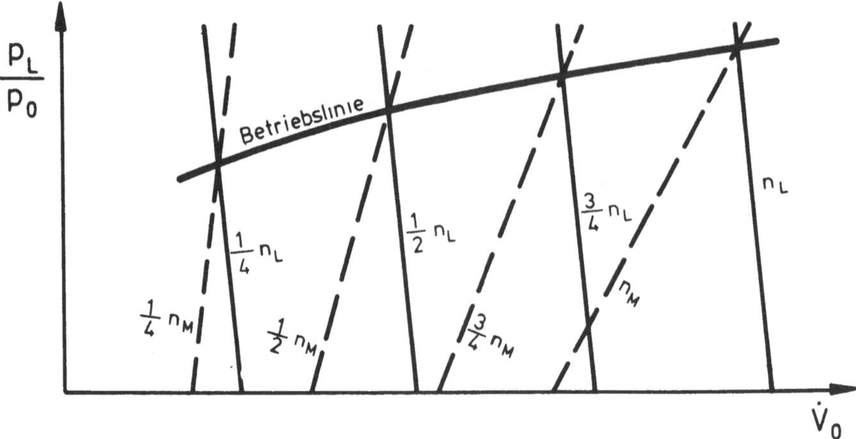

Bild 6.2. Motorbetriebslinie bei mechanischer Aufladung eines Viertaktmotors mit einem Verdrängerlader

schiedene Laderdrehzahlen n_L (ausgezogene Linien) über dem Ansaugvolumenstrom V_0 aufgetragen ist. Der Volumenstrom nimmt also etwa proportional mit der Drehzahl zu und fällt mit ansteigendem Druck wegen der anwachsenden Leckageverluste etwas ab. Die gestrichelten Linien kennzeichnen das Schluckvermögen eines Viertaktmotors, dessen Drehzahl n_M in einem festen Verhältnis zur Laderdrehzahl steht. (Man könnte natürlich auch mit einem variablen Übersetzungsverhältnis arbeiten.) Die Schnittpunkte der Lader- und Motorschlucklinien legen das Ladedruckverhältnis in Abhängigkeit von der Motordrehzahl und damit die Betriebslinie fest, deren Lage natürlich von dem jeweiligen Laderkennfeld und von der Liefergradcharakteristik des Motors abhängig ist. Qualitativ hat sie aber den in Bild 6.2 skizzierten Verlauf und wie man sieht, können mit der mechanischen Aufladung bei Einsatz eines Verdrängerladers, anders als bei der nachfolgend besprochenen Abgasturboaufladung, ohne besondere Maßnahmen auch im unteren Motordrehzahlbereich schon hohe Aufladegrade erreicht werden, was vor allem für einen Fahrzeugmotor sehr vorteilhaft ist.

6.2 Abgasturboaufladung

Auch bei der Abgasturboaufladung wird dem Motor eine bereits vorverdichtete Ladung zugeführt. Der Kompressor - das ist hier eine Strömungsmaschine - wird aber von einer mit dem Motorabgas beaufschlagten Turbine angetrieben. Bild 6.3 zeigt wieder eine Prin-

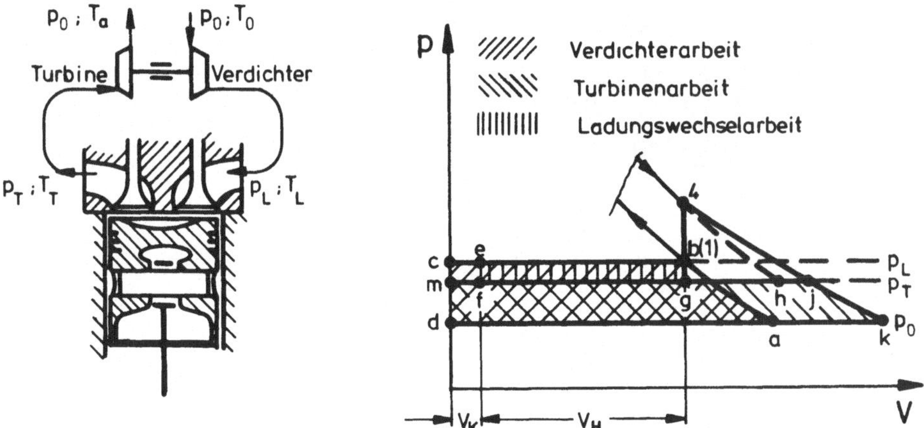

Bild 6.3. Motor mit Abgastorboaufladung

zipskizze und die idealisierten Druck-Volumendiagramme für einen Viertaktmotor. Vom Endpunkt 4 der Motorexpansionslinie werden die Verbrennungsgase bis auf den Druck p_T vor der Turbine entspannt. Dabei werden sie in den Auslaßventilquerschnitten zunächst auf hohe Geschwindigkeiten gebracht. Ihr kinetischer Energiegehalt entspricht der Dreiecksfläche 4-h-g-4. In der anschließenden Abgassammelleitung, die mit einem relativ großen Querschnittssprung dem Ventil nachgeschaltet ist, wird die kinetische Energie durch die Verwirbelung der Strömung wieder weitgehend in Wärme umgewandelt, wodurch mit der Temperatur das Volumen anwächst und so der Punkt j erreicht wird. Bild 6.4 zeigt diesen Vorgang in einem T-s-Diagramm. Die Enthalpie der Abgase wird durch die Strömungsverwirbelung um die Fläche h-j-y-x-h = 4-h-g-4 vergrößert. Es gilt also

$$c_{vA} \left(T_4 - T_g \right) = c_{pA} \left(T_T - T_g \right) .$$

Nach einigen Umformungen erhält man daraus für die (mittlere) Turbineneintrittstemperatur

$$T_T = T_4 \left[1 - \frac{\varkappa_A - 1}{\varkappa_A} \left(1 - \frac{p_T}{p_4} \right) \right] . \tag{6.4}$$

Im Realfall treten allerdings erhebliche Wärmeverluste in dem mit hoher Geschwindigkeit durchströmten und gekühlten Auslaßkanal und auch in den nicht wärmedichten Auspuffleitungen und Turbinenzuströmgehäusen auf, so daß man in der Praxis auch mit isentroper Expansion von p_4 nach p_T rechnen kann.

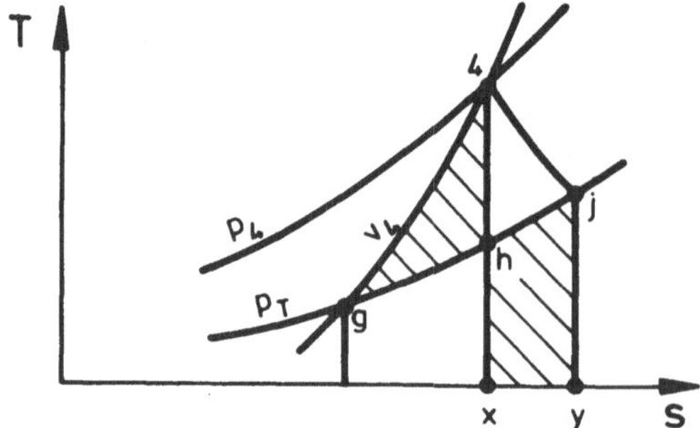

Bild 6.4. Auspuffvorgang im T-s-Diagramm

Vom Punkt j aus expandiert das Gas dann in der Turbine und leistet dort eine Arbeit entsprechend der Fläche j-k-d-m-j in Bild 6.3. Die Verdichterarbeit entspricht der Fläche a-b-c-d-a. Da nun beide Arbeitsflächen übereinstimmen müssen, erreicht man mit dem Verdichter einen Druck p_L, der größer ist als der für die Herstellung des Leistungsgleichgewichts erforderliche Druck p_T vor der Turbine (= Auspuffgegendruck des Motors, wenn man von Strömungsverlusten in den Abgasleitungen absieht). Der Motor gewinnt demnach die positive Ladungswechselarbeit entsprechend der - hier wieder idealisierten - Fläche e-b-g-f-e. Um diesen Betrag ist der Abgasenergieverlust kleiner als bei einem Saugmotor. Im praktischen Fall sind natürlich die Verluste in der Turbine und im Verdichter zu berücksichtigen. Bei richtiger Auslegung des Abgasturboladers bleibt aber zumindest im oberen Lastbereich des Motors ein kleiner Arbeitsgewinn. Die damit verbundene Wirkungsgradverbesserung ist allerdings nur sehr gering. Wenn mit einem abgasturboaufgeladenen Motor dennoch etwas deutlichere Verbesserungen des effektiven Vollastwirkungsgrades erzielt werden können, dann ist das in erster Linie zurückzuführen auf die Veränderung des mechanischen Wirkungsgrades, der bei einem größeren indizierten Mitteldruck und fast unverändertem mechanischen Verlustdruck erhöht wird. Wie noch gezeigt wird, kann die Ladungswechselschleife aber im unteren Leistungsbereich negativ und sogar etwas größer werden als die Ladungswechselarbeit eines Saugmotors.

Für das Leistungsgleichgewicht zwischen Verdichter und Turbine kann angeschrieben werden

$$\dot{m}_L H_{V,is} \frac{1}{\eta_{V,is}} = \dot{m}_A H_{T,is} \eta_{T,is} \eta_{m\,ATL} \ . \tag{6.5}$$

In dieser Gleichung und in den nachfolgenden Formeln werden folgende Abkürzungen verwendet:

$H_{V,is}$ = isentrope, spezifische Verdichterarbeit,

$H_{T,is}$ = isentrope, spezifische Turbinenarbeit,

$\eta_{V,is}$ = isentroper Verdichterwirkungsgrad,

$\eta_{T,is}$ = isentroper Turbinenwirkungsgrad,

η_{mATL} = mechanischer Abgasturboladerwirkungsgrad,

m_L = Ladermassendurchsatz,

m_T = Turbinenmassendurchsatz,

$\varkappa_L$ = Isentropenexponent der Ladeluft,

$\varkappa_A$ = Isentropenexponent der Abgase,

c_{pL} = spezifische Wärmekapazität der Luft bei $p = const.$,

c_{pA} = spezifische Wärmekapazität der Abgase bei $p = const.$,

R_A = Gaskonstante der Abgase,

$A_{T,e}$ = effektiver Turbinenströmungsquerschnitt.

Für die spezifische Turbinenarbeit gilt

$$H_T = \eta_{T,is} H_{T,is} = \eta_{T,is} c_{pA} T_T \left[1 - \left(\frac{p_0}{p_T} \right)^{\frac{\varkappa_A - 1}{\varkappa_A}} \right] . \tag{6.6}$$

Mit der Abgasturboladerkennzahl

$$\tau = \frac{T_T}{T_0} \eta_{V,is} \eta_{T,is} \eta_{mATL} \tag{6.7}$$

und mit der Abkürzung

$$\beta = \frac{c_{pL}}{c_{pA}} \frac{\dot{m}_L}{\dot{m}_A} \tag{6.8}$$

erhält man aus den Gleichungen 6.1, 6.5 und 6.6 die erste Hauptgleichung des Abgasturboladers:

$$\frac{p_L}{p_0} = \left[1 + \frac{\tau}{\beta} \left\{ 1 - \left(\frac{p_0}{p_T} \right)^{\frac{\varkappa_A - 1}{\varkappa_A}} \right\} \right]^{\frac{\varkappa_L}{\varkappa_L - 1}} . \tag{6.9}$$

Das Turbinendruckverhältnis p_T/p_0 ergibt sich mit Anwendung von Glg. 3.28 aus der zweiten Hauptgleichung des Abgasturboladers:

$$\dot{m}_T = A_{T,e} \sqrt{\frac{2}{R_A}} \; \frac{p_T}{\sqrt{T_T}} \; \psi_T \; . \qquad\qquad (6.10)$$

Hierin ist

$$\psi_T = \sqrt{\frac{\varkappa_A}{\varkappa_A - 1} \left\{ \left(\frac{p_0}{p_T}\right)^{\frac{2}{\varkappa_A}} - \left(\frac{p_0}{p_T}\right)^{\frac{\varkappa_A + 1}{\varkappa_A}} \right\}} \; . \qquad\qquad (6.11)$$

Bei Berücksichtigung der Zu- und Abströmungsverluste sind in obigen Gleichungen anstelle von p_0 die Drücke $p_{\text{vor Verdichter}}$ bzw. $p_{\text{nach Turbine}}$ einzusetzen.

Da im Rahmen dieses Buches die Vorgänge in den Strömungsmaschinen nicht behandelt werden sollen, sei hier nur darauf aufmerksam gemacht, daß der effektive Turbinenströmungsquerschnitt $A_{T,e}$ nicht nur von den Leitrad- und Laufrad-Durchflußbeiwerten und von der Geometrie der Schaufelgitter, sondern auch noch von dem gesamten Turbinen-Enthalpiegefälle und von der Turbinendrehzahl abhängig ist [48].

Bild 6.5 zeigt eine zusammenfassende Darstellung der beiden Hauptgleichungen. Es erlaubt einen sehr raschen Überblick über das Betriebsverhalten eines Abgasturboladers:

Soll beispielsweise ein Dieselmotor bei Nenndrehzahl mit einem Ladedruckverhältnis von $p_L/p_0 = 2{,}0$ betrieben werden, dann muß die Abgasturboladerkennzahl mindestens den Wert $\tau = 1{,}2$ haben, wenn der Abgasgegendruck zur Vermeidung einer negativen Ladungswechselschleife den Ladedruck nicht überschreiten soll. Schätzt man für das Produkt der Abgasturboladerwirkungsgrade $\eta_{V,is} \, \eta_{T,is} \, \eta_{mATL} = 0{,}5$ und rechnet mit einer Umgebungstemperatur von $T_0 = 288$ K, dann erreicht man diesen τ-Wert nach Glg 6.7 bei einer Turbineneintrittstemperatur von $T_T \approx 690$ K, die im oberen Lastbereich sicher vorhanden ist. Bei den im Schwachlastgebiet niedrigen Turbineneintrittstemperaturen und verschlechterten Verdichter- und Turbinenwirkungsgraden wird der τ-Wert aber so klein, daß sich auch bei den nur noch geringen Ladedruckverhältnissen negative Ladungswechselarbeiten ergeben, worauf oben schon hingewiesen wurde.

Man sieht weiterhin, daß bei Verkleinerung der Motordrehzahl mit dem Massendurchsatz und mit der Turbineneintrittstemperatur (d.h. mit dem Turbineneintrittsdruck) die Ladedrücke, anders als bei der mechanischen Aufladung, sehr rasch abfallen. Das ist besonders für den Einsatz im Fahrzeugmotor ein großer Nachteil der Abgasturboaufladung, da sie die im unteren Motordrehzahlbereich realisierbaren Drehmomente stark begrenzt. Außerdem wird auch das Beschleunigungsverhalten aus dem Schwachlastgebiet heraus dadurch stark beeinträchtigt, daß der bei geringer Last nur mit kleiner Drehzahl laufende Lader praktisch keine Luftverdichtung bewirkt und erst über eine vergrößerte Abgasmenge und

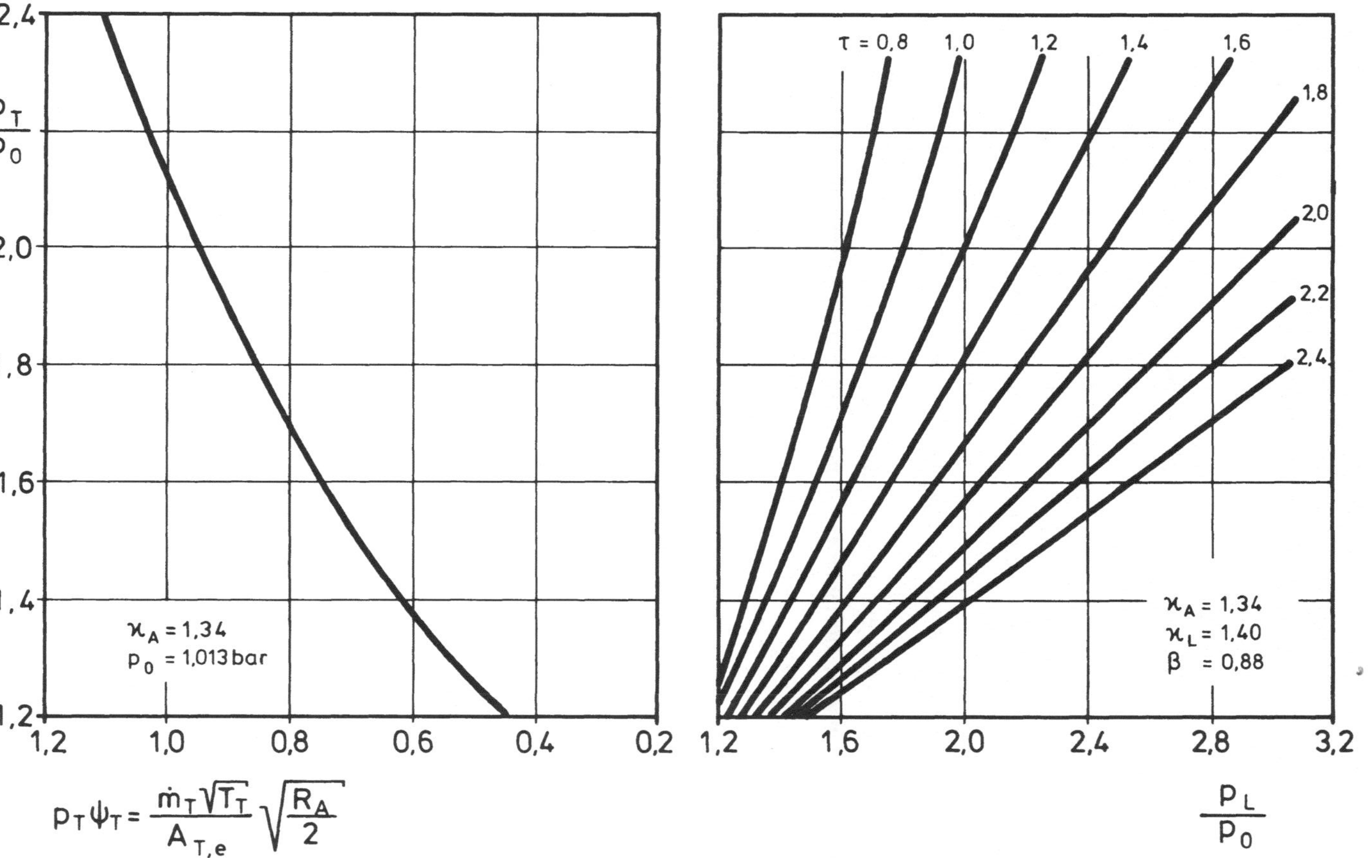

$$p_T \, \psi_T = \frac{\dot{m}_T \sqrt{T_T}}{A_{T,e}} \sqrt{\frac{R_A}{2}}$$

Bild 6.5. Abgasturbolader-Auslegungsdiagramm

eine höhere Abgastemperatur auf eine größere Drehzahl gebracht werden muß. Die Luftversorgung des Motors hinkt also der Leistungsanforderung hinterher.

Wie aus Bild 6.5 abzulesen ist, könnte man einfach durch eine Verengung des Turbinenströmungsquerschnitts, die den Turbineneintrittsdruck erhöht, dafür sorgen, daß auch schon bei kleineren Massenströmen (Motordrehzahlen) ausreichende Ladedrücke aufgebaut werden. Ohne Gegenmaßnahmen würden sich aber dann im oberen Drehzahlbereich viel zu große Ladedrücke einstellen. Bei Pkw-Motoren geht man heute den Weg, die Ladedrücke bei hohen Drehzahlen durch ein Bypassventil zu begrenzen, das einen Abgasteilstrom unter Umgehung der Abgasturbine in den Auspuff leitet. Bei den kleineren Betriebsdrehzahlspannen von Nutzfahrzeugdieselmotoren ist es oft ausreichend, die Turbinenleistung im Nenndrehzahlbereich durch Erhöhung der Luftverhältniszahl, also durch Absenkung der Turbineneintrittstemperatur zu drosseln. Energetisch günstiger wäre aber in jedem Fall eine Regelung der Abgasturboladergeometrie.

Wir sind bisher davon ausgegangen, daß die Motorabgase in einer relativ großvolumigen Abgassammelleitung zunächst auf einen fast konstanten Druck aufgestaut wurden (Stauverfahren), ihre anfängliche kinetische Energie also weitgehend verwirbelt wird. Diese Verwirbelung entspricht einer Drosselung, so daß die der Zwickelfläche 4-h-g-4 (Bild 6.3) zugehörige Arbeit zum großen Teil nicht genutzt wird. (Nur ein kleiner Bruchteil wird durch die Erhöhung der Abgasenthalpie in der Turbine zurückgewonnen.) Beim sogenannten Stoßverfahren ist man darum bemüht, die hohen Ausströmgeschwindigkeiten durch die Verwendung verhältnismäßig enger Verbindungsleitungen zwischen den Motorauslaßkanälen und der Turbine aufrechtzuerhalten, die Turbine also mit den im Rhythmus der Auspuffstöße die Abgasleitung durcheilenden Geschwindigkeits- und Druckwellen zu beaufschlagen. Wenn auch bei diesem Verfahren Verwirbelungsverluste natürlich nicht völlig zu vermeiden sind (zum Beispiel durch den Querschnittssprung hinter den noch nicht voll geöffneten Auslaßventilen), so kann hier doch ein etwas größerer Anteil der Zwickelfläche für die Arbeitsleistung in der Turbine genutzt werden. Würde man nun jeden einzelnen Auslaßkanal eines Mehrzylindermotors über eine getrennte Leitung mit der Turbine verbinden , dann ergäbe das wegen der stark wechselnden Beaufschlagung sehr schlechte Turbinenwirkungsgrade. Deshalb werden immer die Auslaßkanäle mehrerer Zylinder, deren Auspuffvorgänge möglichst lückenlos, aber auch ohne gegenseitige Störung, d.h. ohne eine zu große Überschneidung aneinander anschließen, in eine Sammelleitung geführt. Rechnet man beim Viertaktmotor mit einem Auslaßventilöffnungswinkel von etwa 240 °KW bzw. beim Zweitakter mit einem Auslaßöffnungswinkel von ca. 120 °KW, dann erhält man mit einer Zusammenfassung von jeweils drei Zylindern die besten Ergebnisse. Wie in Bild 6.6 dargestellt, können dabei die Phasen, in denen der Abgasgegendruck kleiner ist als der Ladedruck, bei Motoren mit innerer Gemischbildung zu einer sehr wirksamen Durchspü-

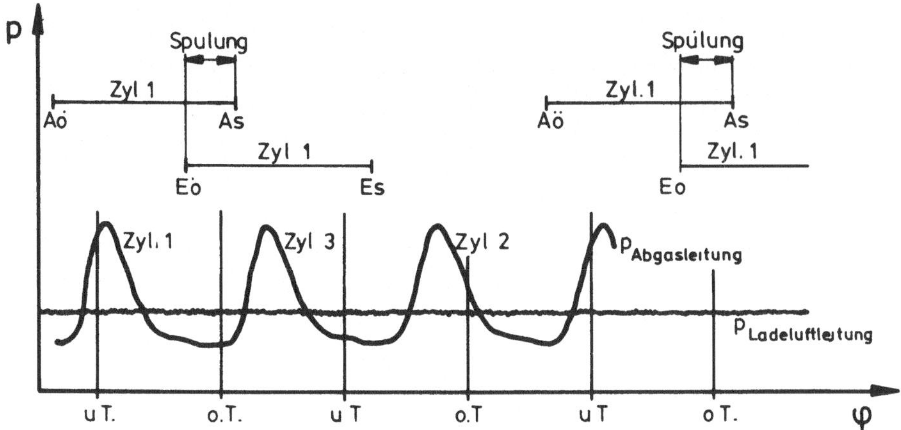

Bild 6.6. Leitungsdruckverlauf bei der Stoßaufladung

lung des Brennraums - Verdrängung des Restgases und innere Bauteilkühlung - genutzt werden (*Büchi*-Verfahren).

Es sei an dieser Stelle nur kurz darauf hingewiesen, daß eine mit den Turbineneintritts-Temperatur- und -Druckmittelwerten durchgeführte Berechnung des Turbinenmassenstroms und der spezifischen Turbinenarbeit bei der pulsierenden Abgasströmung der Stoßaufladung korrigiert werden muß [48].

Bei den heute in Fahrzeugmotoren angewandten Aufladegraden ist die Stoßaufladung der Stauaufladung etwas überlegen. Das gilt vor allem für das Beschleunigungsverhalten, da hier die beim Stauverfahren für den Druckaufbau in dem relativ großvolumigen Abgassammler benötigten Zeiten entfallen. Wenn aber die Anzahl der Zylinder nicht durch drei teilbar ist und deshalb ein Turbinenleitungsstrang nur von zwei Zylindern oder gar nur von einem Zylinder versorgt wird, dann bewirkt die stark fluktuierende Beaufschlagung eine erhebliche Verschlechterung des Turbinenwirkungsgrades. In diesen Fällen ist dann meist die baulich einfachere Stauaufladung vorzuziehen. Sie sollte auch immer dann eingesetzt werden, wenn mit sehr hohen Ladedruckverhältnissen gearbeitet wird. Bei den dann auch sehr großen Enthalpiegefällen in der Turbine macht sich nämlich der weitgehende Verlust der oben erwähnten Zwickel-Arbeitsfläche, die nur noch einen kleinen Bruchteil der Turbinenarbeit ausmacht, kaum noch bemerkbar, während sich die für den Turbinenwirkungsgrad nachteilige Strömungspulsation der Stoßaufladung sehr stark auswirkt.

Abschließend sei noch erwähnt, daß man heute bei der Aufladung meistens noch einen dem Verdichter nachgeschalteten Ladeluftkühler verwendet. Die Rückkühlung der Lade-

luft ermöglicht einmal durch die Vergrößerung der Luftdichte eine weitere Leistungserhö-
hung. Außerdem werden auch die Motorkühlverluste und beim Ottomotor die Klopfnei-
gung etwas reduziert. Schließlich kann sie auch wirksam werden als eine Maßnahme zur
Verringerung der thermischen Bauteilbeanspruchungen sowie der Stickoxid- und Rußemission.

Literaturverzeichnis

1 Kühl,H.: Dissoziation und ihr Einfluß auf den Wirkungsgrad von Vergasermaschinen. VDI-Forschungsheft 373 (1935)

2 List,H.: Thermodynamik der Verbrennungskraftmaschine. Die Verbrennungskraftmaschine, Bd.2. Wien: Springer 1939

3 Schläfke,K.: Vorgänge beim Verdichtungshub von Vorkammer-Dieselmaschinen. Z.VDI 75 (1931) 33

4 Berg,W.: Aufwand und Probleme für Gesetzgeber und Automobilindustrie bei der Kontrolle der Schadstoffemissionen von Personenwagen mit Otto- und Dieselmotoren. Dissertation Technische Universität Braunschweig, 1982

5 Woschni,G.: Elektronische Berechnung von Verbrennungsmotor-Kreisprozessen. MTZ 26 (1965) 11

6 Woschni,G., Kolesa,K., Spindler,W.: Isolierung der Brennraumwände - Ein lohnendes Entwicklungsziel bei Verbrennungsmotoren? MTZ 47 (1986) 12

7 Kamo,R., Bryzik,W.: Adiabatic turbocompound engine performance prediction. SAE-paper 780068 (1978)

8 Woschni,G.: Beitrag zum Problem des Wärmeübergangs im Verbrennungsmotor. MTZ 26 (1965) 4

9 Almstadt,K.: Einfluß des Gemischzustandes an der Zündkerze auf die Entflammungsphase im Ottomotor. Dissertation Technische Universität Braunschweig, 1985

10 List,H., Reyl,G.: Der Ladungswechsel der Verbrennungskraftmaschine, Grundlagen. Die Verbrennungskraftmaschine, Bd.4/1. Wien: Springer 1939

11 List,H.: Der Ladungswechsel der Verbrennungskraftmaschine, Der Zweitakt. Die Verbrennungskraftmaschine, Bd.4/2. Wien: Springer 1950

12 Bruner,G.: Die Belastung der Umwelt durch die Schadstoffemission von Motorfahr-rädern in Österreich. Dissertation Technische Universität Wien, 1978

13 Walzer,P.: Magerbetrieb beim Ottomotor. ATZ 88 (1986) 5

14 Müller,H., Thoms,U.: Motoren mit geschichteter Ladung. Forschungsberichte der Forschungsvereinigung Verbrennungskraftmaschinen, Frankfurt, Heft 179 (1975)

15 Mayr,B., Hofmann,R., Hartwig,F., Hockel,K.: Möglichkeiten der Weiterentwicklung am Ottomotor zur Wirkungsgradverbesserung. ATZ 81 (1979) 6

16 Ötting,H., Walzer,P.: Alternative Ansätze zu Magerkonzepten. VDI-Berichte 578. Düsseldorf: VDI-Verlag 1985

17 Jante,A.: Einige Grundprobleme der Verbrennungsmotoren, mit Hilfe idealer Kreis-prozesse beurteilt. MTZ 27 (1966) 7

18 Schäfer,K.: Statistische Theorie der Materie, Bd. 1, Allgemeine Grundlagen und An-wendung auf Gase. Göttingen: Vandenhoeck & Ruprecht 1960

19 Jost,W. Explosions- und Verbrennungsvorgänge in Gasen. Berlin: Springer 1939

20 Sitkei,G.: Kraftstoffaufbereitung und Verbrennung bei Dieselmotoren. Berlin: Springer 1964

21 Löhner,K., Müller,H.: Gemischbildung und Verbrennung im Ottomotor. Die Ver-brennungskraftmaschine, Bd.6. Wien: Springer 1967

22 ---: Bosch Kraftfahrtechnisches Taschenbuch. Robert Bosch GmbH. Düsseldorf: VDI-Verlag 1976

23 Menne,R.J., Stojek,D., Cloke,M.: Wege zu niedrigen Abgaswerten. VDI-Berichte 531. Düsseldorf: VDI-Verlag 1984

24 Wilke,W.: Methanol als Kraftstoff. Öl und Kohle, 13 (1937) 42

25 Lewis,B., v.Elbe,G.: Combustion, flames and explosions of gases. New York: Acad. Press Inc. Publ. 1961

26 Bussien,R.: Automobiltechnisches Handbuch. Bd.1. Berlin: Technischer Verlag Herbert Cram 1965

27 Söhner,G.: Zündanlagen mit Halbleiterbauelementen. MTZ 24 (1963) 9

28 ---: Bosch Technische Unterrichtungen. Motor-Elektronik. Stuttgart: Robert Bosch Gmbh 1983

29 Fujimoto,H., Tanabe,H., Sato, G.T., Kuniyoshi,H.: Investigation on medium-speed Diesel engines using model chamber. CIMAC-paper D 25, Wien 1979

30 Hardenberg,H.: Untersuchungen über den Einfluß der Verbrennungsluft-Zusammensetzung auf die Rußbildung in Dieselmotoren. Dissertation Technische Universität Wien, 1975

31 Hoonhorst,H.: Bendix sequential fuel injection. SAE-paper 865079 (1986)

32 Pischinger,A., Pischinger,F.: Bombenversuche über die Diesel-Verbrennung unter motorischen Bedingungen. MTZ 20 (1959) 1

33 Neitz,A., D'Alfonso,N.: Das M.A.N.-Verfahren mit gesteuerter Direkteinspritzung (GDE) für Personenwagen-Dieselmotoren. MTZ 42 (1981) 7/8

34 Urlaub,A.: Direkteinspritzende Pkw-Dieselmotoren. VDI-Berichte 559. Düsseldorf: VDI-Verlag 1985

35 ---: Bosch Technische Unterrichtungen. Diesel-Einspritzpumpen Typ PE und PF. Stuttgart: Robert Bosch GmbH 1981

36 Huber,E.W., Schaffitz,W.: Kavitationsverschleiß in Kraftstoff-Einspritzanlagen. MTZ 32 (1971) 10

37 ---: L'Orange-Pumpedüse-Einheit für MTU-Motor. MTZ 41 (1980) 7/8

38 ---: Bosch Technische Unterrichtungen. Diesel-Einspritzausrüstung, Drehzahlregler für Reiheneinspritzpumpen. Stuttgart: Robert Bosch Gmbh 1975

39 ---: Bosch Technische Unterrichtungen. Verteilereinspritzpumpe Typ VE. Stuttgart: Robert Bosch GmbH 1983

40 Fränkle,G., Kramer,K.: Elektronische Dieselregelung EDR für Nutzfahrzeugmotoren. Automobil-Industrie 31 (1986) 5

41 Glikin,P.E.: An electronic fuel injection system for Diesel engines. SAE-paper 850453 (1985)

42 Klaunig,W.: Verbesserung des Betriebsverhaltens von Dieselmotoren durch elektronische Einspritzung. M.A.N.-Mitteilung S.A.2365502 (1979)

43 Wich,T.J.: Fuel injection equipment for high speed direct injection Diesel engine. ISATA-paper 87009, Florenz 1987

44 Fujisawa,H., Masuda,A.: Development of new electronically controlled Diesel System - ECD-V3 System. ISATA-paper 87010, Florenz 1987

45 Walzer,P., Emmenthal,K.D., Rottenkolber,P.: Aufladesysteme für Pkw-Antriebe. Automobil-Industrie 27 (1982) 4

46 Emmenthal,K.D., Müller,C., Schäfer,O.: Verdrängerlader für Volkswagen-Motoren. MTZ 46 (1985) 9

47 ---: KKK-Ro-Lader Information. Kühnle, Kopp & Kausch AG-Mitteilung KKK 01-05476 3 0286 RD (1985)

48 Zinner,K.: Aufladung von Verbrennungsmotoren. Berlin: Springer 1985

Sachverzeichnis